西式面点制作

XISHI MIANDIAN ZHIZUO

吴志明 刘玮 主编

化学工业出版社
·北京·

本书既是一本适合于大众读者学习的书籍，同时也是一本按照最新高职教学理念编写的教材。本书以简练、质朴的文字介绍了100余种西式面点的配方和制作技术，并配有大量的相关图片，使所制作的产品一目了然，操作方法更直观化、简单化。为了满足不同读者的需求，本书还配有西式面点师培训指导手册，讲述烘焙基本知识和基本操作，以及行业的岗位要求、职业能力要求、成本核算和人员培训管理，可满足职业院校学生考取中级、高级西式面点师资格之用，也适合行业培训使用。

图书在版编目(CIP)数据

西式面点制作/吴志明，刘玮主编. —北京：化学工业出版社，2011.8（2017.3 重印）
国家示范性高职院校建设项目成果系列教材
ISBN 978-7-122-07897-1

Ⅰ. 西… Ⅱ. ①吴… ②刘… Ⅲ. 西式菜肴-面食-制作-技术培训-教材 Ⅳ. TS972.116

中国版本图书馆CIP数据核字（2011）第139101号

责任编辑：李植峰　　　　　　　　　　文字编辑：刘阿娜
责任校对：顾淑云　　　　　　　　　　装帧设计：张　辉

出版发行：化学工业出版社(北京市东城区青年湖南街13号　邮政编码100011)
印　　刷：北京云浩印刷有限责任公司
装　　订：三河市瞰发装订厂
710mm×1000mm　1/16　印张17¼　字数339千字　2017年3月北京第1版第2次印刷

购书咨询：010-64518888（传真：010-64519686）　售后服务：010-64518899
网　　址：http://www.cip.com.cn
凡购买本书，如有缺损质量问题，本社销售中心负责调换。

定　价：45.00元　　　　　　　　　　　　　　　　　　　版权所有　违者必究

"国家示范性高职院校建设项目成果系列教材"
建设委员会成员名单

主任委员　　安江英
副主任委员　　么居标
委员（按姓名汉语拼音排列）

　　安江英　　陈洪华　　陈渌漪　　龚戈淬　　马　越　　苏东海
　　王利明　　辛秀兰　　么居标　　张俊茹　　钟桂英　　周国烛

"国家示范性高职院校建设项目成果系列教材"
编审委员会成员名单

主任委员　　辛秀兰
副主任委员　　马　越
委员（按姓名汉语拼音排列）

　　曹奇光　　陈红梅　　陈禹保　　高春荣　　兰　蓉　　李　淳　　李双石
　　李晓燕　　刘俊英　　刘　玮　　刘亚红　　鲁　绯　　马长路　　马　越
　　师艳秋　　苏东海　　王晓杰　　王维彬　　危　晴　　吴清法　　吴志明
　　谢国莉　　辛秀兰　　杨春花　　杨国伟　　苑　函　　张虎成　　张晓辉

《西式面点制作》编写人员

主　　编　吴志明　刘　玮
副 主 编　胡秀钟　张建荣
编写人员（按姓名汉语拼音排列）
　　　　　　胡秀钟（北京唐人美食学校）
　　　　　　刘　玮（北京电子科技职业学院）
　　　　　　唐校波（北京唛乐士食品有限公司）
　　　　　　吴志明（北京电子科技职业学院）
　　　　　　徐　京（北京唛乐士食品有限公司）
　　　　　　张建荣（北京电子科技职业学院）

随着人们生活水平的提高，西式面点逐步从高端生活步入平常百姓家庭，这不仅促进了焙烤行业的飞速发展，也使很多热爱生活的人尝试自制西式面点。为了满足焙烤行业人才培养的需要，同时给西式面点制作爱好者提供必要的指导，我们编写了这本《西式面点制作》。它既是一本适合于大众读者学习的书籍，同时也是一本按照最新高职教学理念编写的教材。

本书以简练、质朴的文字介绍了100余种西式面点的配方和制作技术，并配有大量的相关图片，使所制作的产品一目了然，操作方法更直观化、简单化，使大家能在快乐中学习，在喜悦中不断提高自己的操作技术水平。为了满足不同读者的需求，本书还配有西式面点师培训指导手册，讲述烘焙基本知识和基本操作，以及行业的岗位要求、职业能力要求、成本核算和人员培训管理，可满足职业院校学生考取中级、高级西式面点师资格之用，也适合行业培训使用。

编写本书的人员有高职院校的一线教师，还有专业学校的培训教师及行业专家，确保了本书的实用性、可操作性和先进性。本书的出版得到了国家示范性高职院校建设项目的支持，北京电子科技职业学院辛秀兰老师给予本书极大地关注和大力支持，在此一并表示诚挚的谢意。

由于西式面点加工技术日新月异，限于编者水平和经验，书中不足之处在所难免，敬请广大读者朋友们批评指正。

编 者
2011年6月

目录

项目一　蛋糕制作技术
任务一　瑞士海绵蛋糕制作技术 …… 1
- 任务实施 …… 1
- 任务相关知识 …… 6
- 任务拓展 …… 7
  - 海绵卷蛋糕 …… 8
  - 杯子海绵蛋糕 …… 9
  - 双色蛋糕卷 …… 10
  - 柠檬海绵卷 …… 10
  - 肉松海绵卷 …… 11
  - 香蕉海绵蛋糕 …… 12
  - 巧克力海绵蛋糕 …… 13
  - 脆皮蛋糕 …… 14
  - 橄榄蛋糕 …… 14
  - 蜂蜜长崎蛋糕 …… 15
  - 蜂巢蛋糕 …… 16
  - 布朗尼蛋糕 …… 17
  - 哈雷蛋糕 …… 17
  - 巧克力马芬蛋糕 …… 18
  - 千层蛋糕 …… 19
  - 蜂蜜海绵蛋糕 …… 20
  - 虎皮蛋糕 …… 20

任务二　戚风蛋糕制作技术 …… 21
- 任务实施 …… 22
- 任务相关知识 …… 25
- 任务拓展 …… 28
  - 香枕蛋糕 …… 28
  - 沙哈蛋糕 …… 29
  - 核桃戚风蛋糕 …… 30
  - 抹茶蛋糕 …… 30
  - 乳酪蛋糕 …… 31
  - 肉松戚风蛋糕 …… 32
  - 巧克力戚风蛋糕 …… 33
  - 戚风蛋糕卷 …… 34
  - 天使蛋糕 …… 35
  - 咖啡戚风蛋糕 …… 36
  - 玉米戚风蛋糕 …… 37
  - 慕斯蛋糕卷 …… 38
  - 轻乳酪蛋糕 …… 39
  - 戚风提子卷 …… 40
  - 红茶蛋糕 …… 40

任务三　黄油蛋糕制作技术 …… 41
- 任务实施 …… 42
- 任务相关知识 …… 44
- 任务拓展 …… 47
  - 马芬蛋糕 …… 47
  - 硬奶酪蛋糕 …… 48
  - 香蕉蛋糕 …… 49
  - 重乳酪蛋糕 …… 49
  - 大理石奶酪蛋糕 …… 50
  - 巧克力松糕 …… 51
  - 摩卡蛋糕 …… 52
  - 魔鬼蛋糕 …… 53

坚果蛋糕 …………… 54
　　　黑森林蛋糕 …………… 54
　任务四　提拉米苏慕斯蛋糕
　　　　　制作技术 …………… 55
　　　任务实施 …………… 56
　　　任务拓展 …………… 58
　　　　巧克力慕斯蛋糕 …………… 58
　任务五　奶油裱花蛋糕基础
　　　　　技能训练 …………… 59
　　　任务实施 …………… 60

项目二　面包制作技术
　任务一　超软甜面包制作技术 …… 62
　　　任务实施 …………… 62
　　　任务相关知识 …………… 66
　　　常见面包的成形方法 …………… 72
　　　　肉松卷面包 …………… 72
　　　　杏仁面包 …………… 73
　　　　火腿卷面包 …………… 73
　　　　奶油长棍面包 …………… 74
　　　　奶酥面包 …………… 74
　　　　墨西哥面包 …………… 75
　　　　菠萝面包 …………… 75
　　　　小披萨包 …………… 76
　　　　奶酪长条面包 …………… 76
　　　　鸡蛋肉松面包 …………… 77
　　　　肠仔面包 …………… 77
　　　　果酱面包 …………… 78
　　　　火腿玉米卷面包 …………… 78
　　　　辣肉松面包 …………… 79
　　　　绿茶肉松卷 …………… 79
　　　　蔓越莓面包圈 …………… 80
　　　　芒果面包 …………… 80
　　　　毛毛虫面包 …………… 81
　　　　起酥面包 …………… 81
　　　　肉松辫子面包 …………… 82
　　　　提子辫子包 …………… 82
　　　　香肠派对 …………… 83
　　　　乡村紫薯面包 …………… 83
　　　　相思枕面包 …………… 84
　　　　椰蓉卷面包 …………… 84
　　　　麦穗面包 …………… 85
　　　　肉松包 …………… 86
　　　任务拓展 …………… 86
　　　　中种法甜面包 …………… 86
　　　　白吐司 …………… 88
　　　　玉米吐司 …………… 88
　　　　红豆吐司 …………… 89
　　　　椰蓉吐司 …………… 90
　　　　双色吐司 …………… 91
　　　　杂粮吐司 …………… 92
　任务二　脆皮法式长棍面包
　　　　　制作技术 …………… 93
　　　任务实施 …………… 94
　　　任务拓展 …………… 95
　　　　蒜香法式长棍面包 …………… 95
　任务三　丹麦面包制作技术 …… 96
　　　任务实施 …………… 97
　　　丹麦面包花色品种 …………… 99
　　　　牛角面包 …………… 99
　　　　丹麦吐司 …………… 100
　　　　丹麦调理 …………… 100
　　　任务相关知识 …………… 101
　　　任务拓展 …………… 103
　　　　金砖面包 …………… 103

项目三　西饼制作技术
　任务一　奶油曲奇小西饼
　　　　　制作技术 …………… 106
　　　任务实施 …………… 106
　　　任务相关知识 …………… 108
　　　任务拓展 …………… 111
　　　　美式巧克力曲奇 …………… 111
　　　　巧克力装饰奶油曲奇 …………… 112
　　　　手指饼干 …………… 113
　　　　吉士奶香酥 …………… 113

双色曲奇饼干 …………………114
　　芝麻薄脆饼 ……………………115
　　杏仁瓦片 ………………………116
　　芝麻饼干 ………………………117
　　阿拉棒 …………………………117
　　开心果饼干 ……………………118
　　小酥饼 …………………………119
　　长条饼干 ………………………120
　　司康 ……………………………121
　　芝士司康 ………………………122
　　椰子球 …………………………122
　　乳酪酥 …………………………123
任务二　核桃塔制作技术………124
　任务实施 ……………………………124
　任务拓展 ……………………………126
　　苹果派 …………………………126
　　水果塔 …………………………127
任务三　奶油泡芙制作技术………128
　任务实施 ……………………………128

　任务相关知识 ………………………130
　任务拓展 ……………………………130
　　奶油水果泡芙 …………………130
任务四　果酱酥制作技术…………131
　任务实施 ……………………………132
　任务相关知识 ………………………134
　任务拓展 ……………………………135
　　豆沙酥 …………………………135
　　肉松酥 …………………………136
　　葡式蛋塔 ………………………137
　　黄桃蛋塔 ………………………138
　　红豆蛋塔 ………………………139
　　紫薯蛋塔 ………………………140
　　蝴蝶酥 …………………………141
　　夹馅蝴蝶酥 ……………………142
　　椰子酥条 ………………………143
　　拿破仑酥 ………………………143

项目一 蛋糕制作技术

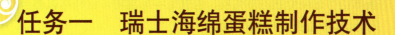

任务介绍

任务相关背景	烘焙制作人员对海绵蛋糕制作方法、技巧等知识要有基本的了解；具备实际操作海绵蛋糕的能力，掌握从原料称量到制成成品的相关知识
任务描述	熟悉海绵蛋糕的配料，设备准备及使用、蛋糕面糊的搅拌、装盘和烘烤，以及蛋糕的冷却

技能目标

1. 正确掌握海绵蛋糕的基本制作方法。
2. 能正确选择和称量原料。
3. 了解海绵蛋糕的发展趋势。

任务实施

1. 选择正确的原料

海绵蛋糕是用蛋、糖和面粉混合一起调制成的最早的一种蛋糕，也是市场上比较受欢迎的一类产品。海绵蛋糕制作简便，蛋糕成品组织细密，保存时间较长。海绵蛋糕主要是利用鸡蛋具有融和空气和膨松的双重作用，利用拌发的鸡蛋，再加上糖和面粉经烘烤制作而成。使用此法调配的面糊无论是蒸制，或是烤焙都可以做出膨大松软的蛋糕。基本海绵蛋糕仅含面粉、蛋、糖和盐四种原料，其中除糖一项是属于软性原料以外，其他面粉、蛋和盐都是韧性原料，所以所制出来的海绵蛋糕虽然松软但是韧性比较大，无法达到好蛋糕的标准。因此在生产中高档海绵蛋糕时，必须添加适量的油和发粉等软性原料来调节蛋糕过大的韧性，使蛋糕更加的柔软。

面粉：高品质的海绵蛋糕选用的面粉一般为低筋面粉，低筋面粉的蛋白质含量一般在8.5%以下，面筋含量较低，其吸水量大都在50%~53%之间。有一些对打法要求不高的蛋糕也可选用普通的富强粉，也就是中筋面粉。这样可以适当地降低蛋糕的成本，同时也可保证较好的蛋糕品质。

鸡蛋：鸡蛋是蛋糕膨大的动力，在制作蛋糕时要选用新鲜的鸡蛋。储存时要尽量使鸡蛋保持在20~25℃的温度，避免阳光直射；同时要注意鸡蛋的清洁，避免鸡蛋污染蛋糕成品。

糖：糖是制作海绵蛋糕的主要原料，一般选择细砂糖。主要是因为细砂糖便于存放和使用，同时纯度比较高，能够得到比较理想的蛋糕成品。糖在海绵蛋糕中的作用很多，比如糖具有焦糖化作用，经烘烤可使蛋糕具有金黄的颜色；糖具有吸湿性，能够增加蛋糕的柔软度；另外糖具有甜味，是天然的甜味剂，可使蛋糕具有可口的甜味；同时糖还可以提供营养，提高蛋糕的营养价值。

蛋糕油：蛋糕油是一种乳化剂，可以使蛋糕面糊充入更多的空气而体积变得更大；还可以起到稳定面糊中气泡的作用；蛋糕油可以使海绵蛋糕的组织更加的细腻；蛋糕油还可以延长海绵蛋糕的保鲜期，使海绵蛋糕长时间保持柔软。

油脂：海绵蛋糕常用的油脂是液态油脂，如色拉油、液态酥油等。其主要是起润滑作用，增加蛋糕的柔软性，使蛋糕更加可口。

发粉：蛋糕中常用的发粉有泡打粉和小苏打两种。发粉在烘烤过程中可以产生大量的气体使蛋糕的体积膨大。

2. 称量

选择好原料后按以下配方进行称量，需正确使用电子秤并注意称量要准确。

瑞士海绵蛋糕配方

材料名称	质量／克	材料名称	质量／克	材料名称	质量／克
全蛋	500	奶水	60	低筋粉	200
细砂糖	250	色拉油	100	泡打粉	2
盐	6	奶香粉	5	蛋糕油	30

3. 选择和准备制作瑞士海绵蛋糕的设备及工具

多功能搅拌机

平烤箱

蛋糕模

塑料刮板

4. 瑞士海绵蛋糕的制作

① 将蛋、糖、盐一起加入搅拌缸中。

② 用钢丝打蛋器中速拌打2分钟,拌至糖溶解。

③ 面粉、泡打粉、奶香粉过筛后慢速加入打蛋器中拌匀。

④ 拌匀后再改用快速拌打5分钟。

⑤ 加入蛋糕油。

⑥ 中速搅拌 1 分钟。

⑦ 用快速把面糊打至稠浓状。

⑧ 勾起的面糊呈软尖，颜色为乳白色。

⑨ 再改用中速搅拌1分钟。

⑩ 用慢速加入奶水。

⑪ 加入色拉油和香精，拌匀。

⑫ 再用手将面糊充分搅拌均匀。

⑬ 将面糊倒入模具。　　　　　　⑭ 用手搅均匀平整。

⑮ 将装好面糊的模具放入烤箱中，炉温180℃，上火大，下火小，烤约20分钟，用手测试蛋糕中央坚实而且弹性即可出炉。

⑯ 将蛋糕带着模具放置在网盘上冷却至室温即可。

5. 瑞士海绵蛋糕成品的特点

① 成品底火和上火均匀着色，不生不糊。
② 蛋糕内部组织呈均匀的海绵状。
③ 蛋糕底部没有沉淀。
④ 蛋糕柔软、有弹性。
⑤ 有蛋糕的芳香味道。

瑞士海绵蛋糕

6. 瑞士海绵蛋糕制作的注意事项

① 海绵蛋糕需要选择新鲜的鸡蛋。

② 使用的搅拌缸和工具要干净、不能含有油脂，否则会影响鸡蛋的拌法，使蛋糕的体积减小或搅拌失败。

③ 要选用蛋糕专用面粉。

④ 海绵蛋糕制作出的面糊理想温度是23~25℃。

⑤ 搅拌机的转速要适当。

⑥ 面糊中的油脂要在搅拌的最后阶段加入，避免过早加入使面糊的体积减小。

⑦ 烘烤的炉温要根据制品的大小和厚度进行调节。较大较厚的海绵蛋糕炉温要低时间要长；反之炉温较高时间较短。

⑧ 烘烤至成熟即可，避免烘烤过度。烘烤过度会使蛋糕体积收缩，变得干硬；烘烤不足会使蛋糕塌陷，生芯。

任务相关知识

1. 海绵蛋糕的搅拌

制作海绵蛋糕开始时用钢丝拌打器中速搅拌2分钟，糖溶化后，加入过筛的面粉，若配方内使用可可粉或发粉时，必须和面粉一起过筛后加入。再改用快速搅拌至呈乳白色，用手指勾起时不会很快地从手指上流下，根据产品要求的不同，搅拌的程度有所不同。此时再改用中速拌打1分钟，把上一步快速打入的不匀气泡搅碎，使所打入的空气均匀的分布在面糊的每一部分，面糊变得细腻光滑。然后，把流质的奶水细流状加入并慢速搅匀，色拉油最后慢速加入，基本搅匀即可，油在加入面糊时，必须慢速和小心的搅拌，不可搅拌过久，否则会破坏面糊中的气泡影响蛋糕的体积，油若与面糊搅拌不匀，会在烘烤后沉淀在蛋糕底部形成一块厚的油皮，应加以注意。最后为了使面糊充分搅匀并且不影响气泡，需要用手工轻轻将面糊搅匀。

海绵蛋糕搅拌的程度根据制品要求的不同会有所不同，一般小型杯子蛋糕搅拌至4分发，即搅拌至面糊体积膨大约3倍，颜色为浅黄色，用手指勾起呈细长的软尖；大型蛋糕胚或蛋糕卷一般搅拌至7分发，即搅拌至面糊体积膨大约4倍，颜色为乳黄色，用手指勾起呈粗壮的软尖，不会垂落。若鸡蛋面粉大约在1∶1的时候，通常搅拌至充分起发，即面糊搅拌至体积膨大约数倍，颜色为乳白色，浓稠状，用手指勾起呈挺立的尖状，也可叫10分发。

2. 海绵蛋糕的烤焙

海绵蛋糕因所做成品的式样、大小不一，使用的烤盘也不一样，所以烘烤的温度和时间也会有所不同，一般根据烤盘的形式可定出下列准则。

① 小型椭圆形或橄榄形小海绵蛋糕的烤焙温度为上火205℃，下火为180℃，烤焙时间约在12~15分钟左右，烤至上火均匀着色，用手按压，坚实有弹性即可。

② 实心直径12英寸（1英寸=2.54厘米）以内高2.5英寸的圆形或方形蛋糕应用下火烤，上火温度较低，炉温也为205℃，烘烤时间大约30分钟左右。如直径和面积增加或厚度增高，则仍使用底火大，上火小而炉温则需要降低到180℃烤焙，时间约在35~45分钟。

③ 使用空心烤盘的面糊需要用下火大，上火小的火力，炉温在180℃左右，烤焙时间约30分钟。

④ 使用平烤盘做果酱卷与奶油花式小蛋糕时，烤炉应采用上火大，下火小，炉温200℃烤焙时间15~20分钟。

3. 技能自测

（1）制作海绵蛋糕的时候，面糊搅拌完成的理想温度是（　）。

  A　15℃   B　20~25℃

  C　30℃   D　35℃

（2）下列不是蛋糕乳化剂的作用的是（　）。

  A　增强面筋   B　稳定气泡

  C　延长保鲜期   D　增加面糊体积

（3）橄榄形海绵蛋糕的烘烤温度是（　）。

  A　180℃   B　200℃

  C　205℃   D　215℃

（4）下列不是海绵蛋糕制作注意事项的是（　）。

  A　海绵蛋糕需要选择新鲜的鸡蛋。

  B　使用的搅拌缸和工具要干净、不能含有油脂。

  C　要选用蛋糕专用面粉。

  D　要选用高筋面粉。

任务拓展

市场上流行的海绵蛋糕品种非常多，为了使大家对海绵蛋糕有全面的了解，下面介绍一些其他的海绵蛋糕的制作。

海绵卷蛋糕

1. 配方

选择好原料后按以下配方进行称量,需正确使用电子秤并注意称量要准确。

海绵卷蛋糕配方

材料名称	质量/克	材料名称	质量/克	材料名称	质量/克
全蛋	500	奶水	50	低筋粉	200
细砂糖	200	色拉油	100	葡萄干	适量
盐	5	香精	4	蛋糕油	30

2. 操作

① 蛋、糖、盐用钢丝打蛋器中速拌打2分钟,拌至糖溶解。

② 面粉过筛后用慢速加入拌匀,改用快速拌打5分钟。

③ 加入蛋糕油后,用快速把面糊打至稠浓,用手指勾起呈软尖,颜色为乳白色,再改用中速拌1分钟。

④ 用慢速加入奶水、色拉油和香精,加入葡萄干拌匀即可。

⑤ 平烤盘底部边缘垫纸,面糊倒入后表面须用刮板刮平,使四周厚薄一致。

⑥ 炉温220℃,上火大,下火小,烤约12分钟,用手测试蛋糕中央坚实而且弹性即可出炉。

⑦ 出炉后,须立即把蛋糕从烤盘内倒出以防收缩。测试蛋糕有无烤熟可用手指在蛋糕表面轻轻按下,如手指感觉坚实而有弹性即表示已经熟透应马上从炉内取出,如手指按下有沙沙的声音且面柔软向下陷入,则表示尚未熟透仍须继续烤焙。出炉的蛋糕应趁热马上将表面向下翻转过来放在冷却架上,否则蛋糕会收缩不能成形。

⑧ 将冷却至室温的蛋糕迅速从中间切开,分成均匀的两部分。取其中一块放在一张油纸上。

⑨ 在蛋糕表面抹上薄薄的一层奶油。

⑩ 用擀面棍从蛋糕的一端和油纸一起将蛋糕卷起来,并将纸保留在蛋糕外10分钟使蛋糕卷定形。

⑪ 卷卷时双手力度要一致,不可用力过猛。

海绵卷蛋糕　　　　　　　　　　杯子海绵蛋糕

1. 配方

选择好原料后按以下配方进行称量，需正确使用电子秤并注意称量要准确。

杯子海绵蛋糕配方

材料名称	质量/克	材料名称	质量/克	材料名称	质量/克
全蛋	500	吉士粉	50	高筋粉	70
细砂糖	240	奶香粉	4	奶油	100
盐	3	蛋糕油	33		
低筋粉	150	奶水	100		

2. 操作

① 蛋、糖、盐用钢丝打蛋器中速拌打 2 分钟。

② 面粉、吉士粉、奶香粉过筛后用慢速加入拌匀，改用快速拌打 5 分钟。

③ 加入蛋糕油后，用快速把面糊打至稠浓，拌至 4 分发。颜色为浅黄色，再改用中速拌 1 分钟。

④ 用慢速加入奶水和熔化的奶油，拌匀即可。

⑤ 倒入耐烤纸杯中，6 分满。

⑥ 入炉烘烤，炉温 220℃，上火大，下火小，烤约 12 分钟。

双色蛋糕卷

1. 配方

选择好原料后按以下配方进行称量,需正确使用电子秤并注意称量要准确。

双色蛋糕卷配方

材料名称	质量/克	材料名称	质量/克	材料名称	质量/克
全蛋	500	奶粉	20	黄油	250
细砂糖	240	奶香粉	2	巧克力色香油	10
盐	8	蛋糕油	20		
低筋粉	400	杏仁片	150		

2. 操作

① 全蛋、细砂糖、盐一起加入搅拌缸中,搅拌至糖溶化。

② 加入蛋糕油拌至膨大松发。

③ 低筋粉、奶粉、奶香粉一起过筛后加入。

④ 拌匀后慢速加入熔化的黄油。

⑤ 拌匀后分为两部分,其中一部分加入巧克力色香油拌匀。

⑥ 将两部分面糊分别装入裱花袋中,挤入模具约6分满。

⑦ 表面撒杏仁片,入炉烘烤,上火180℃,下火170℃,时间20分钟。

柠檬海绵卷

1. 配方

选择好原料后按以下配方进行称量,需正确使用电子秤并注意称量要准确。

柠檬海绵卷配方

材料名称	质量/克	材料名称	质量/克	材料名称	质量/克
全蛋	500	奶水	50	低筋粉	200
细砂糖	200	色拉油	100	蛋糕油	30
盐	5	香精	4	柠檬酱	适量

双色蛋糕卷

柠檬海绵卷

2. 操作

① 蛋、糖、盐用钢丝打蛋器中速拌打2分钟,拌至糖溶解。

② 面粉过筛后用慢速加入拌匀,改用快速拌打5分钟。

③ 加入蛋糕油后,用快速把面糊打至稠浓,用手指勾起呈软尖,颜色为乳白色,再改用中速拌1分钟。

④ 用慢速加入奶水、色拉油、香精和柠檬酱,拌匀即可。

⑤ 平烤盘底部边缘垫纸,面糊倒入后表面须用刮板刮平,使四周厚薄一致。

⑥ 炉温220℃,上火大,下火小,烤约12分钟,用手测试蛋糕中央坚实而且弹性即可出炉。

⑦ 出炉后,须立即把蛋糕从烤盘内倒出以防收缩。

肉松海绵卷

1. 配方

选择好原料后按以下配方进行称量,需正确使用电子秤并注意称量要准确。

肉松海绵卷配方

材料名称	质量/克	材料名称	质量/克	材料名称	质量/克
全蛋	500	奶水	50	低筋粉	200
细砂糖	200	色拉油	100	蛋糕油	30
盐	5	香精	4	肉松	适量

2. 操作

① 蛋、糖、盐用钢丝打蛋器中速拌打2分钟,拌至糖溶解。

② 面粉过筛后用慢速加入拌匀,改用快速拌打5分钟。

③ 加入蛋糕油后,用快速把面糊打至稠浓,用手指勾起呈软尖,颜色为乳白色,再改用中速拌1分钟。

④ 用慢速加入奶水、色拉油、香精,拌匀即可。

⑤ 平烤盘底部边缘垫纸,面糊倒入后表面须用刮板刮平,使四周厚薄一致。

⑥ 炉温220℃,上火大,下火小,烤约12分钟,用手测试蛋糕中央坚实而且弹性即可出炉。

⑦ 出炉后,须立即把蛋糕从烤盘内倒出以防收缩。

⑧ 冷却后涂抹沙拉酱,撒上肉松,卷起之后切成小段。

香蕉海绵蛋糕

1. 配方

选择好原料后按以下配方进行称量,需正确使用电子秤并注意称量要准确。

香蕉海绵蛋糕配方

材料名称	质量/克	材料名称	质量/克	材料名称	质量/克
全蛋	300	泡打粉	7	香蕉糊	200
砂糖	225	蛋糕油	18		
低筋面粉	225	溶化酥油	225		

2. 操作

① 蛋、糖、盐用钢丝打蛋器中速拌打2分钟,拌至糖溶解。

② 面粉过筛后用慢速加入拌匀,改用快速拌打5分钟。

③ 加入蛋糕油后,用快速把面糊打至稠浓至5分发,用手指勾起呈软尖,颜色为乳白色,再改用中速拌1分钟。

④ 用慢速加入奶水,色拉油和香精,拌匀即可。

⑤ 加入香蕉糊拌匀。装入烤盘约6~7分满即可。

⑥ 炉温上火180℃,下火200℃,烤约20分钟,用手测试蛋糕中央坚实而且弹性即可出炉。

肉松海绵卷

香蕉海绵蛋糕

巧克力海绵蛋糕

1. 配方

选择好原料后按以下配方进行称量,需正确使用电子秤并注意称量要准确。

巧克力海绵蛋糕配方

材料名称	质量/克	材料名称	质量/克	材料名称	质量/克
全蛋	500	可可粉	50	低筋粉	190
细砂糖	200	色拉油	100	小苏打	2
蛋糕油	25	泡打粉	3	奶水	100

2. 操作

① 蛋、糖用钢丝打蛋器中速拌打2分钟,拌至糖溶解。

② 面粉和可可粉、泡打粉、小苏打过筛后用慢速加入拌匀,改用快速拌打5分钟。

③ 加入蛋糕油后,用快速把面糊打至稠浓,用手指勾起呈软尖,再改用中速拌1分钟。

④ 用慢速加入奶水、色拉油,拌匀即可。

⑤ 平烤盘底部边缘垫纸,面糊倒入后表面须用刮板刮平,使四周厚薄一致。

⑥ 炉温220℃,上火大,下火小,烤约12分钟,用手测试蛋糕中央坚实而且弹性即可出炉。

⑦ 出炉后,须立即把蛋糕从烤盘内倒出以防收缩。

脆皮蛋糕

1. 配方

选择好原料后按以下配方进行称量,需正确使用电子秤并注意称量要准确。

脆皮蛋糕配方

材料名称	质量/克	材料名称	质量/克
全蛋	500	细砂糖	500
低筋面粉	350	盐	2
香草粉	2		

2. 操作

① 将全蛋、糖、盐加入打发。

② 慢速加入面粉和香草粉,手工搅拌均匀。

③ 挤入模具中,入炉烘烤。

④ 上火180℃,下火200℃,烤制15分钟即可。

巧克力海绵蛋糕

脆皮蛋糕

1. 配方

选择好原料后按以下配方进行称量,需正确使用电子秤并注意称量要准确。

橄榄蛋糕配方

材料名称	质量/克	材料名称	质量/克	材料名称	质量/克
鸡蛋	500	细砂糖	250	蛋糕油	22
中筋粉	350	盐	2	水	75
奶香粉	3	泡打粉	4	葡萄干	70
色拉油	100	柠檬色香油	少许		

2. 操作

① 将鸡蛋、糖、盐倒入搅拌缸用网状拌打器中速打至糖溶化约2分钟。

② 加入过筛的粉类，快速4分钟拌至无颗粒。

③ 加入蛋糕油中速打化，快速拌1分钟至浅黄浓稠，约5分发，再改用中速1分钟。

④ 最后依次加入水、色拉油柠檬色香油、葡萄干拌匀。

⑤ 挤入刷油的橄榄模，约6分满。烤制上火180℃，下火190℃，烘烤15~20分钟出炉脱模。

橄榄蛋糕

蜂蜜长崎蛋糕

1. 配方

选择好原料后按以下配方进行称量，需正确使用电子秤并注意称量要准确。

蜂蜜长崎蛋糕配方

材料名称	质量/克	材料名称	质量/克	材料名称	质量/克
鸡蛋	500	细糖	250	蛋糕油	30
低筋粉	300	泡打粉	9	色拉油	200
牛奶	300	黄奶油	100		
蜂蜜	100	盐	2		

2. 操作

① 将鸡蛋、糖、盐、蜂蜜一块倒入搅拌缸，中速打至糖溶化。

② 加入过筛粉类快速拌匀。

③ 加入蛋糕油中速拌约3分钟，打至颜色浅黄。

④ 慢慢加入牛奶、溶化开的黄奶油、色拉油搅拌均匀，倒入垫纸的烤盘烘烤。上火190℃，下火170℃，烤约20分钟。

蜂巢蛋糕

1. 配方

选择好原料后按以下配方进行称量，需正确使用电子秤并注意称量要准确。

蜂巢蛋糕配方

材料名称	质量/克	材料名称	质量/克	材料名称	质量/克
红糖	125	细糖	125	液态酥油	150
炼乳	350	蜂蜜	120	低筋粉	300
鸡蛋	300	高筋粉	100		
小苏打	15	牛奶	300		

2. 操作

① 将红糖、细糖、牛奶倒入锅中加热至糖化开离火。

② 加入过筛粉类拌至无颗粒。

③ 加入炼乳、蜂蜜、液态酥油拌至均匀。

④ 最后加入鸡蛋拌匀即可。

⑤ 倒入模具7分满，烘烤，上火180℃，下火200℃，烤20分钟左右。

蜂蜜长崎蛋糕

蜂巢蛋糕

布朗尼蛋糕

1. 配方

选择好原料后按以下配方进行称量,需正确使用电子秤并注意称量要准确。

	材料名称	质量/克		材料名称	质量/克
A	鸡蛋	500	A	可可粉	100
	蛋糕油	25		奶油	200
	奶水	230		小苏打	5
	细糖	500		麦芽糖	25
	低筋粉	300			
B	黑巧克力	330	B	麦芽糖	30
	鲜奶油	170			

2. 操作

① 将A部分的鸡蛋、糖、麦芽糖倒入搅拌缸,用网状拌打器中速打至糖化,约2分钟。
② 加入过筛的粉类,快速4分钟拌至无颗粒。
③ 加入蛋糕油中速打化,快速拌至乳黄浓稠约7~8分发,再改用中速拌1分钟。
④ 最后依次加入奶水和融化的奶油,搅拌至均匀。
⑤ 倒入垫纸的烤盘抹平烘烤,上火180℃,下火130℃,烤约50分钟。
⑥ 将B部分的巧克力、奶油、麦芽糖隔水融化搅匀即可。
⑦ 蛋糕冷却后表面喷白兰地酒,将制作完成的B部分材料装饰在表面即可。

哈雷蛋糕

1. 配方

选择好原料后按以下配方进行称量,需正确使用电子秤并注意称量要准确。

哈雷蛋糕配方

材料名称	质量/克	材料名称	质量/克
全蛋	650	泡打粉	24
砂糖	560	奶水	220
低筋粉	800	色拉油	480

2. 操作

① 蛋、糖用钢丝打蛋器中速拌打2分钟，拌至稍发。

② 面粉、泡打粉过筛后用慢速加入拌匀。

③ 用慢速加入奶水、色拉油拌匀，面糊装入模具，约5分满。

④ 烤制炉温上火180℃，下火200℃，烤约20分钟，用手测试蛋糕中央坚实而且弹性即可出炉。

布朗尼蛋糕

哈雷蛋糕

巧克力马芬蛋糕

1. 配方

选择好原料后按以下配方进行称量，需正确使用电子秤并注意称量要准确。

巧克力马芬蛋糕配方

材料名称	质量/克	材料名称	质量/克	材料名称	质量/克
全蛋	1000	泡打粉	20	可可粉	40
砂糖	700	热水	150	小苏打	5
低筋粉	700	色拉油	800		
玉米淀粉	100	黑巧克力	250		

2. 操作

① 蛋、糖用钢丝打蛋器中速拌打2分钟，拌至稍发。

② 面粉、泡打粉、玉米淀粉过筛后用慢速加入拌匀，再快速搅拌1分钟。

③ 将提前泡在一起的热水、可可粉、小苏打冷却后加入。

④ 用慢速加入色拉油、切碎的巧克力拌匀，面糊装入模具，约5分满。

⑤ 烤制炉温上火180℃，下火200℃，烤约30分钟，用手测试蛋糕中央坚实而且弹性即可出炉。

千层蛋糕

1. 配方

选择好原料后按以下配方进行称量,需正确使用电子秤并注意称量要准确。

千层蛋糕配方

材料名称	质量/克	材料名称	质量/克
全蛋	600	色拉油	250
盐	2	细砂糖	400
低筋粉	420	奶香粉	3
蛋糕油	22	蜂蜜	40
水	150		

2. 操作

① 全蛋、细砂糖、盐一起加入搅拌缸中,搅拌至糖溶化。

② 低筋粉、奶香粉一起过筛后加入。

③ 加入蛋糕油拌至膨大松发。

④ 加入蜂蜜搅匀。

⑤ 拌匀后慢速加入水、色拉油。

⑥ 将打成的面糊倒入烤盘(烤盘上铺不粘布),倒时先倒薄薄的一层。入炉烘烤。上火200℃,下火关闭。

⑦ 烤至面糊变色后取出,表面马上再铺上薄薄一层面糊。

⑧ 重复进行操作至面糊用尽。

⑨ 烤至成熟,冷却后切成方块或三角形即可。

巧克力马芬蛋糕

千层蛋糕

蜂蜜海绵蛋糕

1. 配方

选择好原料后按以下配方进行称量,需正确使用电子秤并注意称量要准确。

蜂蜜海绵蛋糕配方

材料名称	质量/克	材料名称	质量/克
全蛋	600	色拉油	150
盐	2	细砂糖	220
低筋粉	300	奶香粉	3
蛋糕油	32	蜂蜜	80
水	150		

2. 操作

① 全蛋、细砂糖、盐、蜂蜜一起加入搅拌缸中,搅拌至糖溶化。

② 低筋粉、奶香粉一起过筛后加入。

③ 加入蛋糕油拌至膨大松发。

④ 拌匀后慢速加入色拉油。

⑤ 将打成的面糊倒入烤盘(烤盘上铺不粘布),入炉烘烤。上火200℃,下火180℃。

⑥ 烤至成熟,冷却后切成方块或三角形即可。

虎皮蛋糕

1. 配方

选择好原料后按以下配方进行称量,需正确使用电子秤并注意称量要准确。

虎皮蛋糕配方

材料名称	质量/克	材料名称	质量/克
蛋黄	450	蜂蜜	15
细砂糖	180	色拉油	10
玉米粉	75		

2. 操作

① 蛋黄、细砂糖和蜂蜜用钢丝拌打器快速打至稠浓,用手指勾起面糊,不是很

快垂落。

② 慢速加入玉米粉、色拉油拌匀即可。

③ 平烤盘底部垫纸，纸上擦防粘油，面糊倒入后表面不需刮平，但要厚薄一致。

④ 炉温上火250℃，下火150℃。烤约8分钟。

蜂蜜海绵蛋糕

虎皮蛋糕

任务二　戚风蛋糕制作技术

任务介绍

任务相关背景	烘焙制作人员对戚风蛋糕制作方法、技巧等知识要有基本的了解，具备实际操作戚风蛋糕的能力、掌握从原料称量到制成成品的相关知识
任务描述	熟悉戚风蛋糕的配料、设备准备及使用、蛋糕面糊的搅拌、装盘和烘烤工艺

技能目标

1. 正确掌握戚风蛋糕的基本制作方法。
2. 能正确选择和称量原料。
3. 了解戚风蛋糕的发展趋势。

任务实施

1. 选择正确的原料

戚风，翻译自英文Chiffon。Chiffon这个词是指极为轻薄柔软的绢织物，所以戚风蛋糕一如其名，有着绵密细致的口感。戚风是由美国人哈利·贝卡发明。他把他的发明保密了整整二十年，直至1947年，做法才被公开，这柔如丝绸，轻如羽毛的蛋糕，从此便一发不可收拾地风靡欧美。并于1960年之后征服欧洲人士的味蕾，后来袭卷日本，台湾。近年来，随着台资烘焙企业进入大陆市场，戚风蛋糕也就随之流行起来，并且得到了热爱烘焙人士的热烈推崇。"戚风"二字恐怕是烘焙中使用频率最高的词汇了。

戚风蛋糕是指在制作中把鸡蛋中的蛋白和蛋黄分开来搅打，拌入空气，然后送进烤箱受热膨胀而成的蛋糕。由于戚风蛋糕的面糊含水量较多，因此完成后的蛋糕体组织比起其他类的蛋糕松软，却又有弹性。而且富有蛋香、油香、令人回味无穷。

面粉：戚风蛋糕选用的面粉一般为低筋面粉，低筋面粉的蛋白质含量一般在8.5%以下，面筋含量较低，其吸水量大都在50%~53%之间。高品质的戚风蛋糕一般为了适当降低面粉的筋度还需要将一部分面粉换成玉米淀粉，以期得到较理想的蛋糕成品。

鸡蛋：鸡蛋是蛋糕膨大的动力，我们在制作蛋糕时要选用新鲜的鸡蛋。储存时要尽量使鸡蛋保持在20~22℃的温度，避免阳光直射；同时要注意鸡蛋的清洁，避免鸡蛋污染蛋糕成品。

糖：糖是制作戚风蛋糕的主要原料，一般选择细砂糖。主要是因为细砂糖便于存放和使用，同时纯度比较高，能够得到比较理想的蛋糕成品。糖在戚风蛋糕中的作用是很多的，比如糖具有焦化作用，经烘烤可使蛋糕具有金黄的颜色；糖具有吸湿性，能够增加蛋糕的柔软度；另外，糖具有甜味，是天然的甜味剂，可使蛋糕具有可口的甜味；同时糖还可以提供营养，提高蛋糕的营养价值。还可以提高蛋白的浓度使蛋白充入较多的空气。

塔塔粉：塔塔粉是戚风蛋糕制作时的主要添加剂，其主要成分是酒石酸，能起到调节蛋白酸碱度的作用。同时还可以使蛋白搅拌时的气泡更加稳定，使蛋糕得到更大的体积。有时为了更加健康可以选择柠檬汁代替塔塔粉，这样可以得到较好的口感。

油脂：戚风蛋糕常用的油脂是液态油脂，如色拉油、液态酥油等。其主要的作用是起润滑作用，增加蛋糕的柔软性，使蛋糕更加可口。同时色拉油也是比较健康的油脂。

发粉：蛋糕中常用的发粉是泡打粉。发粉在烘烤过程中可以产生大量的气体使蛋糕的体积膨大。

2. 称量

选择好原料后按以下配方进行称量，需正确使用电子秤并注意称量要准确。

戚风蛋糕配方

	材料名称	质量/克		材料名称	质量/克
A	蛋黄	150	A	牛奶	75
	糖粉	20		蛋糕粉	150
	食盐	6		泡打粉	3
	色拉油	75			
B	蛋白	300	B	塔塔粉	3
	砂糖	105			

3. 选择和准备制作戚风蛋糕的设备、工具

多功能搅拌机、平烤箱、蛋糕模、塑料刮板、不锈钢盆、手工拌打器。

4. 戚风蛋糕胚的制作

① 将鸡蛋打开，蛋液轻轻放入不含油脂的搅拌缸中。

② 将蛋黄捞出放入另一个盆中备用。

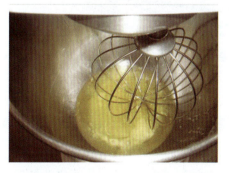

③ 将B部分原料三分之二的糖和塔塔粉加入搅拌缸中，和蛋白一起用钢丝拌打器中速搅拌至湿性发泡。

④ 加入剩余的砂糖一起快速打到白色呈半固态状即干性发泡，备用。

⑤ 把蛋黄、牛奶、食盐、糖粉一起放入盆中用打蛋器拌匀至糖融化。

⑥ 加入色拉油继续搅拌均匀。

⑦ 将蛋糕粉、泡打粉一起过筛加入盆中拌匀至没有面粉的颗粒。

⑧ 取三分之一B部分打好的蛋清放入A部分面糊中。

⑨ 迅速搅匀。

⑩ 将混匀的面糊倒入搅拌缸中。

⑪ 和剩余的蛋清部分手工搅拌均匀。

⑫ 把搅拌好的面糊放入事先备好的模具中。

⑬ 烘烤，上火180℃，下火150℃，大约30分钟，烤熟即可。

5.戚风蛋糕成品的特点

① 成品底火和上火均匀着色，不生不糊。

② 蛋糕内部组织呈均匀的网状结构。

③ 蛋糕柔软、有非常良好的弹性。

④ 有蛋糕的芳香味道，口感湿润。

戚风蛋糕成品

6.戚风蛋糕制作的注意事项

① 戚风蛋糕需要选择新鲜的鸡蛋。

② 使用的搅拌缸和工具要干净、不能含有油脂，否则会影响鸡蛋蛋白的拌发，使蛋糕的体积减小或搅拌失败。

③ 蛋白搅拌至干性发泡。

④ 蛋黄部分要充分搅匀，不能有面粉颗粒，但要注意不能产生面筋。

⑤ 要选用蛋糕专用面粉并加入适量的玉米淀粉来降低面粉筋度。

⑥ 戚风蛋糕制作出的面糊理想温度是20~22℃。

⑦ 搅拌机的转速要适当。
⑧ 面糊的两部分混合时要迅速，动作要轻柔避免过度搅拌使体积减小。
⑨ 面糊混合后要迅速入炉烘烤，这就要求要提前打开烤箱预热。
⑩ 烘烤的炉温要根据制品的大小和厚度进行调节。较大较厚的戚风蛋糕，炉温要低时间要长；反之炉温较高时间较短。
⑪ 烘烤至成熟即可，避免烘烤过度。烘烤过度会使蛋糕体积收缩，变得干硬；烘烤不足会使蛋糕塌陷，生芯。
⑫ 蛋白搅拌过程中的四个阶段。
a.蛋白经搅打后呈液体状态，表面浮起很多不规则的气泡，为起泡阶段。
b.蛋白经搅拌后渐渐凝固起来，表面不规则的气泡消失，而变为许多均匀细小气泡，蛋白洁白而具光泽，用手指勾起时呈一细长尖锋，留置指上而不下坠，此阶段即为湿性发泡。
c.蛋白继续搅拌，则为干性发泡，蛋白打至干性发泡时无法看出气泡的组织。颜色雪白而无光泽，用手指勾起时呈坚硬的尖锋，即使将此尖锋倒置也不会弯曲。
d.蛋白继续搅拌，直至蛋白已变成球形凝固状，用手指无法勾起尖锋此阶段称为棉花状态。
⑬ 鸡蛋在分取蛋白和蛋黄时要注意。蛋白中绝对不可含有蛋黄，否则会使蛋白搅不起来使制作失败。

任务相关知识

1. 戚风蛋糕的由来

戚风蛋糕是英文Chiffon Cake的音译。1927年由加利福尼亚的一个名叫哈里·贝克的保险经纪人发明，直到1948年，贝克把蛋糕店卖了，配方才公诸于世。戚风蛋糕质地非常轻，用菜油、鸡蛋、糖、面粉、发粉为基本材料。由于菜油不像牛油（传统蛋糕都是用牛油的）那样容易打泡，因此需要靠把鸡蛋清打成泡沫状，来提供足够的空气以支撑蛋糕的体积。戚风蛋糕含足量的菜油和鸡蛋，因此质地非常的湿润，不像传统牛油蛋糕那样容易变硬。因此更适合有冷藏需要的蛋糕。戚风蛋糕也含较少的饱和脂肪。但是由于缺乏牛油蛋糕的浓郁香味，戚风蛋糕通常需要味道浓郁的汁或加上巧克力、水果等配料。戚风蛋糕的制法与分蛋搅拌式海绵蛋糕相类似（所谓分蛋搅拌，是指蛋白和蛋黄分开搅打好后，再予以混合的方法），即在制作分蛋搅拌式海绵蛋糕的基础上，调整原料比例，并且在搅拌蛋黄和蛋白时，分别加入发粉和塔塔粉。

戚风蛋糕组织膨松，水分含量高，味道清淡不腻，口感滋润嫩爽，是目前最受欢迎的蛋糕之一。这里要说明的是，戚风蛋糕的质地异常松软，若是将同样质量的全蛋搅拌式海绵蛋糕面糊与戚风蛋糕的面糊同时烘烤，那么戚风蛋糕的体积可能是前者的两倍。虽然戚风蛋糕非常松软，但它却带有弹性，且无软烂的感觉，吃时淋各种酱汁很可口。另外，戚风蛋糕还可做成各种蛋糕卷、波士顿派等。

2. 戚风蛋糕的搅拌

搅拌对戚风蛋糕成品的好坏关系重大。一般来讲戚风蛋糕的搅拌较其他蛋糕复杂，操作过程中如稍有疏忽即导致材料搅拌不均匀，会使面粉结块，或破坏已打发的蛋白气泡，使蛋糕出炉后发生严重的收缩，所以无论蛋黄部分，或者蛋白部分，还是最后两者混合一起时都要格外留心，勿操之过急而导致疏忽使成品失败。

蛋黄部分的干性原料包括低筋面粉、糖、奶粉、盐或可可粉等数种，流质原料包括色拉油、蛋黄、奶水（如没有奶水可用奶粉加水调配，奶粉与水的比例为1∶8）、果汁等。在搅拌开始前，先将干性原料中的面粉与发粉或小苏打筛匀，然后把糖和盐加入混合均匀，放入搅拌缸中待用。第二步再把流质原料中的色拉油、蛋黄、奶水（如使用脱脂奶粉，应事前溶解于配方内的水中）、果汁等依照顺序倒入第一步的干性原料上（这里所称依照顺序是先把色拉油倒入干性原料的中央，再把蛋黄倒进色拉油的中间上部，继续奶水、果汁一样样地倒下去）。这样干性原料与流质原料在搅拌时会很快地均匀混合在一起。因为低筋面粉受潮后很容易结块，万一遇到面粉结块就无法再搅散，以致烤好后的蛋糕内部有不均匀的面粉颗粒。为了避免面糊结块而且容易与流质原料拌和一起，所以先将色拉油倒在面粉的表面，使面粉表面形成一层防水膜；然后加入蛋黄和奶水，这样面粉就不容易结块。

待依序加入完毕，就可用桨状搅拌器中速拌3分钟左右，将所有原料搅拌均匀即可。如果设备不全，无法使用两台机器同时搅拌面糊类或乳沫类的面糊，我们可把蛋黄的原料在干净的不锈钢盆内，用打蛋器予以轻轻搅拌4~5分钟也很容易地将面糊搅拌均匀。要注意先将液体原料除油脂以外和糖搅匀，再加入色拉油搅匀，最后加入过筛的分类原料迅速搅匀，不可搅拌过久，以免造成产生面筋。

如不照规定顺序添加流质原料的话，就不会这么顺利地把面糊部分的原料拌匀。面糊类部分材料拌匀后就可马上搅拌乳沫类的蛋白，最好将面糊类和乳沫类两部分一起开始操作，事实上工厂内因设备和人手的关系无法做到。所以可先把面糊类的原料拌好，再把蛋白依照做天使蛋糕的顺序用钢丝拌打器中速打至湿性发泡，然后将糖加入继续打至干性发泡（即用手指将打发的蛋白钩起时有很硬的尖锋，倒置时不会弯曲）。蛋白打得不够坚硬会使烤好后的蛋糕出炉后收缩。开始时先取三分之一打发的蛋白加在面糊部分，用手轻轻拌匀，然后再加入剩余三分之二的蛋白中，用手轻轻拌匀即可。经搅拌后正确的面糊应与海绵蛋糕相似，浓浓稠调的。

如果面糊混合后显得很稀薄，表面出现很多的小气泡，一个原因可能是蛋白打得不够坚硬，另一个原因或为两部分面糊混合时拌得太久，或搅拌时用力过大，或温度过高使蛋白部分的气泡受到面糊混合时的影响而消失。如果将蛋白搅拌至呈现一团团像棉花似的圆球，与面糊部分原料拌和时不易拌散，此即为蛋白部分在搅拌时打得太发已超过了硬性发泡。蛋白打得这种程度其性质已变硬而失去了原有的强韧伸展性，即无法保存打入的空气也失去了膨胀的功能。尤其与面糊类原料拌和时极为困难，一团团的蛋白夹在面糊的中间无法弄碎，使烤好后的蛋糕组织中有这种生蛋白，而在面糊周围呈现黑色的空洞，影响蛋糕品质。有时候这种搅拌过发的蛋白，在与蛋黄部分原料拌和时因为不易拌匀，增加了拌和的时间，同样会使整个面糊越拌越稀，破坏了蛋糕的品质。所以在搅拌戚风蛋糕的过程中应该注意下面几件事。

① 蛋白与塔塔粉及三分之一的糖用中速搅到湿性发泡才可把配方中剩余的糖加入，继续打到干性发泡即可，过发或不够都会影响蛋糕的品质。

② 当面糊类原料与蛋白混合时必须用手搅拌，不可使用机器。混合的手法应为将手掌面向上，把面糊由上向下地轻轻拌和，不可左右旋转或用力过猛，更应避免搅拌过久使蛋白受油分的损害而把整个面糊弄稀，使制作失败。

3. 戚风蛋糕的烤焙

烤戚风蛋糕的炉温度应比其他蛋糕低。大型较重的，如活动实心木框烤盘等，应用165℃的温度烤40~50分钟左右；体积较小或较薄的，如活动空心平烤盘等应用170℃，烤焙时间约20~35分钟。上下火的控制应视烤炉实际温度而定，如温度符合要求，下火仅需略低于上火即可。测试蛋糕有无烤熟的方法为，用手指轻轻触摸蛋糕表面中央部位，如手指按下已有坚实感觉即已熟透，应马上取出，如手指按下仍有软软流动或者沙沙的感觉即未熟透，应再给予适当时间的烤焙。也可以取一根牙签由蛋糕的中间插入，轻轻转动后取出，牙签上干燥洁净即表示蛋糕已经成熟，如果牙签上有面糊粘附则表示蛋糕还未成熟需要继续烘烤。

蛋糕出炉后如是杯子蛋糕应马上从烤盘内倒出，并尽快把蛋糕从衬纸内剥出，以免收缩。如果蛋糕出炉后表面部分或腰侧部分收缩很严重，可能是由于配方内水分太多或烤焙不够，应该延长烤焙时间，或减少配方内水分的含量。

4. 技能自测

（1）戚风蛋糕要求蛋白部分搅拌至（　　）。

  A　气泡阶段　　　　　　B　湿性发泡阶段

  C　干性发泡阶段　　　　D　棉絮状态阶段

（2）戚风蛋糕的制作下列描述不正确的是（　　）。

  A　蛋白和蛋黄部分混合要快　B　蛋黄部分要搅拌至均匀没有颗粒

  C　蛋白搅拌至干性发泡阶段　D　戚风蛋糕混合后可以长时间存放后再烘烤

（3）戚风蛋糕中塔塔粉的作用描述不正确的是（　　）。

  A　调节蛋白的酸碱度　　　B　使蛋白所产生的气泡稳定

  C　增加蛋糕的体积　　　　D　有乳化作用

（4）戚风蛋糕面糊的理想温度是（　　）。

　　A　22℃　　　　B　12℃　　　　C　15℃　　　　D　27℃

（5）戚风蛋糕搅拌时不是其注意事项的是（　　）。

　　A　使用的搅拌缸和工具要干净、不能含有油脂，否则会影响鸡蛋蛋白的拌发，使蛋糕的体积减小或搅拌失败。

　　B　蛋白搅拌至湿性发泡。

　　C　蛋黄部分要充分搅匀，不能有面粉颗粒，但要注意不能产生面筋。要选用蛋糕专用面粉并加入适量的玉米淀粉来降低面粉筋度。

　　D　蛋糕面糊混合后可以长时间存放后再烘烤，不会影响产品质量。

任务拓展

市场上流行的戚风蛋糕品种非常多，为了使大家对戚风蛋糕有全面的了解，下面介绍一些其他的戚风蛋糕的制作。

1. 配方

选择好原料后按以下配方进行称量，需正确使用电子秤并注意称量要准确。

香枕蛋糕配方

材料名称	质量/克	材料名称	质量/克	材料名称	质量/克
蛋黄	140	细砂糖	60	蛋白	330
色拉油	60	低筋粉	160	盐	2
泡打粉	3	玉米淀粉	50	细砂糖	160
奶水	80	奶香粉	4	塔塔粉	5

2. 操作

① 将鸡蛋分成蛋白和蛋黄两部分，蛋白部分不能有蛋黄。

② 蛋黄、糖和奶水一起加入盆中搅拌至糖溶化。

③ 然后加入色拉油搅匀。

④ 加入过筛的低筋面粉、玉米淀粉、奶香粉、泡打粉搅匀后备用。

⑤ 蛋白倒入不含油脂的搅拌缸中和三分之二的糖、全部盐一起用钢丝拌打器中速搅拌至湿性发泡。

⑥ 加入剩余的糖和塔塔粉，快速搅拌至干性发泡。

⑦ 将三分之一蛋白部分和蛋黄部分混合。

⑧ 再将剩余的蛋白和蛋黄部分混合均匀。
⑨ 装入模具约6~7分满。
⑩ 烘烤，上火180℃，下火150℃，时间为30分钟。

沙哈蛋糕

1. 配方

选择好原料后按以下配方进行称量，需正确使用电子秤并注意称量要准确。

沙哈蛋糕配方

材料名称	质量/克	材料名称	质量/克	材料名称	质量/克
蛋黄	23	葡萄干	200	蛋白	23
奶油	750	低筋粉	750	盐	10
糖粉	560	核桃仁	200	细砂糖	560
巧克力	750	奶香粉	4	塔塔粉	15

2. 操作

① 将鸡蛋分成蛋白和蛋黄两部分，蛋白部分不能有蛋黄。

② 蛋黄部分与奶油和糖粉一起加入搅拌缸中用桨状拌打器慢速拌匀在快速拌至稍发。

③ 然后加入融化的巧克力搅匀。

④ 加入过筛的低筋面粉搅匀后备用。

⑤ 蛋白倒入不含油脂的搅拌缸中和三分之二的糖、全部盐一起用钢丝拌打器中速搅拌至湿性发泡。

⑥ 加入剩余的糖和塔塔粉，快速搅拌至干性发泡。

⑦ 将三分之一蛋白部分和蛋黄部分混合。

香枕蛋糕

沙哈蛋糕

⑧ 再将剩余的蛋白和蛋黄部分混合均匀，最后加入葡萄干和核桃仁。
⑨ 装入模具约6~7分满。
⑩ 烘烤，上火175℃，下火150℃，时间为60分钟。

1. 配方

选择好原料后按以下配方进行称量，需正确使用电子秤并注意称量要准确。

核桃戚风蛋糕配方

材料名称	质量/克	材料名称	质量/克	材料名称	质量/克
低筋面粉	350	水	263	蛋黄	175
泡打粉	14	香草水	3	奶粉	28
黄糖	238	蛋白	350	核桃仁	123
盐	7	塔塔粉	2		
色拉油	175	细砂糖	238		

2. 操作

① 将面粉、泡打粉筛匀与黄糖、盐一起放入搅拌缸内，用桨状拌打器中速拌匀。

② 色拉油、蛋黄、奶粉（溶于水中并加入香草水）依顺序倒入第一步干性原料并拌匀，待与打发好的蛋白拌和。

③ 蛋白与塔塔粉用钢丝拌打器中速打至湿性发泡，加细砂糖后继续打至干性发泡。

④ 取三分之一打发好的蛋白加入面糊中，用手轻轻拌匀，再把拌匀的面糊倒入蛋白中，用手轻轻拌匀。

⑤ 可做大空心烤盘蛋糕三个或果酱卷一盘。

⑥ 炉温177℃，烤35分钟，上火小，下火大。

⑦ 烤好蛋糕马上翻转倒置，冷却后取出。

⑧ 核桃仁切碎成米粒大小，均匀撒在蛋糕表面。

1. 配方

选择好原料后按以下配方进行称量，需正确使用电子秤并注意称量要准确。

抹茶蛋糕配方

材料名称	质量/克	材料名称	质量/克	材料名称	质量/克
蛋黄	110	玉米淀粉	20	低筋粉	100
鸡蛋	1	开水	70	塔塔粉	4
色拉油	70	抹茶粉	10	盐	3
泡打粉	3	蛋白	230		
细砂糖A	10	细砂糖B	120		

2. 操作

① 将鸡蛋分成蛋白和蛋黄两部分，蛋白部分不能有蛋黄。

② 用开水将抹茶冲开，冷却备用。

③ 蛋黄、糖、鸡蛋和茶水一起加入盆中搅拌至细砂糖A溶化。

④ 加入色拉油搅匀。

⑤ 加入过筛的低筋面粉、玉米淀粉、泡打粉搅匀后备用。

⑥ 蛋白倒入不含油脂的搅拌缸中和三分之二的细砂糖B、全部盐一起用钢丝拌打器中速搅拌至湿性发泡。

⑦ 加入剩余的糖和塔塔粉，快速搅拌至干性发泡。

⑧ 将三分之二蛋白部分和蛋黄部分混合。

⑨ 再将剩余的蛋白和蛋黄部分混合均匀。

⑩ 装入模具约6~7分满。

⑪ 烘烤，上火180℃，下火150℃，时间为30分钟。

核桃戚风蛋糕

抹茶蛋糕

乳酪蛋糕

1. 配方

选择好原料后按以下配方进行称量，需正确使用电子秤并注意称量要准确。

乳酪蛋糕配方

材料名称	质量/克	材料名称	质量/克	材料名称	质量/克
蛋黄	110	塔塔粉	4	细砂糖	10
鸡蛋	1个	奶水	70	低筋粉	100
色拉油	70	乳酪粉	30	细砂糖	120
泡打粉	3	蛋白	230	盐	3

2. 操作

① 将鸡蛋分成蛋白和蛋黄两部分，蛋白部分不能有蛋黄。

② 蛋黄、糖、鸡蛋一起加入盆中搅拌至糖溶化。

③ 加入色拉油搅匀。

④ 加入过筛的低筋面粉、玉米淀粉、泡打粉搅匀后备用。

⑤ 蛋白倒入不含油脂的搅拌缸中和三分之二的糖、全部盐一起用钢丝拌打器中速搅拌至湿性发泡。

⑥ 加入剩余的糖和塔塔粉，快速搅拌至干性发泡。

⑦ 将三分之二蛋白部分和蛋黄部分混合。

⑧ 再将剩余的蛋白和蛋黄部分混合均匀。

⑨ 装入模具约6~7分满。

⑩ 烘烤，上火，180℃，下火150℃，时间30分钟。

乳酪蛋糕

肉松戚风蛋糕

1. 配方

选择好原料后按以下配方进行称量，需正确使用电子秤并注意称量要准确。

肉松戚风蛋糕配方

材料名称	质量/克	材料名称	质量/克	材料名称	质量/克
蛋黄	160	黄奶油	35	玉米淀粉	30
奶水	40	蛋白	360	葱花	50
色拉油	55	细砂糖B	140	肉松	100
细砂糖A	75	塔塔粉	4		
低筋粉	90	盐	4		

2. 操作

① 将鸡蛋分成蛋白和蛋黄两部分，蛋白部分不能有蛋黄。

② 黄奶油、色拉油、细砂糖A、奶水一起加入盆中加热搅拌，搅拌至糖溶化。

③ 加入过筛的低筋面粉、玉米淀粉搅匀后备用。

④ 冷却后加入蛋黄搅匀。

⑤ 蛋白倒入不含油脂的搅拌缸中和三分之二的细砂糖B一起用钢丝拌打器中速搅拌至湿性发泡。

⑥ 加入剩余的糖和塔塔粉，快速搅拌至干性发泡。

⑦ 将三分之二蛋白部分和蛋黄部分混合。

⑧ 再将剩余的蛋白和蛋黄部分及部分葱花、肉松加入并混合均匀。

⑨ 面糊倒入铺好纸的烤盘，表面撒剩余的葱花、肉松。

⑩ 烘烤，上火180℃，下火150℃，时间为15分钟。

巧克力戚风蛋糕

1. 配方

选择好原料后按以下配方进行称量，需正确使用电子秤并注意称量要准确。

巧克力戚风蛋糕配方

材料名称	质量/克	材料名称	质量/克	材料名称	质量/克
蛋黄	250	小苏打	2.5	低筋粉	225
细砂糖	90	可可粉	50	玉米粉	25
奶水	140	蛋白	500	塔塔粉	5
色拉油	140	细糖	200	盐	5

2. 操作

① 将鸡蛋打开，蛋液轻轻放入不含油脂的搅拌缸中。

② 将蛋黄捞出放入另一个盆中备用。

③ 将B部分原料三分之二的糖和塔塔粉加入搅拌缸中，和蛋白一起用钢丝拌打器中速搅拌至湿性发泡。

④ 加入剩余的砂糖一起快速打到白色呈半固态状即干性发泡，备用。

⑤ 把蛋黄、牛奶、食盐、糖粉一起放入盆中用打蛋器拌匀至糖融化。

⑥ 加入色拉油继续搅拌均匀。

⑦ 将蛋糕粉、小苏打、可可粉、玉米粉一起过筛加入盆中拌匀至没有面粉的颗粒。

⑧ 取三分之一B部分打好的蛋白放入A部分面糊中。

⑨ 迅速搅匀。

⑩ 将混匀的面糊倒入搅拌缸中。

⑪ 和剩余的蛋白部分手工搅拌均匀。

⑫ 把搅拌好的面糊放入事先备好的模具中。

⑬ 烘烤上火180℃，下火150℃，大约30分钟，烤熟即可。

肉松戚风蛋糕

巧克力戚风蛋糕

戚风蛋糕卷

1. 配方

选择好原料后按以下配方进行称量，需正确使用电子秤并注意称量要准确。

戚风蛋糕卷配方

材料名称	质量/克	材料名称	质量/克	材料名称	质量/克
蛋黄	200	泡打粉	7	低筋粉	167
细砂糖	45	香橙粉	4	玉米粉	25
奶水	106	蛋白	400	塔塔粉	5
色拉油	90	细砂糖	180	盐	3

2. 操作

① 低筋粉、玉米粉、泡打粉与香橙粉一起过筛，与糖一同放入搅拌缸内，用桨状拌打器中速拌匀。

② 油、蛋黄、奶水依照顺序倒入第一步干性原料中拌匀，此步骤在搅拌过程中最为重要，如流性原料不按以上顺序加入，将会遭遇搅拌不匀的过失，使烤好的产品蒙受损害。待所有流性原料加完再启动机器，继续用中速搅匀。

③ 蛋白与塔塔粉、盐及三分之二的糖用钢丝拌打器中速打至湿性发泡，加入剩余的糖继续打至干性发泡。

④ 取三分之一的蛋白部分与蛋黄部分混合后再与剩余的三分之二蛋白均匀混合即可。

⑤ 平烤盘垫低，将面糊倒入。用刮板抹平后入炉进行烘烤。

⑥ 炉温上火180℃、下火150℃，烤约20分钟。

⑦ 出炉后马上从烤盘中移出，以防止收缩。

⑧ 冷却后将其卷起，即可。

天使蛋糕

1. 配方

选择好原料后按以下配方进行称量，需正确使用电子秤并注意称量要准确。

天使蛋糕配方

材料名称	质量/克	材料名称	质量/克	材料名称	质量/克
蛋白	225	塔塔粉	3	低筋粉	90
细砂糖	175	盐	3		

2. 操作

① 配方中所有蛋白倒入不含油脂的搅拌缸中，中速将蛋白打至湿性发泡。

② 将配方中三分之二的糖、盐和塔塔粉一起倒入第一步已打至湿性发泡的蛋白中继续用中速打至湿性发泡。

③ 将低筋粉与余下的糖过筛加入，用慢速拌匀即可。

④ 将面糊装入刷油垫纸的烤盘中，入炉烘烤。

⑤ 炉温200℃，上火大，下火小，烘烤时间为20分钟左右。

戚风蛋糕卷

天使蛋糕

咖啡戚风蛋糕

1. 配方

选择好原料后按以下配方进行称量，需正确使用电子秤并注意称量要准确。

咖啡戚风蛋糕配方

	材料名称	质量/克		材料名称	质量/克
A	蛋黄	120	A	低筋粉	125
	色拉油	20		咖啡粉	20
	小苏打	3		开水	80
	细砂糖	25			
B	蛋白	250	B	盐	2
	细砂糖	120		塔塔粉	4

2. 操作

① 将鸡蛋分成蛋白和蛋黄两部分，蛋白部分不能有蛋黄。

② 用开水将咖啡溶开备用。

③ 蛋黄和咖啡水、糖、盐一起加入盆中搅拌至糖溶化。

④ 加入色拉油搅匀。

⑤ 加入过筛的低筋面粉、小苏打搅匀后备用。

⑥ 蛋白倒入不含油脂的搅拌缸中和三分之二的糖一起用钢丝拌打器中速搅拌至湿性发泡。

⑦ 加入剩余的糖和塔塔粉，快速搅拌至干性发泡。
⑧ 将三分之二蛋白部分和蛋黄部分混合。
⑨ 再将剩余的蛋白和蛋黄部分混合均匀。
⑩ 倒入刷好油垫好纸的烤盘抹平。
⑪ 烘烤，上火180℃，下火150℃，时间为15分钟。

玉米戚风蛋糕

1. 配方

选择好原料后按以下配方进行称量，需正确使用电子秤并注意称量要准确。

玉米戚风配方

材料名称	质量/克	材料名称	质量/克	材料名称	质量/克
奶水	130	玉米面	70	吉士粉	50
色拉油	110	泡打粉	2	盐	3
奶香粉	2	蛋黄	160	塔塔粉	3
低筋粉	160	蛋白	320		
玉米粉	20	细砂糖	200		

2. 操作

① 将鸡蛋分成蛋白和蛋黄两部分，蛋白部分不能有蛋黄。
② 蛋黄、糖和奶水一起加入盆中搅拌至糖溶化。
③ 加入色拉油搅匀。
④ 加入过筛的低筋面粉、玉米淀粉、玉米面、吉士粉、奶香粉、泡打粉搅匀后备用。
⑤ 蛋白倒入不含油脂的搅拌缸中和三分之二的糖、全部盐一起用钢丝拌打器中速搅拌至湿性发泡。
⑥ 加入剩余的糖和塔塔粉，快速搅拌至干性发泡。
⑦ 将三分之二蛋白部分和蛋黄部分混合。
⑧ 再将剩余的蛋白和蛋黄部分混合均匀。
⑨ 倒入刷好油垫好纸的烤盘抹平。
⑩ 烘烤，上火180℃，下火150℃，时间为20分钟。

咖啡戚风蛋糕

玉米戚风蛋糕

慕斯蛋糕卷

1. 配方

选择好原料后按以下配方进行称量,需正确使用电子秤并注意称量要准确。

慕斯蛋糕卷配方

材料名称	质量/克	材料名称	质量/克	材料名称	质量/克
吉利丁片	10	水	50	水果	适量
牛奶	100	糖	60	戚风蛋糕	适量
柠檬汁	适量	鲜奶油	500		

2. 操作

① 将吉利丁片放入水中。

② 隔水加热使吉利丁片融化。

③ 停止加热,加入牛奶、柠檬汁、糖,搅拌至糖溶化即可。

④ 将鲜奶油倒入搅拌机中搅拌至黏稠即可。

⑤ 将打好的奶油加入到溶于牛奶的吉利丁片中,搅拌均匀。

⑥ 冷冻后涂在戚风蛋糕上,再粘上水果,将戚风蛋糕卷起即可。

轻乳酪蛋糕

1. 配方

选择好原料后按以下配方进行称量，需正确使用电子秤并注意称量要准确。

轻乳酪蛋糕配方

	材料名称	质量/克		材料名称	质量/克
A	奶油芝士	500	A	低筋粉	100
	玉米淀粉	80		牛奶	250
	黄奶油	220		蛋黄	160
B	蛋清	260	B	塔塔粉	6
	细糖	240			

2. 操作

① 将奶油芝士隔水加热溶化开，加入黄奶油，搅拌均匀，再加入蛋黄混合，最后加入A部分的过筛粉类拌匀。

② 将B部分的所有原料一块倒入搅拌缸快速拌至湿性发泡。

③ 分两次与A部分手工混合，最后倒入备用的8寸模具中约4个。

④ 隔水烘烤，上火210℃，下火170℃，烤约10分钟。表面上色改用上火170℃，下火180℃，烤约25分钟。

慕斯蛋糕卷

轻乳酪蛋糕

戚风提子卷

1. 配方

选择好原料后按以下配方进行称量,需正确使用电子秤并注意称量要准确。

戚风提子卷配方

	材料名称	质量/克		材料名称	质量/克		材料名称	质量/克
A	蛋黄	200	A	色拉油	100	A	玉米淀粉	30
	细糖	30		低筋粉	160			
	牛奶	100		泡打粉	3			
B	蛋白	400	B	细糖	180	B	盐	3
	塔塔粉	5		葡萄干	适量			

2. 操作

① 将A部分牛奶、糖打化加入色拉油拌匀。

② 加入过筛粉类拌至均匀。

③ 加入蛋黄搅打均匀。

④ 将蛋白、盐、塔塔粉倒入搅拌缸拌至起泡。

⑤ 分两次加入细糖打至湿性发泡。

⑥ 将做好的B部分分两次与A部分手工拌匀。

⑦ 倒入垫纸的撒上葡萄干的烤盘。烘烤,上火200℃,下火170℃,烤约12分钟。

⑧ 冷却后卷卷。

红茶蛋糕

1. 配方

选择好原料后按以下配方进行称量,需正确使用电子秤并注意称量要准确。

红茶蛋糕配方

材料名称	质量/克	材料名称	质量/克	材料名称	质量/克
蛋黄	140	细砂糖	60	盐	2
色拉油	60	低筋粉	160	细砂糖	160
泡打粉	3	玉米淀粉	50	塔塔粉	5
奶水	80	奶香粉	4		
红茶粉	15	蛋白	280		

2. 操作

① 将鸡蛋分成蛋白和蛋黄两部分,蛋白部分不能有蛋黄。
② 蛋黄、糖和奶水一起加入盆中搅拌至糖溶化。
③ 加入色拉油搅匀。
④ 加入过筛的低筋面粉、玉米淀粉、红茶粉、泡打粉、奶香粉搅匀后备用。
⑤ 蛋白倒入不含油脂的搅拌缸中和三分之二的糖、全部盐一起用钢丝拌打器中速搅拌至湿性发泡。
⑥ 加入剩余的糖和塔塔粉,快速搅拌至干性发泡。
⑦ 将三分之二蛋白部分和蛋黄部分混合。
⑧ 再将剩余的蛋白和蛋黄部分混合均匀。
⑨ 挤入模具约6~7分满。
⑩ 烘烤,上火180℃,下火150℃,时间为30分钟。

戚风提子卷

红茶蛋糕

任务三　黄油蛋糕制作技术

任务介绍

任务相关背景	烘焙制作人员对油脂蛋糕制作方法、技巧等知识要有基本的了解;具备实际操作油脂蛋糕的能力,掌握从原料称量到制成成品的相关知识
任务描述	熟悉油脂蛋糕的配料、设备准备及使用、蛋糕面糊的搅拌、装盘和烘烤工艺

技能目标

1. 正确掌握油脂蛋糕的基本制作方法。
2. 能正确选择和称量原料。
3. 了解黄油蛋糕的发展趋势。

任务实施

1. 选择正确的原料

油脂蛋糕是蛋糕制作中常见的一类蛋糕,是一种油脂含量较高的烘焙蛋糕。其制作方法简便,主要是将奶油拌好后再加入其他材料,其膨大主要是利用油脂经搅拌裹入大量的空气,使蛋糕体积膨大柔软。

面粉:油脂蛋糕选用的面粉一般为低筋面粉或中筋面粉。

鸡蛋:在制作油脂蛋糕时要选用新鲜的鸡蛋。同时要注意鸡蛋的清洁,避免鸡蛋污染,影响蛋糕成品。

糖:糖是制作油脂蛋糕的主要原料,一般选择糖粉。

油脂:油脂蛋糕的主要原料是油脂,所以选择好的油脂对蛋糕的成品非常重要,一般我们选择高品质的天然奶油,也就是通常所说的黄奶油或牛油。如果对成品的口味和品质要求不高,可以选择高品质的人造奶油即酥油。

发粉:油脂蛋糕中常用的发粉是泡打粉。发粉在烘烤过程中可以产生大量的气体使蛋糕的体积膨大。

可可粉:可可粉可以改变产品的口味,通常选用高脂可可粉,使制品具有浓郁的香味,具有较理想的口感和颜色。

2. 称量

选择好原料后按以下配方进行称量,需正确使用电子秤并注意称量要准确。

油脂蛋糕配方

材料名称	质量/克	材料名称	质量/克	材料名称	质量/克
奶油	225	低筋面粉	500	牛奶	125
糖粉	330	泡打粉	18	白兰地酒	10
鸡蛋	285	葡萄干	125	香精	少许

3. 选择和准备制作油脂蛋糕的设备、工具

多功能搅拌机、平烤箱、蛋糕模、塑料刮板、桨状拌打器、布裱花袋。

4. 进行黄油蛋糕的制作

① 将葡萄干洗净,用清水浸泡30分钟。

② 取出葡萄干用白兰地酒浸泡备用。
③ 奶油、糖粉一起加入搅拌机中。
④ 用桨状拌打器慢速拌匀。
⑤ 将搅拌机调至快速搅拌至油脂膨发，呈乳白色。
⑥ 分 2~3 次加入鸡蛋，每加一次须将搅拌缸底搅拌均匀，拌匀后再加入下一次。
⑦ 直至全部鸡蛋加完，搅拌至充分均匀。
⑧ 面粉、泡打粉、香精一起过筛。
⑨ 然后与牛奶分次交替加入搅拌均匀。
⑩ 加入泡好的葡萄干，拌匀。
⑪ 将面糊装入裱花袋，挤入模具，6~7分满。
⑫ 然后用小刀沾少许色拉油在中间划十字口。
⑬ 入炉烘烤，上火200℃，下火180℃，时间为20~30分钟。

黄油蛋糕

5. 油脂蛋糕成品的特点
① 成品底火和上火均匀着色，不生不糊，表面有规则的十字开口。
② 蛋糕内部组织细腻均匀。
③ 蛋糕柔软、有浓郁的油脂香味。

6. 油脂蛋糕注意事项
① 油脂需选择高品质的奶油或酥油。
② 油脂蛋糕的拌法程度与配方的比例有一定关系，油脂的比例越大搅拌的程度越低。这样能够保证蛋糕的组织细密性和更好的口感。
③ 加入鸡蛋时必须分次加入，避免搅拌不均使产品品质受损。

④ 面粉和发粉需要过筛，避免发粉颗粒的存在，使烘烤时产生大的气泡，使蛋糕组织粗糙。

⑤ 加入面粉后，搅拌的时间不能过长也不能用快速搅拌，避免产生面筋使蛋糕变硬口感变差。

⑥ 油脂搅拌过程中的四个阶段。

拌匀阶段：油脂和糖粉一起加入搅拌缸后慢速搅拌，使油脂和糖分均匀混合成柔软的糊状，此时的颜色为黄色。

稍发阶段：随着搅拌机的搅拌，油脂逐渐充入空气，体积变大，颜色变为浅黄色。

松发阶段：随着搅拌机的继续搅拌，油脂充入空气的量逐渐增大，体积越来越大，颜色变为乳黄色，油脂变得非常柔软。

充分松发阶段：最后油脂在长时间的搅拌后，充入更多的空气，体积变得很大约为原体积的4倍左右，颜色变为乳白色，呈软软的绒毛状。

任务相关知识

1. 面糊类蛋糕的搅拌

面糊类蛋糕膨大主要的因素是利用搅拌时在面糊中拌入大量的空气，因此对于不同拌打器的使用与搅拌速度的选择都有很大的关系。一般面糊类蛋糕有五种不同的搅拌方法，各视配方中成分的多少，所需要蛋糕的体积大小，以及内部组织的松紧，来选用不同的搅拌方法。

（1）糖油拌和法　使用糖油拌和法的蛋糕体积较大，组织松软。首先是把配方内的糖和油放入搅拌缸内搅拌，使糖和油在拌和过程中能融合多量的空气，再进一步把配方中其他原料加入拌匀。这种搅拌方法是比较常见的一种油脂蛋糕搅拌方法。其搅拌程序为：

① 将配方中所有糖、盐和油脂倒入搅拌缸内中用桨状拌打器快速或中速搅拌约8~10分钟，拌至松发或充分松发，直到所搅拌的糖和油蓬松呈绒毛状，中间需将机器停止转动把缸底未拌均匀的油用刮刀拌匀，再予搅拌。

② 配方中的鸡蛋分两次或者几次慢慢加入第一步已拌发的糖油中，每次加入时须把机器停止，并把缸底未拌匀的原料刮匀。再加入下一次的鸡蛋，待最后一次加入后应拌至均匀细腻，不可再有颗粒存在。注意搅拌时间不可过久。

③ 将奶水和过筛的面粉、发粉，分作三次交替加入搅拌缸内，每次加入时应成线状慢慢地加入搅拌物的中间，用低速将加入干性原料拌至均匀光滑，然后将搅拌

机停止，将搅拌缸四周及底部未搅到的面糊用刮刀刮匀，继续再加入剩余的干性原料和奶水，直到全部原料加入并拌至光滑均匀即可，但避免搅拌太久。

（2）面粉油脂拌和法　本法拌和的用意和效果与糖油拌和法大致相同，但经本法拌和的面糊所做成的蛋糕较糖油拌和法所做的更为松软，组织更为细密。但是由糖油拌和法所做的蛋糕体积较大，所以如需要较大体积的蛋糕时，可采用糖油拌和法，如需要组织细密松软的蛋糕就应采用面粉油脂拌和法，不过使用面粉油脂拌和法时，配方中油的用量必须在60%以上，太少时易将面粉产生面筋，得不到应有效果。其拌和的程序如下：

① 将配方内发粉与面粉筛匀，与所有的油一起放入搅拌的缸内，用桨状拌打器慢速拌一分钟，使面粉表面全部被油粘附后再改用中速将面粉和油拌和均匀，在搅拌中途须将机器停止，把缸底未能拌到的原料用刮刀刮匀，然后拌至蓬大松发，约需10分钟左右。

② 将配方中糖和盐加入已打发的面粉和油内，继续用中速搅拌均匀，约3分钟左右，无须搅拌过久。

③ 改用慢速将配方内四分之三的奶水慢慢加入、使全部面糊拌和均匀后再改用中速将鸡蛋分两次加入，每次加入鸡蛋时须将机器停止将缸底面糊拌匀。

④ 剩余四分之一的奶水最后加入搅拌，继续用中速，直到所有糖的颗粒全部溶解。

（3）两步拌和法　本法较以上两种方法略为简便，但面粉筋度如果太高时不适宜使用，其搅拌方法如下：

① 将配方内所有干性原料包括面粉、糖、盐、发粉、奶油等，以及所有的水，一起加在搅拌缸内，先用桨状拌打器慢速使干性原料润湿而不致飞扬，再改用中速搅拌3分钟，把机器停止，将缸底原料刮匀。

② 全部蛋及香草一起混合，用慢速慢慢地加入第一步的原料中，待全部加完后把机器停止将缸底刮匀，再改用中速继续拌4分钟。

（4）糖水拌和法　如果使用糖的颗粒较粗时，可采用本法搅拌，因为本法是使用钢丝拌打器用快速搅拌，所以面糊在搅拌过程中可拌入较多的空气，故配方中发粉用量应较其他搅拌法减一成至二成左右，本法的优点有：容易使面糊产生乳化作用（水分和油脂混合一体）；拌和过程中可使面糊产生大量的气体；免除像以上两种拌和法在搅拌过程中须频频地刮净缸底未拌匀面糊。

其搅拌程序为：

① 将配方中所有的糖和60%的水放在搅拌缸内用钢丝拌打器快速拌1分钟，直到全部糖溶化为止。

② 将所有干性原料与油加入第一步的糖水内，用中速搅拌至均匀光滑止。

③ 剩余水与蛋一起加入，继续用中速拌匀。

（5）直接法　本法为将所有配方的原料一次加入搅拌缸内，拌和的时间性和速度为控制面糊的主要因素，其最大优点为节省人工和缩短搅拌时间，较其他搅拌法单纯和方便。用直接搅拌法应使用钢丝拌打器，因钢丝拌打器易使面糊内各种成分很快地调和均匀，但是因高速度钢丝拌打在搅拌过程中拌和较多的空气，此拌入的空气对面粉有膨胀作用，所以配方内发粉的用量比原定数减少10%，使用直接法搅拌应注意面粉必须是低筋粉，油脂的可塑性要好，否则不但面糊容易出筋而且油呈颗粒状，无法与其他原料拌匀，反而得不到理想的效果。

2. 油脂蛋糕的烤焙

一般来讲轻奶油蛋糕内含有化学膨大剂的量较多，面糊比重较轻，所以应该用高温来烤，我们平时所称的高温是190~232℃之间，烤焙时间在25分钟左右，因为普通轻奶油蛋糕的厚度不超过2寸，表面积都在12寸以下，所以用205℃的温度来烤较为合宜。

重奶油蛋糕因为配方内所使用的油脂成分较高，化学膨大剂的用量较少，面糊的比重较重，奶油蛋糕重，所以烤焙的温度应用162~190℃，又因重奶油蛋糕小自每个50克的杯子蛋糕起至1千克的布丁蛋糕止，大小相差很多，所以烤焙的温度应视蛋糕大小来决定，大的布丁蛋糕应用162℃的温度，烤焙时间在45~60分钟之间，小的杯子蛋糕则用190℃温度，烤15~20分钟左右。

3. 技能自测

（1）油脂蛋糕选用的面粉是（　　）。

  A　低筋面粉　　　　　　B　高筋面粉

  C　中筋面粉　　　　　　D　高筋面粉和低筋面粉混合

（2）油脂蛋糕搅拌过程中加入鸡蛋描述正确的是（　　）。

  A　鸡蛋分次加入，每加入一次鸡蛋须将缸底和缸壁刮匀，搅拌均匀后再加入下一次。

  B　鸡蛋分次加入，每加入一次鸡蛋须将缸底和缸壁刮匀，无需搅拌均匀马上加入下一次。

  C　一次全部加入搅拌至均匀。

  D　鸡蛋分次加入，每加入一次稍搅拌后再加入下一次。

（3）下列对面粉、发粉一起过筛描述不正确的是（　　）。

  A　使面粉和发粉充分混合　　B　避免形成发粉颗粒

  C　能在面粉中充入空气　　　D　使蛋糕体积膨大

（4）下列对油脂蛋糕描述不正确的是（　　）。

　　A　油脂蛋糕的拌法程度与配方的比例有一定关系，油脂的比例越大拌法的程度越低。这样能够保证蛋糕的组织细密性和更好地口感。

　　B　加入鸡蛋时必须分次加入，避免搅拌不均使产品品质受损。

　　C　面粉和发粉需要过筛，避免发粉颗粒的存在在烘烤时产生大的气泡，使蛋糕组织粗糙。

　　D　加入面粉后，搅拌的时间应长些要用快速搅拌，避免产生面筋使蛋糕变硬口感变差。

（5）最常用的油脂蛋糕搅拌方法是（　　）。

　　A　面粉油脂拌和法　　　　B　糖油拌和法

　　C　两步法　　　　　　　　D　直接法

任务拓展

市场上流行的油脂蛋糕品种非常多，为了使大家对油脂蛋糕有全面的了解，下面介绍一些其他油脂蛋糕的制作。

马芬蛋糕

1. 配方

选择好原料后按以下配方进行称量。

马芬蛋糕配方

材料名称	质量/克	材料名称	质量/克	材料名称	质量/克
黄油	300	糖粉	250	牛奶	150
盐	3	全蛋	300	红蜜豆	适量
低筋粉	450	泡打粉	10		

2. 操作

① 黄油、盐、糖粉一起加入搅拌缸拌至膨发。

② 分次加入全蛋拌匀。

③ 低筋粉、泡打粉过筛后和牛奶交替加入，拌至均匀。

④ 加入80%的红蜜豆拌匀。

⑤ 装入裱花袋，挤入模具约7分满。

⑥ 表面撒剩余的红蜜豆，入炉烘烤，上火180℃，下火180℃，30分钟。

硬奶酪蛋糕

1. 配方

选择好原料后按以下配方进行称量。

硬奶酪蛋糕配方

材料名称	质量/克	材料名称	质量/克	材料名称	质量/克
黄油	300	糖粉	250	牛奶	150
盐	3	全蛋	300	硬奶酪丁	适量
低筋粉	450	泡打粉	10		

2. 操作

① 将黄油、糖粉、盐一起加入搅拌缸搅拌。

② 拌至膨大，呈乳黄色。

③ 分次加入全蛋。

④ 拌匀后加入二分之一过筛的低筋粉和泡打粉。

⑤ 加入牛奶后再加入剩余的低筋粉拌匀。

⑥ 加入硬奶酪丁稍加搅拌。

⑦ 面糊装入模具，约7分满，入炉烘烤，上火180℃，下火150℃，30分钟。

马芬蛋糕

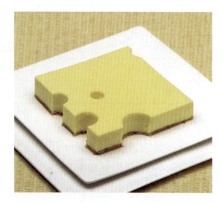

硬奶酪蛋糕

香蕉蛋糕

1. 配方

选择好原料后按以下配方进行称量。

香蕉蛋糕配方

材料名称	质量/克	材料名称	质量/克	材料名称	质量/克
酥油	250	低筋面粉	470	全蛋	280
糖粉	400	泡打粉	10		
香蕉肉	900	小苏打	10		

2. 操作

① 油、糖粉先打发，然后逐步加入香蕉，用桨状拌打器中速搅拌至松发。

② 分次加入鸡蛋，搅拌至均匀，注意每次加入时须将缸底刮匀。

③ 面粉、泡打粉、小苏打筛匀后用慢速加入拌匀。

④ 烤模垫纸，将面糊装7分满进行烘烤。入炉前用刀沾色拉油划开口。

⑤ 入炉温度200℃，下火180℃，烤约30分钟。

⑥ 蛋糕出炉后须马上脱模。

⑦ 表面刷光亮剂。

3. 光亮剂的制作

全蛋1个加入少许细砂糖，用搅拌器搅拌至浓稠，加入蜂蜜搅拌至亮色，然后加入色拉油搅拌至光亮细腻，将其应用在蛋糕或面包出炉时刷在表面，可提高口感、增加光亮度、保持水分。

重乳酪蛋糕

1. 配方

选择好原料后按以下配方进行称量。

重乳酪蛋糕配方

	材料名称	质量/克		材料名称	质量/克		材料名称	质量/克
顶部	奶油乳酪	250	顶部	蛋	2.5个	顶部	盐	1
	细糖	25		柠檬汁	1/4个			
	奶油	25		糖粉	55			
底部	苏打饼干	150	底部	奶油	40	底部		

2. 操作

① 将苏打饼干擀成末。

② 加入奶油搅匀,放入模具底部压实。备用。

③ 将搅拌机中加入蛋液、糖粉。搅拌成糊状,备用。

④ 将糖、盐、奶油乳酪放在容器中。

⑤ 稍稍搅匀后加入蛋黄继续搅拌。

⑥ 至变色、变软后,加入柠檬汁。

⑦ 搅拌至糊状,加入第3步中搅拌好的白色糊状物。

⑧ 搅拌至颜色变浅,完全融合。

⑨ 盛入容器中。

⑩ 隔水烘烤即可。上火180℃,下火150℃,烤至表面上色后,上火调150℃,再烤45分钟。

香蕉蛋糕

重乳酪蛋糕

大理石奶酪蛋糕

1. 配方

选择好原料后按以下配方进行称量。

大理石奶酪蛋糕配方

	材料名称	质量/克		材料名称	质量/克
蛋糕底	海绵蛋糕	75	蛋糕底	细砂糖	30
	熔化黄油	45			
奶酪蛋糕	黑巧克力	60	奶酪蛋糕	奶油芝士	250
	糖粉	85		淡奶油	60
	香草粉	5		全蛋	120

2.操作

① 海绵蛋糕、细砂糖、熔化的黄油一起搅拌，拌成团。

② 均匀地压至模具底部。

③ 奶油芝士、糖粉一起拌匀。

④ 加入淡奶油拌匀。

⑤ 分次加入全蛋拌匀。

⑥ 加入香草粉拌匀。

⑦ 黑巧克力隔水熔化。

⑧ 将面糊装入模具，加入熔化的巧克力，轻轻拌匀。

⑨ 拌成大理石花纹后入炉隔水烘烤，上火160℃，下火120℃，时间60分钟。

巧克力松糕

1.配方

选择好原料后按以下配方进行称量。

巧克力松糕配方

材料名称	质量/克	材料名称	质量/克
奶油	300	色拉油	150
砂糖	450	巧克力丁	适量
鸡蛋	630	泡打粉	7
蛋糕粉	600		

2.操作

① 将奶油、色拉油和糖拌匀后拌至松发。

② 分次加入一半鸡蛋拌匀。

③ 粉类过筛和剩余的鸡蛋交替加入。

④ 加入巧克力丁慢慢搅匀。

⑤ 装模，用上下火均为180℃，烤25分钟左右即可。

大理石奶酪蛋糕

巧克力松糕

摩卡蛋糕

1. 配方
选择好原料后按以下配方进行称量。

摩卡蛋糕配方

材料名称	质量/克	材料名称	质量/克	材料名称	质量/克
黄奶油	500	泡打粉	15	咖啡粉	15
糖粉	550	奶水	150	咖啡果粉	20
全蛋	350	核桃仁	150		
白兰地酒	20	低筋面粉	580		

2. 操作

① 将黄奶油和糖粉放入搅拌机中慢速搅拌至松软。

② 快速搅拌至松发。

③ 分次加入鸡蛋，拌至松发。

④ 将白兰地酒煮开加入咖啡粉和咖啡果粉搅拌至溶化，冷却后加入前述原料中拌匀。

⑤ 奶水、面粉分次交替加入，轻轻拌和至均匀光滑后加入果仁。

⑥ 模具装5~6分满，表面抹平入炉。炉温175℃，上火小，下火大。

⑦ 出炉后倒置，冷却后从模具中取出。

魔鬼蛋糕

1. 配方

选择好原料后按以下配方进行称量。

魔鬼蛋糕配方

材料名称	质量/克	材料名称	质量/克
酥油	130	可可粉	85
白奶油	130	鸡蛋	285
糖粉	620	奶水	570
乳化剂SP	15	香草精	6
盐	10	低筋面粉	500
小苏打	15		

2. 操作

① 酥油、白奶油、乳化剂放入搅拌机中速拌至松软。

② 加入糖粉、盐、香草精搅拌至松发，再加入混匀的小苏打与可可粉拌匀。

③ 分次加入鸡蛋，拌至松发。

④ 奶水与面粉分次交替加入，轻轻拌和至均匀光滑。

⑤ 模具装5~6分满，表面抹平入炉。炉温175℃，上火小，下火大。

⑥ 出炉后倒置，冷却后从模具中取出。

⑦ 表面可用白奶油霜作装饰。

摩卡蛋糕

魔鬼蛋糕

坚果蛋糕

1. 配方

选择好原料后按以下配方进行称量。

坚果蛋糕配方

	材料名称	质量/克		材料名称	质量/克
A	鸡蛋	500	A	细糖	400
B	巧克力	300	B	淡奶油	200
C	小苏打	10	C	低筋粉	250
	可可粉	50			
D	熟核桃碎	100	D	熟花生碎	100
E	黑巧克力	300	E	淡奶油	150
	牛奶	70		君度酒	20

2. 操作

① A部分一起加入搅拌缸中，用钢丝拌打器中速拌到浓稠。

② B部分隔水化开后将其加入A部分搅拌至均匀。

③ C部分全部材料一起过筛，一起加入搅拌缸中，搅拌均匀。

④ 加入D拌匀烘烤，上火170℃，下火180℃，烤约40分钟，冷却备用。

⑤ E部分化开淋到蛋糕上作装饰。

黑森林蛋糕

1. 配方

选择好原料后按以下配方进行称量。

黑森林蛋糕配方

材料名称	质量/克	材料名称	质量/克	材料名称	质量/克
黄奶油	550	糖粉	400	鸡蛋	550
巧克力酱	200	低筋粉	550	可可粉	50
泡打粉	10	牛奶	100		

2. 操作

① 将黄奶油、糖粉，倒入搅拌缸用浆状拌打器快速拌5~6分钟，打至呈乳白蓬

松状。

② 加入过筛粉类，中速拌匀至无颗粒，加入巧克力酱拌匀。

③ 加入鸡蛋，快速搅拌均匀。

④ 最后加入牛奶中速搅拌均即可。

⑤ 注入8寸模具7分满烘烤，上火170℃，下火180℃，烤约45~50分钟。

坚果蛋糕

黑森林蛋糕

任务四　提拉米苏慕斯蛋糕制作技术

任务介绍

任务相关背景	烘焙制作人员对提拉米苏慕斯蛋糕制作方法、技巧等知识要有基本的了解；具备实际操作提拉米苏慕斯蛋糕的能力、掌握从原料称量到制成成品的相关知识
任务描述	熟悉提拉米苏慕斯蛋糕的配料、设备准备及使用、蛋糕制作、装模和冷冻成形、提拉米苏慕斯蛋糕的装饰

技能目标

1. 能正确掌握提拉米苏慕斯蛋糕的基本制作方法。
2. 能正确选择和称量原料。
3. 了解提拉米苏慕斯蛋糕发展趋势。

任务实施

提拉米苏（tiramisu）是一种带咖啡酒味的蛋糕，由鲜奶油、白糖、可可粉、巧克力、面粉等制成，最上面是一层可可粉，下面是奶油制品，而奶油中间是慕斯。提拉米苏吃到嘴里香滑甜腻，柔和中带有质感的变化，除了有甜美的味道，还有可可粉的微苦之味，让很多人一吃便爱上。提拉米苏在意大利原文里，有"带我走"之意，指带走的不只是美味，还有爱和幸福。提拉米苏的由来还有一个美丽的故事：二战时期，一个意大利士兵即将开赴战场，可是家里已经什么也没有了，爱他的妻子为了给他准备干粮，把家里所有能吃的饼干、面包全做进了蛋糕里，这个蛋糕就是提拉米苏。每当在战场上的士兵吃到提拉米苏，就会想起他的家，想起家中心爱的人……

慕斯蛋糕最早出现在美食之都法国巴黎，最初大师们在奶油中加入起稳定作用和改善结构、口感、风味的各种辅料，使之外形、色泽、结构、口味变化丰富，更加自然纯正，冷冻后食用其味无穷，成为蛋糕中的极品。慕斯是用明胶凝结乳酪及鲜奶油而成，不必烘烤即可食用。

慕斯与布丁一样属于甜点的一种，其性质较布丁更柔软，入口即化。制作慕斯最重要的是胶冻原料如琼脂、鱼胶粉、果冻粉等，现在也有专门的慕斯粉了。另外制作时最大的特点是配方中的蛋白、蛋黄、鲜奶油都须单独与糖打发，再混入一起拌匀，所以质地较为松软，有点像打发了的鲜奶油。慕斯使用的胶冻原料是动物胶，所以需要置于低温处存放。夏季要低温冷藏，冬季无需冷藏可保存3~5天。

1. 选择正确的原料，并按配方进行称量

提拉米苏慕斯蛋糕配方

材料名称	质量/克	材料名称	质量/克
海绵蛋糕	适量	奶酪	200
咖啡粉	20	绵白糖B	30
热开水	60	蛋黄	2个
君度酒	15	蛋白	2个
吉利丁	5	水	20
绵白糖A	15	淡奶油	150

2. 操作

① 咖啡粉加入热开水溶化。
② 冷却后加君度酒拌匀即为咖啡酒，备用。
③ 模具底部垫入海绵蛋糕，表面刷咖啡酒备用。
④ 奶酪和绵白糖A隔水加热至70℃。
⑤ 将蛋黄加入拌匀。
⑥ 加入打发的淡奶油拌匀。
⑦ 加入用水浸泡后隔水溶化的吉利丁，拌匀。
⑧ 蛋白与绵白糖B拌至湿性发泡。
⑨ 将其加入步骤⑦的材料中拌匀。
⑩ 二分之一拌好的慕斯糊倒入模具。
⑪ 垫入海绵蛋糕刷咖啡酒。
⑫ 将剩余二分之一的慕斯糊倒入模具，放入冰柜冷冻，冻硬后装饰。

提拉米苏慕斯蛋糕

3. 成品的特点

① 成品形状规则，口感细腻光滑，有浓郁的奶油香味。
② 内部组织均匀细密。
③ 切块大小一致，切口整齐光滑。

4. 慕斯蛋糕制作的注意事项

① 制作慕斯蛋糕时需根据所选用的胶质材料（鱼胶粉、吉利丁片、慕斯粉等）确定胶质材料的用量。如果所用胶质材料不足会使蛋糕成品形状不规则，容易变形；如果所用胶质材料过多会使蛋糕成品变硬，口感变差。

② 在搅拌奶油时需注意搅拌的速度最好是中速，搅拌好的奶油应该细腻光滑，融入的空气适量，如果融入的空气过多会使慕斯蛋糕成品变得粗糙。

③ 所有材料要混合均匀。

④ 冷冻的时间要达到数小时，如果冷冻时间不足会造成成品不坚挺容易变形。

5. 技能自测

（1）慕斯蛋糕的奶油搅拌程度是（ ）

  A　用钢丝拌打器中速搅拌至细腻光滑，体积稍膨大。

  B　用钢丝拌打器中速搅拌至硬性发泡，体积膨大。

  C　用钢丝拌打器快速搅拌至细腻光滑，体积膨大。

  D　用钢丝拌打器快速搅拌至充分起发。

（2）慕斯蛋糕制作方法描述不正确的是（ ）

  A　慕斯蛋糕需选择适量的胶性材料，过多或少都会影响成品质量。

  B　将所有材料一起混合即可制成慕斯。

  C　胶性材料需先和适量的水加热至胶性材料融化。

  D　奶油需提前按要求搅打备用。

任务拓展

巧克力慕斯蛋糕

1. 配方

选择正确原料，并按配方进行称量。

巧克力慕斯蛋糕配方

材料名称	质量/克	材料名称	质量/克
巧克力	208	淡奶油	250
蛋黄	3个	吉利丁	6
君度酒	10	绵白糖	10
蛋白	2个		

2. 操作

① 吉利丁在冷水中浸泡备用。

② 巧克力与淡奶油隔水加热至熔化。

③ 蛋黄加入熔化的巧克力缸中拌匀后冷却至30℃左右。

④ 蛋白打至起泡阶段，加入绵白糖。

⑤ 快速打至湿性发泡。

⑥ 打好的蛋白与巧克力、君度酒混合均匀。

⑦ 将泡好的吉利丁隔水加热至熔化。

⑧ 将熔化的吉利丁和步骤⑥的材料混合。

⑨ 蛋糕垫入模具。

⑩ 将拌好的慕斯液倒入模具中冷却，冻硬后装饰。

巧克力慕斯蛋糕

任务五　奶油裱花蛋糕基础技能训练

任务介绍

任务相关背景	烘焙制作人员对奶油裱花蛋糕制作方法、技巧等知识要有基本的了解；具备实际操作奶油裱花蛋糕的能力、掌握从原料称量到制成成品相关知识
任务描述	熟悉奶油裱花蛋糕的配料、设备准备使用、蛋糕制作、装模和冷冻成形、以及奶油裱花蛋糕的装饰

技能目标

1. 正确掌握奶油裱花蛋糕的基本制作方法。
2. 熟悉各种花嘴的使用方法。
3. 了解奶油裱花蛋糕的发展趋势。

任务实施

1. 奶油选择、使用操作要点

鲜奶油是裱花蛋糕的主要原料之一,鲜奶油打发质量的好坏,会影响裱花的造型,所以选择和搅打奶油是非常关键的。

现在市场上常见的裱花奶油有植脂鲜奶油和天然鲜奶油两类,选择高品质的天然鲜奶油是制作口感好的奶油裱花蛋糕所不可或缺的前提。

未开盒的奶油应储存于–18℃冰柜之中。未打发的奶油在储存过程中不能反复解冻、冷冻。否则会影响奶油品质。已打发的奶油不用时须放于2~5℃保鲜柜内。奶油打发前的温度不应高于10℃或低于–7℃,否则都会影响奶油的稳定性和打发量。

解冻及打发的程序是:将未打发的奶油放于2~5℃冷藏柜内24~48小时以上,待完全解冻后取出。轻轻摇匀奶油后,倒入搅拌缸,用中速或高速打发,至表面光泽消失,软峰出现即可。室温要求在15~20℃之间最佳。

2. 进行奶油裱花蛋糕的制作

奶油裱花蛋糕

① 将蛋糕胚放置在转台中间,用锯刀将蛋糕切成3层,在每层中间加入奶油。

② 将打好的奶油放在蛋糕表面，用抹刀均匀地将奶油抹到蛋糕胚的表面，要做到"面上要平整，边上要垂直"。

③ 用装好奶油的裱头进行裱制花边，注意裱头的高低和力度。裱头高，挤出的花纹瘦弱无力，齿纹模糊；裱头低，挤出的花纹粗壮，齿纹清晰。裱头倾斜度小，挤出的花纹瘦小；倾斜度大，挤出的花纹肥大。裱注时用力大，花纹粗大有力；用力小，花纹纤细柔弱。不同的裱注速度制成的花纹风格也不相同，若需粗细大小都均匀的造型，其裱注速度应较迅速，若需变化有致的图案，裱头运行速度要有快有慢，使挤成的图案花纹轻重协调。裱制过程中要注意奶油的调色，要淡雅美观。

④ 裱好花边后再用不同的裱头进行裱花。注意裱花的码放顺序及形状，要有立体感、要美观大方。

任务一　超软甜面包制作技术

任务介绍

任务相关背景	烘焙制作人员对软质面包制作方法、技巧等知识要有基本的了解；具备实际操作软质面包的能力、掌握从原料称量到制成成品的相关知识，并熟悉面包的基本制作工艺
任务描述	熟悉软质面包的配料，设备准备及使用，面团的搅拌、分割、滚圆、成形、装盘和烘烤，以及面包的冷却

技能目标

1. 能正确掌握软质面包的基本制作方法。
2. 能正确选择和称量原料。
3. 熟知面包中各种原料的作用。
4. 了解软质面包的发展趋势。

任务实施

1. 选择正确的原料

在市面上出售的各种切片式吐司面包及各种包馅型花样繁多的甜面包、小餐包等均属于软质面包。甜面包的制作过程中，除了运用鸡蛋、糖、油脂、酵母等柔性材料的配比影响面包的内部组织促进松软外，适度的增加水分用量更有助于面包的柔软可口，同时可延长面包的保存时间。

面粉：超软甜面包的制作选用高筋面粉也就是面包专用粉其蛋白质含量为12.5%以上，湿面筋含量33%以上，吸水量60%~64%，需选择尽量白的面粉。同时要注意面粉的出厂日期，需选用出厂一个月以上的面粉，如果选用出厂时间不足一个月的面粉会造成面包发酵不足、面筋不足等缺陷，使产品质量受损。

酵母：在制作面包时，面团发酵的原动力是来自酵母，所以酵母的质量直接影响到面包整个制作过程及面包的品质，不良的酵母甚至会使整个制作完全失败，因此酵母的选择是相当重要的。面包制作常用的酵母可分为三种。

鲜酵母是将酵母液除去一定的水后压榨而成，但鲜酵母的储存环境温度十分严格，只适宜存放在4℃以下环境，保存期约一个月。即发干酵母是随着生产的要求、时代的不断演变、生物工程及机械工业的进步，挑选及培育出表现更佳的品种，经低温干燥而成粉状，空气中的氧能将其氧化，所以多选用真空包装。溶干酵母是针对鲜酵母的缺点而发展出来的产品，容易运输及储存，只需存放在一般室温之下便可，储存期可达两年，可减低成本。

水：水是面包生产中的重要原料，其用量仅次于面粉。因此，正确认识和使用水是保证面包质量的关键因素。酵母发酵，除了需要糖来提供能源外，还需要氮素合成蛋白质，还需要一定的矿物质来组成营养结构。因此，水中应有适量的矿物质，一方面供作酵母营养，另一方面可增加面筋强度。如用软水，会使面筋变得过分柔软，骨架松散，使成品出现塌陷现象，且面团黏性过大，影响生产操作。如用硬水，因矿物质含量过多，即硬度过高，会降低蛋白质的溶解性，使面筋硬化，韧性过大，抑制酵母发酵，延长发酵时间，影响生产制作的面包成品，口感粗糙干硬，易掉渣，品质不好。因此，制作面包通常选用中性的水。需要根据当地的用水情况选择合乎要求的水。

盐：盐在面包制品中的功能有风味的产生、细菌的抑制、面筋的安定、色泽的改善、发酵的调节等。因为食盐有抑制酵母发酵的作用，所以可用来调整发酵的时间。完全没有加盐的面团发酵较快速，但发酵却及不稳定，尤其在天气炎热时，更难控制正常的发酵时间，容易发生发酵过度的情形，面团因而变酸。因此，盐可以说是一种起到"稳定发酵"作用的材料。盐对生产工艺的影响非常大，如果缺少盐，面团发酵过快，面筋的筋力不强，在发酵期间，会出现面团发起后又下陷的现象，同时会使制作成形的时间难以把握。除此以外，盐对搅拌时间的影响也很大，盐的加入，会使搅拌时间增加，不同的季节和不同的搅拌要求时加盐的时间会不同。面包制作中盐的品质由纯度、溶解速度决定，其中纯度一般有保证，故主要看其溶解速度，要求选用溶解速度较快的、颗粒细小的精盐。

糖：在烘焙材料中，除了面粉以外，糖是用量最多、用途最广的主要材料。糖是提供酵母所需的能量来源。在发酵正常的情况下，糖除了使面包柔软、具有甜味外，更有增加烘焙的芳香气味和烘烤色泽等功能。面包配方中糖的含量在5%左右能促进发酵，但若超过8%~10%以上，发酵速度反而会变慢。超软甜面包类的含糖量，多者在15%~25%之间，少者在15%~20%之间。糖量减少则使面包柔软度降低，无法保持适当的柔软度。但配方中的用糖量越多，超过发酵所需的能量也越多。因为渗透压力的增加，抑制时间较久，发酵作用进行得越缓慢，所以必须延长时间。含糖量较高及短时间发酵的面包，就必须增加酵母的用量，以加快发酵速度，但酵母用量增加，却无法增加发酵倍量，只能缩短发酵时间，提前完成发酵作用。我们在选择糖时需选用颗粒细小、洁白，内部无杂质的细粒砂糖。

蛋：蛋是一种极富营养又经济的食品。蛋具有起泡及可打发至倍量的特性。蛋是蛋糕制作的主体材料。超软面包中加入鸡蛋，有使其柔软、松化、膨胀、美化及增加风味等效果。以适量的蛋加入面团中，有助于面团产生乳化、润滑作用，可增加面包的柔软度，使面包的体积膨胀、光泽鲜明、风味理想。一般超软甜面包的含蛋量在8%~16%以下较适合。选用鸡蛋时要选用新鲜的鸡蛋。

油脂：油脂是制作面包的主要材料，它能改善面包品质，可使面包产生特殊的香味，增加面包的营养价值。面包面团中加入适量的油脂搅拌，有助于面团发酵进行的润滑，可促进面包体积的膨大、松软，以及延长保存时间等效果。一般超软甜面包使用的油脂量在6%~10%。

奶品：奶品可以增加面包的品质及风味，但对面包本身结构而言，影响并不大。一般面包加入奶品的主要目的有改善面团性质，增加面筋强度，加强面筋韧性；增强面包的乳香，可口好吃，提高面包的营养价值；促进烘烤色泽，使面包外观颜色鲜明亮丽。常用的奶品有新鲜牛奶和优质的全脂奶粉或烘焙专用奶粉。

面包改良剂：面包改良剂的作用有加快生产速度、改善面包组织、提高产品质量等。必须谨记，防腐剂的使用，只能延长销售时间，并不能提高产品品质，在一般的综合添加剂中，不应含防腐剂的成分。同时需要注意不同的改良剂其使用量是不同的，在使用时要根据改良剂包装上的建议使用量来使用。

2. 称量

根据以下配方进行称量。

超软甜面包配方

材料名称	质量/克	材料名称	质量/克
高筋粉	4000	奶粉	160
砂糖	880	酵母	70
鸡蛋	640	改良剂	20
盐	40	水	1760
油脂	480		

3. 选择和准备制作超软甜面包的设备、工具

烤箱、和面机、发酵箱、铁刮板、烤盘。

4. 进行超软甜面包的制作

① 将配方中除盐以外的干性原料一起加入搅拌缸，慢速搅匀；逐步慢速边搅拌边加入水约2分钟，至面团水化阶段完成。再改为快速搅拌至面团面筋扩展阶段，加入配方中的盐，慢速搅拌1分钟，再加入油脂慢速搅拌至均匀混合，再以快速搅拌约1~2分钟。搅拌至面团完成阶段。

② 搅拌好的面团取出放在工作台上滚圆，放入发酵箱内进行基本发酵，基本发酵温度为24~28℃，相对湿度75%~80%，时间为90分钟，面团发酵至原体积的一倍半时，基本发酵完成。

③ 将面团取出进行翻面，翻面的手法是把面团周围的面拉往中间，轻轻挤出空气，最好将面团痕迹拉向面团下部，使面团表面光滑。

④ 翻面完成后，再把面团放入发酵室。进行延长发酵约30分钟，面团发酵至2倍体积时取出放置工作台上。

⑤ 将面团用电子秤分割为所需质量，一般为50~100克。将其进行滚圆。滚圆时使面包的表面光滑细腻、有弹性。然后将滚好的面团放入烤盘后进行醒发室松弛约10分钟。

⑥ 取出面团进行成形（超软甜面包成形方法见后文），然后将整型后的面包分散放入刷油烤盘。放入发酵箱。

⑦ 成形好的面团放入温度为38℃，相对湿度为70%~80%的醒发箱中进行最后发酵，时间为45~60分钟。体积约为原体积的2.5倍左右。

⑧ 将发酵完成的面包取出放在工作台上自然风干，使面包表面干燥，然后刷蛋液进行表面装饰。

⑨ 入炉进行烘烤，炉温上火210℃，下火180℃，烤约15分钟，至底和面均匀着色为金黄色即可。

5. 成品的特点

① 面包大小一致、颜色均匀、形状规则。

② 内部组织呈均匀的网状结构，没有不规则的气孔。

③ 面包表面颜色亮丽美观。

④ 有良好的弹性，同时非常柔软。

⑤ 有浓郁的面包香味。

6. 软质面包制作的注意事项

① 面包需选用良好的原辅料。

② 整个的制作过程中要注意每一步都非常重要，不能有操作失误。

③ 不同的季节需选用不同温度的水来控制面团的温度，一般面团搅拌完成的理想温度是26~28℃为宜。

④ 成形要尽量紧密，以得到比较理想的内部组织。

⑤ 发酵的温度和湿度要合乎要求，发酵至面包体积增大至2.5倍即可进行烘烤。如果发酵过度会造成面包口味下降、组织粗糙、烘烤后容易下陷变形；如果发酵不足会造成面包体积过小、缺乏柔软度、烘烤颜色较深等问题。

⑥ 表面刷蛋液要选用软毛刷，蛋液要刷的均匀，避免着色不匀。

任务相关知识

1. 面包生产工艺

在一般的面包生产中，是以直接法生产为主，其程序为：准备材料→搅拌→发酵→分割→滚圆→松弛→造型→最后醒发→烘烤→冷却→包装。

（1）准备材料　准备材料时，材料的称量必须准确，由此才可准确计算成本及产量，称料不准确还会造成成本增加，面包质量不稳定，甚至影响整个生产过程。如有下列情况，酵母需特殊处理（用温水浸泡约十分钟，才与其他材料搅拌，浸泡酵母的水量约为酵母用量的五倍）：搅拌机速度太慢、天气太冷和搅拌用的水温太低。

（2）面团搅拌　准备搅拌用水时，要注意水温，因在搅拌时是利用水温来控制面团温度。其计算方法如下：要求面团温度×3－（室温＋粉温＋和面机所产生的摩擦温度）。

举例：要求面温　　室温　　粉温　　机温　　水温
　　　　↓　　　　↓　　　↓　　　↓　　　↓
　　28℃ ×3－（25℃ ＋24℃ ＋20℃）＝15℃

面团搅拌产生的温度

搅拌机速度/（转/分钟）	转速	摩擦升温/℃
80~100	慢速	10~12
160~200	高速	18~24
350~400	特高速	—

搅拌的作用，不但帮助干性材料水化、溶解及均匀混合，更重要的是将面粉中

的蛋白质，利用搅拌结合成面筋而使面团有足够的伸展能力。搅拌所需的时间，由于机器功率不同而不同，如和面机的速度太慢，不能将面筋完全扩展，可利用压面机进行压面，帮助面筋结合。压面的次数，要根据压轮的宽窄、面团的大小、压面的方法不同而有所改变。

面团搅拌过程分为四个阶段：一是水化阶段，水化阶段为搅拌过程的第一阶段。使用和面机将配方中"干性"与"湿性"材料混合均匀，形成湿黏的面糊状态。二是面团卷起阶段，随着搅拌机的转动，面团的结合性越来越强，所有材料混合成一体。最初面团比较干燥，触摸时极粗而硬，没有光泽，稍微黏手，缺乏弹性和伸展性。用手拉取面团时容易断裂，此时即为"面团卷起阶段"。三是面筋扩展阶段，面筋因搅拌器转动时不断的折覆、推拉、揉动及拍击，面筋表面渐渐干燥而呈现出光泽、结实而富有弹性的状态。这时面筋已开始扩展，用手拉取时，虽具伸展性但仍容易断裂，此为"面筋扩展阶段"。四是面筋完成阶段，面团继续搅拌，使原有弹性的面团筋度达到更充分的扩展。整个面团挺立而柔软，表面光泽细腻、干燥而不粘手，整洁而没有粗糙感。用手拉取面团时，具有良好的伸展性和弹性，这时已完成了面团的搅拌，称为"面团完成阶段"。

（3）发酵　面团发酵是面团中的酵母将面团内的糖分解为二氧化碳、酒精、热及其他的有机物的过程。随着此过程，面糊亦逐渐成熟。面团发酵不足或过度都直接影响面包的品质，因面糊的成熟程度是直接反映其保存气体的能力，面团保存气体的能力主要是面团中面筋氧化而组成的三度空间的网状组织决定的，可在面团搅拌时加入氧化剂，加速其氧化，在短时间内面团可以成熟。

（4）分割　面团发酵成熟后，应立即分割，质量要按各种面包需要而定。面团在切割后的操作中会不断失去水分，尤其是在烘烤之中，失去的水分及可挥发物约为面团质量的1/10左右。

（5）滚圆　分割后由于面团表面不光滑，酵母产生的气体不易保存，所以要把面团滚圆，有利于以后操作。在大多数的生产过程中，尤其是做大型面包时须把分割好的面团滚圆，但生产小面包时，把面团分成小块后，拌上少量面粉即可（拌面粉量以小面团互不相粘即可）。

（6）松弛　在分割及滚圆时，面团受到压力，变得坚实而不易操作，约经10~15分钟的松弛，面团可恢复更好的伸展性以便操作成形。要注意的是在松弛过程中，预防表皮干硬。

（7）造型　面团松弛后，即可进行造型的操作，面包的形状也在造型时决定。

（8）最后醒发　最后醒发应在醒发室内进行，温度与湿度要按各类面包的需求而定，一般温度为32~38℃，湿度为70~85%，时间一般在45~90分钟左右，要注意的是醒发室内的温度与湿度是否均匀，温度及湿度不均匀会导致面包醒发不一，质量下降。

（9）烘烤　在烘烤时，面包会在炉中产生很多的变化，所有的变化都关系着烘烤的时间、温度及炉内的湿度，因各种面包烤熟的成度及颜色都有不同的要求，所以在烘烤时主要控制烤炉的温度来配合时间，而时间则基于面包的种类及大小来决定。在烘烤中，面包会有一种特别反应，就是进炉后数分钟，面团会急速膨胀，膨胀的原因是由于酵母受热而产生大量的气体、各种液体受热变成气体而膨胀及气体受热膨胀所造成，而烤炉中如有一定量的水蒸气则有利于面团在炉中的膨胀。

（10）冷却　面包如没适当的冷却，包装后由于温度过高，面包产生蒸汽冷凝而形成水点依附于包装袋或面包表面，此时面包容易发霉。用模具烘烤的面包，出炉后应尽快脱模。面包在出炉后会向外排出大量的热和蒸汽，来平衡其内外的温度及压力，面包出炉后如不立即脱模，其所排出的气体不能向外排出，造成外压增加，使面包的底部及四周内陷。在冷却时，面包与面包之间，如没有间隔也会形成同一现象。

（11）包装　包装的好坏及卫生与否，直接影响面包的保存期，一般面包的包装是用胶袋作为包装材料，需要注意的是该胶袋可否用作食品包装？印刷原料是否有毒性？印刷后是否容易脱落？另外，每一名包装员工，在工作之前应先清洁及消毒手部，穿戴清洁的工作服及手套，包装的车间应与生产车间隔开及安装紫外线杀菌灯，保持清洁及干爽。不要将过期及已经受到污染的面包堆存在车间内，便可大大减低包装后面包的发霉现象。

2. 面包制作的不同方法

（1）一次发酵法　一次发酵法又叫直接法，这种方法被使用得最普遍，无论是较大规模的工厂或家庭式的作坊，都可采用一次发酵法制作各种面包。这种方法的优点是：只使用一次搅拌，节省人工与机器的操作；发酵时间较二次发酵短；由此法做出的面包具有更佳的发酵香味。

（2）二次发酵法　二次发酵法是使用二次搅拌的面包生产方法。第一次搅拌时一般将配方中60%~80%的面粉、大部分水及一部分的酵母或所有的酵母倒入搅拌缸中，用慢速搅拌成表面粗糙而均匀的面团，此面团就是中种面团。然后把中种面团放入发酵室内，发酵至原来体积的4~5倍，一般在3小时以上为佳。有时也可将面团放入4℃的冷藏柜中进行12小时的低温发酵，这种方法也可以叫做隔夜发酵法。在把中种面团放进搅拌缸中，与配方中剩余的面粉、水、糖、盐、蛋、奶粉、油脂和添加剂等，一起搅拌至面筋充分扩展，在经一般约10~20分钟时间的延续发酵后，进行分割及滚圆整型处理。这第二次搅拌而成的面团叫主面团，材料则称为主面团材料。

采用二次发酵法比一次发酵法有如下优点：在中种面团的发酵过程中，面团内的酵母有理想条件来繁殖，所以配方中的酵母用量较一次发酵节省20%左右；用二次发酵法所做的面包，一般体积较一次发酵的要大且面包内部组织较细和柔和，面包的发酵香味好；一次发酵的工作时间固定，面团发好后须马上分割整型，不可耽搁，但二次发酵法发酵时间弹性较大，在面种发酵后的面团如遇其他事情不能立即操作时，可以在下一步骤补救处理。但二次发酵法也有其缺点，它需要较多的劳动力来做二次搅拌和发酵工作，需要较多和较大的发酵设备和场地。现在的面包生产有越来越多的厂家选用这种制作方法。

（3）快速发酵法　快速发酵法是在应急和特殊情况下采用的面包生产方式。由于面团未经过正常发酵，在味道和保存时期方面，与正常发酵的面包相差很远。快速法又分为有发酵的快速法和无发酵的快速法，后者又称无酵法，无酵法是面团搅拌后即立刻进行分割，整型。由于面团不经基本发酵，必须加入适当的添加剂以促进面团成熟、故制得成品缺乏传统发酵面包的香与味，口感不佳。国内目前生产面包的时间与空间不及国外紧张，所以在正常操作中，是不应以此作为主要生产方法。

3. 面包常用馅料配方和制作方法

（1）椰子馅

椰子馅配方及制法

配方	材料	质量/克	制作方法
①	椰子粉 奶粉 细糖 食盐	500 75 500 2.5	将配方① 的材料全部混合拌匀，放在工作台上，或盆中； 将配方② 加入配方①，用手充分搓拌均匀，然后加入本方③，同样充分搓拌成团即可； 注：若需要稀释，可加入部分奶水或增加蛋量做调整
②	鸡蛋	200	
③	奶油	175	

（2）奶酥馅

奶酥馅配方及制法

配方	材料	质量/克	制作方法
①	全脂奶粉 糖粉 奶油	500 400 2.5	将配方① 全部过筛混合均匀，放在工作台上或盆中； 再把配方② 加入配方①，并充分搓拌成团即可； 注：软、硬可添加或减少奶油用量做调整
②	奶油酥油	350	

（3）菠萝皮

菠萝皮配方及制法

配方	材料	质量/克	制作方法
①	黄奶油 糖粉	500 500	将配方① 的油脂放入盆中，用打蛋器先搅成糊状后，再加入糖粉，并充分搅拌至松发状；
②	蛋	300	再把配方② 分次加入，继续搅拌均匀即停； 将配方③ 混合过筛，然后加入，先用木匙拌成松状后，再依需要量取出部分，放在工作台上，以压拌方式，做成团状待用；
③	奶粉 低筋面粉	100 1000	注：1.视各人操作习惯，必要时可用面粉或鸡蛋做软、硬度的调整； 2.必要时可在拌好的面团内，加入各种干果、蜜饯或葡萄干使用

（4）沙拉酱

沙拉酱配方及制法

配方	材料	质量/克	制作方法
①	蛋黄 食盐 细糖 味精	25 3 10 1	将配方①放入盆中，用打蛋器充分搅至浓状； 配方②以少数分次慢慢加入，同时快速不停搅拌，至光滑浓状，其中可视硬度，加入少许白醋；
②	色拉油	500	完成之后，即加入剩余的白醋即可； 注：装饰在面包的面团表面一起烘烤，或和其他调料混合使用或作夹心
③	白醋	50	

（5）泡芙酱

泡芙酱配方及制法

配方	材料	质量/克	制作方法
①	水 黄奶油	500 250	将黄油、水一起加热至沸腾； 面粉过筛，逐步加入，边加入边搅拌至面粉烫熟；
②	中筋面粉	300	面糊放入搅拌机，用桨状拌打器慢速搅拌至冷却；
③	鸡蛋	500	分次加入鸡蛋，搅拌至均匀即可

（6）墨西哥面糊

墨西哥面糊配方及制法

配方	材料	质量/克	制作方法
①	酥油 糖粉	400 300	将酥油、糖粉一起搅拌至松发； 分次加入鸡蛋，搅拌均匀； 加入低筋粉，慢速搅匀即可
②	鸡蛋	400	
③	低筋粉	400	

（7）酥粒

酥粒配方及制法

配方	材料	质量/克	制作方法
①	白奶油	100	将所有材料一起加入盆中； 用手工拌至呈均匀颗粒
②	糖粉	100	
③	高筋粉	200	

4．技能自测

（1）软质面包面团搅拌操作不正确的是（　）

　　A　将面团部分所有的材料一起加入搅拌缸中，慢速搅拌2分钟再快速搅拌10分钟，搅拌至面团完成阶段即可。

　　B　将配方中除盐以外的干性原料一起加入搅拌缸，慢速搅匀；逐步慢速边搅拌边加入水约2分钟，至面团水化阶段完成。

　　C　面团搅拌至面筋扩展阶段，加入配方中的盐，慢速搅拌1分钟，再加入油脂慢速搅拌至均匀混合，再以快速搅拌约1~2分钟，搅拌至面团完成阶段。

　　D　面筋完成阶段时整个面团挺立而柔软，表面光泽细腻、干燥而不粘手，整洁而没有粗糙感。用手拉取面团时，具有良好的伸展性和弹性。

（2）软质面包成形需注意的描述不正确的是（　）。

　　A　成形尽量要紧密　　　　B　成形大小要一致

　　C　成形形态要一致　　　　D　成形尽量要疏松

（3）软质面包发酵描述正确的是（　）。

　　A　温度38℃，湿度75%~80%，时间60分钟

　　B　温度28℃，湿度75%~80%，时间60分钟

C 温度33℃，湿度75%~80%，时间60分钟

D 温度48℃，湿度75%~80%，时间60分钟

（4）选择面粉应注意的事项是（　）。

A 选择蛋白质含量高的面包专用面粉

B 选择蛋白质含量低的蛋糕专用面粉

C 选择高品质的中筋面粉

D 选择高低筋面粉混合

（5）软质面包制作中对温度描述不正确的是（　）。

A 面包面团搅拌完成的理想温度是26~28℃

B 面团基本发酵的温度是26~28℃

C 面团基本发酵的温度是38℃

D 面包最后发酵的温度是38℃

常见面包的成形方法

肉松卷面包

① 将面团分割为每个50克，压扁后用擀面棍擀成椭圆形。

② 卷成长卷。

③ 搓成细长条。

④ 近距离均匀码入盘中，放入温度38℃、相对湿度70%~80%的醒发箱发酵40~60分钟，将蛋液刷在表面后撒少许火腿丁及香葱丁，烘烤，温度为上火200℃，下火180℃，烤约15分钟。

⑤ 冷却至室温后，用油纸将其卷成圆卷，切段。

⑥ 每段两端抹沙拉酱，沾肉松即成。

杏仁面包

① 将面团分割为每个50克，包入豆沙馅。
② 压扁后用擀面棍擀成椭圆形。
③ 面团对折，切两刀将面团均匀三等份。
④ 翻开切口向上，均匀码入盘中，放入温度38℃、相对湿度70%~80%的醒发箱发酵40~60分钟，将蛋液刷在表面后撒杏仁，烘烤，温度为上火200℃，下火180℃，烤约15分钟。

肉松卷面包

杏仁面包

火腿卷面包

① 将面团分割为每个50克。
② 压扁后用擀面棍擀成椭圆形。
③ 中间放入火腿片，卷成卷，中间用剪刀剪开。
④ 翻开切口向上，均匀码入盘中，放入温度38℃、相对湿度70%~80%的醒发箱发酵40~60分钟，将蛋液刷在表面后撒杏仁，烘烤，温度为上火200℃，下火180℃，烤约15分钟。

奶油长棍面包

① 将面团分割为每个50克。

② 压扁后用擀面棍擀成椭圆形。

③ 卷成双尖形，双手将其搓匀。

④ 入盘后，放入温度38℃、湿度70%~80%的醒发箱发酵40~60分钟，将蛋液刷在表面后挤泡芙酱，入烤箱烘烤，温度为上火200℃，下火180℃，烤约15分钟。待其冷却从中间切开挤入奶油。

火腿卷面包

奶油长棍面包

奶酥面包

① 将面团分割为每个50克，每个包入奶酥馅。

② 用手压扁成扁圆形。

③ 用刀在边缘划开口。

④ 均匀码入烤盘后，放入温度38℃、相对湿度70%~80%的醒发箱发酵40~60分钟，将蛋液刷在表面后撒少许黑芝麻，入烤箱烘烤，温度为上火200℃，下火180℃，烤约15分钟。

墨西哥面包

① 将面团分割为每个50克，包入奶酥馅。

② 用手压扁成扁圆形。

③ 均匀码入烤盘后，放入温度38℃、相对湿度70%~80%的醒发箱发酵40~60分钟。

④ 将墨西哥面糊装入挤袋，挤在面包表面，入烤箱烘烤，温度为上火200℃，下火180℃，烤约15分钟。

奶酥面包

墨西哥面包

菠萝面包

① 将面团分割为每个50克，包入奶酥馅。

② 将分割成每个重约20~30克的菠萝皮压成扁圆形。

③ 将压扁的菠萝皮包覆在包好馅的面包表面。

④ 均匀码入烤盘中，放入温度38℃、相对湿度70%~80%的醒发箱发酵40~60分钟，入烤箱烘烤，温度为上火200℃，下火160℃，烤约15分钟。

小披萨包

① 将面团分割为每个50克。

② 压扁后用擀面棍擀成圆形。

③ 均匀码入烤盘中,放入温度38℃、相对湿度70%~80%的醒发箱,发酵40~60分钟,将蛋液刷在表面。

④ 将切成细丝的火腿、洋葱、青红椒拌匀后,取适量放在发酵完成的面团表面。

⑤ 将番茄沙司和沙拉酱均匀挤在面包表面,入炉烘烤,温度为上火210℃,下火170℃,烤约15分钟。

菠萝面包

小披萨包

奶酪长条面包

① 将面团分割为每个50克,压扁后用擀面棍擀成椭圆形。

② 卷成长卷。

③ 搓成细长条。

④ 均匀码入盘,间隔需较大,放入温度38℃、相对湿度70%~80%的醒发箱发酵40~60分钟。

⑤ 将蛋液刷在表面后撒奶酪丁及细砂糖。

⑥ 然后进行烘烤,温度为上火200℃,下火180℃,烤约15分钟即可。

鸡蛋肉松面包

① 将面团分割为每个50克,压扁后用擀面棍擀成椭圆形。
② 将面团卷成长卷。
③ 然后搓成细长条。
④ 将面搓成长条,均匀码入烤盘。长度为烤盘的宽度,间隔为长条的直径。
⑤ 放入温度38℃、相对湿度70%~80%的醒发箱发酵40~60分钟。
⑥ 蛋液刷在表面进行烘烤,温度为上火200℃,下火180℃,烤约15分钟即可。出炉冷却后卷成长卷。外面卷上鸡蛋烤成的皮,切成段后刷上沙拉酱再沾上肉松即可。

奶酪长条面包

鸡蛋肉松面包

肠仔面包

① 将面团分割为每个50克,分成大小一致的两块。
② 分别卷起成双尖形,然后将两头捏在一起。
③ 中间放上一根热狗肠。
④ 均匀码入盘,间隔需较大,放入温度38℃、相对湿度70%~80%的醒发箱发酵40~60分钟。

肠仔面包

⑤ 蛋液刷在表面再挤上沙拉酱。然后进行烘烤，温度为上火200℃，下火180℃，烤约15分钟即可。

果酱面包

① 将面团分割成50克一个，滚圆松弛10分钟。
② 包入果酱馅，均匀码入烤盘。
③ 放入发酵箱，温度38℃，相对湿度75%~80%，发酵60分钟左右，至面包体积增大至原体积的2.5倍。
④ 取出，表面风干，刷蛋液，将吉士酱挤成螺旋形，入炉烘烤上火200℃，下火180℃，烤约10~15分钟。

火腿玉米卷面包

① 将面团分割成每个50克，滚圆松弛10分钟。
② 将面团擀成椭圆形，中间放一片火腿片，从一端卷起对折后由中间切开。
③ 向两边翻开，均匀码入烤盘。
④ 放入发酵箱，温度38℃，相对湿度75%~80%，发酵60分钟左右，至面包体积增大至原体积的2.5倍。
⑤ 取出，表面风干，刷蛋液，将玉米粒和沙拉酱拌匀后放在发好的面包中间，

果酱面包

火腿玉米卷面包

表面再挤沙拉酱，入炉烘烤上火200℃，下火180℃，烤约10~15分钟。

辣肉松面包

① 将面团分割成每个50克，滚圆松弛10分钟。
② 将面团擀成椭圆形，从一端卷起成双尖形。
③ 放入发酵箱，温度38℃，相对湿度75%~80%，发酵60分钟左右，至面包体积增大至原体积的2.5倍。
④ 取出，表面风干，刷蛋液，入炉烘烤上火200℃，下火180℃，烤约10~15分钟。
⑤ 待面包冷却后表面刷沙拉酱，沾上辣味肉松即可。

绿茶肉松卷

① 将面团分割成每个1000克，擀成薄片抹上绿茶粉，卷成长卷。
② 将长卷松弛一下，压扁擀成厚1厘米的长方形。
③ 分割成20个长条，每个约50克。
④ 将每个长条拧成麻花状搓至和烤盘宽度一致，码入烤盘。
⑤ 放入发酵箱，温度38℃，相对湿度75%~80%，发酵60分钟左右，至面包体积增大至原体积的2.5倍。
⑥ 取出，表面风干，刷蛋液，入炉烘烤上火200℃，下火190℃，烤约10~15分钟。

辣肉松面包

绿茶肉松卷

⑦ 待面包冷却后分成三份，底部刷沙拉酱，卷成长卷，再切成4块。
⑧ 每块两端刷上沙拉酱沾上肉松即可。

蔓越莓面包圈

① 将面团分割成每个50克，滚圆松弛10分钟。
② 将面团擀成椭圆形，表面放入适量蔓越莓，从一端卷起成长条形。
③ 再用双手搓长，一端压扁另一端围过来放在压扁的面头上，卷起即可。
④ 放入发酵箱，温度38℃，相对湿度75%~80%，发酵60分钟左右，至面包体积增大至原体积的2.5倍。
⑤ 取出，表面风干，刷蛋液，入炉烘烤上火200℃，下火180℃，烤约10~15分钟。

芒果面包

① 将面团分割成每个50克，滚圆松弛10分钟。
② 再次滚圆后码入烤盘，放入发酵箱，温度38℃，相对湿度75%~80%，发酵60分钟左右，至面包体积增大至原体积的2.5倍。

蔓越莓面包圈

芒果面包

③ 取出，表面风干，在边缘刷蛋液，表面挤上芒果馅，再撒上蔓越莓粒，入炉烘烤上火200℃，下火180℃，烤约10~15分钟。

① 将面团分割成每个70克，滚圆松弛10分钟。
② 将面团擀成椭圆形，从一端卷起成长条形，均匀码入烤盘。
③ 放入发酵箱，温度38℃，相对湿度75%~80%，发酵60分钟左右，至面包体积增大至原体积的2.5倍。
④ 取出，表面风干，刷蛋液，表面挤上泡芙酱，入炉烘烤上火200℃，下火180℃，烤约10~15分钟。
⑤ 待面包冷却后中间切开加入奶油即可。

毛毛虫面包

① 将面团分割成每个70克，滚圆松弛10分钟。
② 再次滚圆后码入烤盘，放入发酵箱，温度38℃，相对湿度75%~80%，发酵60分钟左右，至面包体积增大至原体积的2.5倍。
③ 表面放一片0.2厘米厚的清酥面片，表面再刷鸡蛋。
④ 入炉烘烤上火200℃，下火180℃，烤约10~15分钟。

肉松辫子面包

① 将面团分割成每个50克,滚圆松弛10分钟。

② 将面团包上肉松馅。

③ 把包好馅的面团擀成椭圆形,从一端卷起成长条形。

④ 再用双手搓长,中间用刀竖向切开,将其拧成辫子形,码入烤盘。

⑤ 放入发酵箱,温度38℃,相对湿度75%~80%,发酵60分钟左右,至面包体积增大至原体积的2.5倍。

⑥ 取出,表面风干,刷蛋液,撒上香葱并挤上沙拉酱,入炉烘烤上火200℃,下火180℃,烤约10~15分钟。

起酥面包

肉松辫子面包

提子辫子包

① 将面团分割成每个30克,滚圆松弛10分钟。

② 将三个面团分别卷长双尖形,再搓成两头尖的长条,3条的长度一致。

③ 编成辫子形状,均匀码入烤盘。

④ 放入发酵箱,温度38℃,相对湿度75%~80%,发酵60分钟左右,至面包体积增大至原体积的2.5倍。

⑤ 取出,表面风干,刷蛋液挤上墨西哥面糊,再撒上葡萄干,入炉烘烤,上火200℃,下火180℃,烤约10~15分钟。

提子辫子包

香肠派对

① 将面团分割成每个30克，滚圆松弛10分钟。
② 将两个面团分别擀开呈椭圆形，卷上香肠。
③ 两个码在一起，再均匀码入烤盘。
④ 放入发酵箱，温度38℃，相对湿度75%~80%，发酵60分钟左右，至面包体积增大至原体积的2.5倍。
⑤ 取出，表面风干，刷蛋液撒上奶酪碎，入炉烘烤，上火200℃，下火180℃，烤约10~15分钟。

乡村紫薯面包

① 将面团分割成每个50克，滚圆松弛10分钟。
② 面团包上紫薯馅。
③ 用擀面棍擀成椭圆形，中间切4~5刀，拧成麻花形，然后卷成长卷，再均匀码入烤盘。
④ 放入发酵箱，温度38℃，相对湿度75%~80%，发酵60分钟左右，至面包体积增大至原体积的2.5倍。
⑤ 取出，表面风干，刷蛋液挤上墨西哥酱再洒上酥粒，入炉烘烤，上火200℃，下火180℃，烤约10~15分钟。

香肠派对　　　　　　　　　　　乡村紫薯面包

相思枕面包

① 将面团分割成每个50克，滚圆松弛10分钟。

② 用擀面棍擀成椭圆形，然后卷成长卷，再放入模具中，均匀码入烤盘。

③ 放入发酵箱，温度38℃，相对湿度75%~80%，发酵60分钟左右，至面包体积增大至原体积的2.5倍。

④ 取出，表面风干，刷蛋液挤上墨西哥酱再洒上红蜜豆，入炉烘烤，上火200℃，下火180℃，烤约10~15分钟。

椰蓉卷面包

① 将面团分割成每个50克，滚圆松弛10分钟。

② 包入椰蓉馅，用擀面棍擀成椭圆形，顺着对折一次再横着对折一次，中间切开向两边分开，均匀码入烤盘。

③ 放入发酵箱，温度38℃，相对湿度75%~80%，发酵60分钟左右，至面包体积增大至原体积的2.5倍。

④ 取出，表面风干，刷蛋液撒上杏仁片，入炉烘烤，上火200℃，下火180℃，烤约10~15分钟。

相思枕面包

椰蓉卷面包

麦穗面包

① 将面团分割为每个50克，压扁后用擀面棍擀成椭圆形。
② 在一端放上一根热狗肠，从热狗肠一端开始卷起卷成长卷。
③ 用剪刀呈45度角将长卷剪成连在一起的小段，每段约3~5毫米厚。
④ 把小段左右分开成麦穗形状。
⑤ 均匀码入盘，间隔需较大，放入温度38℃、相对湿度70%~80%的醒发箱发酵40~60分钟。
⑥ 蛋液刷在表面，撒上洋葱丝，挤上沙拉酱。然后进行烘烤，温度为上火200℃，下火180℃，烤约15分钟即可。

麦穗面包

① 将面团分割成每个80克,滚圆,排气。

② 将分割的面团中间包入肉松、火腿丁、玉米粒。

③ 码盘放入醒发箱,温度35℃,相对湿度75%,时间70分钟。

④ 醒发完成后,稍凉表面湿气后表面刷蛋液。即可烘烤,烘烤下火180℃,上火200℃,18分钟即可。

任务拓展

1. 配方

按以下配方进行原料的称量。

中种法甜面包配方

	材料配方	质量/克		材料配方	质量/克
中种面团	高筋面粉	1400	主面团	高筋面粉	600
	酵母	20		砂糖	360
	砂糖	40		食盐	20
	改良剂	20		奶粉	80
	水	840		鸡蛋	160
				油脂	160
				酵母	10

2. 操作

① 将中种面团部分的材料一起加入搅拌缸,慢速搅拌2分钟,再快速搅拌至所有材料均匀混合即可。

② 搅拌完成的面团,放在发酵缸中发酵约180分钟,至体积增大至原体积的4倍,发酵温度26~28℃,相对湿度75%~80%。

③ 将中种面团和主面团原料(除油和盐)一起加入和面机,慢速搅拌2分钟。

④ 快速搅拌至面筋扩展阶段。

⑤ 加入盐和油脂，慢速搅匀。

⑥ 快速搅拌至面团完成阶段。

⑦ 将面团分割为所需质量，一般为30克。将其进行滚圆。滚圆时使面包的表面光滑细腻、有弹性。然后将滚好的面团放入烤盘后进行醒发，松弛约10分钟。

⑧ 取出面团进行成形，然后将整型后的面包分散放入刷油烤盘，放入发酵箱。

⑨ 成形好的面团放入温度为38℃，相对湿度为70%~80%的醒发箱中进行最后发酵，时间为45~60分钟，体积约为原体积的2.5倍左右。

⑩ 将发酵完成的面包取出放在工作台上自然风干，使面包表面干燥，然后刷蛋液进行表面装饰。

⑪ 入炉进行烘烤，炉温上火210℃，下火180℃，烤约15分钟，至底和面均匀着色为金黄色即可。

⑫ 甜面包后期加工制作。

a. 汉堡面包

汉堡肉的制作：肉馅500克、洋葱丁250克、味精10克、胡椒粉5克、盐10克、鸡蛋适量。将所有原料混合均匀，然后将其分成小份平摊在刷油的烤盘上呈圆形，放入烤炉进行烘烤，炉温180℃，需两面翻转烘烤，烤熟即成。

汉堡的制作：准备圆面包1个，将其从中间分为上下两片。在两面片面包中间夹入生菜、西红柿、洋葱、汉堡肉及调味料即可。用保鲜膜进行包装。

b. 热狗面包

热狗调味料的制作：洋葱100克、酥油20克、番茄200克、味精2克、盐2克、糖20克。将平底锅加热加入酥油，加入洋葱丁翻炒，至金黄色，加入番茄翻炒，加入其他调味料即可。

热狗的制作方法：将烤好的热狗坯面包从中间切开，但不切断。中间放入热狗肠及生菜，表面挤沙拉。用保鲜膜包起来即可。

汉堡面包

热狗面包

白吐司

1. 配方

按以下配方进行原料的称量。

白吐司配方

材料名称	质量/克	材料名称	质量/克	材料名称	质量/克
高筋面粉	2500	改良剂	25	白奶油	200
砂糖	200	酵母	50	水	1550
盐	50	奶粉	100		

2. 操作

① 将配方部分干性材料加入水先以慢速搅拌2分钟，再以中速搅拌约2分钟，然后加入白奶油，慢速搅拌1分钟。再中速搅拌约10分钟左右，面团完成。

② 将面团放置工作台上，轻微滚圆。发酵10~20分钟。

③ 再将面团分割为每个150克进行滚圆，并放入烤盘中，放置松弛10~15分钟。

④ 松弛后的面团用擀面棍擀开，卷成长卷，再放置松弛10~12分钟。

⑤ 将长卷面团再次擀开，卷成短卷，然后将6个短卷并排放入刷油的模具当中，进行最后发酵。

⑥ 最后发酵温度为35℃，相对湿度为80%，时间约40~50分钟，发酵至8分满即可。

⑦ 取出发酵完成的面包，盖上吐司模的盖。然后入炉进行烘烤，炉温上火180℃，下火180℃，烤约30~40分钟，至面包均匀着色即可。

⑧ 面包烘烤完成后，马上从模具中取出，冷却后切片。也可制作成各式三明治。

玉米吐司

1. 配方

按以下配方进行原料的称量

玉米吐司配方

材料名称	质量/克	材料名称	质量/克
高筋面粉	1000	奶粉	100
砂糖	180	鸡蛋	80
盐	10	黄奶油	80
改良剂	3	甜玉米粒	220
酵母	12	水	400

2. 操作

① 先将干性材料搅拌均匀，加入水、蛋，慢速搅拌均匀。

② 改为快速搅拌至面团光滑，面筋开始扩展，加入奶油慢速搅匀。

③ 最后加入玉米粒搅拌至完全扩展即可。

④ 松弛10分钟，将面团分割成每个90克，然后进行滚圆。

⑤ 用擀面棍将面团擀成椭圆形再卷成圆柱形装入模。

⑥ 最后发酵温度38℃，相对湿度80%，时间60分钟至模具的8分满即可。

⑦ 入炉进行烘烤，上火180℃，下火180℃，烘烤约30分钟。

白吐司

玉米吐司

红豆吐司

1. 配方

按以下配方进行原料的称量。

红豆吐司配方

材料名称	质量/克	材料名称	质量/克
高筋面粉	1600	酵母	24
改良剂	16	盐	32
砂糖	96	鲜牛奶	992
奶油	192	红豆	适量

2. 操作

① 将加配方中的干性材料和水慢速搅拌 2 分钟，再中速搅拌 2 分钟，加入配方中的盐和油慢速 1 分钟，中速搅拌 8~10 分钟。

② 将搅拌好的面团取出轻微滚圆，放置发酵 10~15 分钟。

③ 将面团分割成每个 150 克，然后滚圆，并放置松弛 10 分钟。

④ 用擀面棍将松弛好的面团擀开，将其中的空气排出，光滑面向下。把面团卷呈长卷形，放入模具中。根据模具的大小决定放入面团的数量，如是 450 克的模具，则需要放 3 个面团。

⑤ 把整型后的面包放入发酵箱进行最后发酵，温度为 35℃，相对湿度为 80%，时间约 40 分钟，发酵至模具的 8 分满即可。

⑥ 取出发酵完成的面包，使表面干燥后，表面刷蛋液，并用刀片在中间划开一道口。

⑦ 烘烤，炉温为上火 200℃，下火 180℃，烤至微着色后，表面刷适量酥油后再连续烘烤至成熟，时间约为 25~30 分钟。

⑧ 烘烤完成后马上从模具中取出冷却，切片。

椰蓉吐司

1. 配方

按以下配方进行原料的称量。

椰蓉吐司配方

	材料名称	质量/克	材料名称	质量/克
中种面团	高筋面粉	700	炼奶	150
	水	300	酵母	8
主面团	高筋面粉	300	细砂糖	100
	食盐	10	蛋白	200
	白奶油	100	改良剂	5
配料	椰蓉	适量		

2. 操作

① 将中种面团的材料用低速搅拌均匀。

② 取出发酵60分钟。

③ 将中种面团及主面团（除奶油外）的材料用低速搅拌均匀。

④ 用高速搅拌至面筋完全扩展，加入奶油用低速搅拌匀。

⑤ 取出醒发25分钟。

⑥ 分割，滚圆。

⑦ 擀平使气体排出，再松弛30分钟。

⑧ 成形成柱形，放入模具，最后发酵温度38℃，相对湿度80%，60分钟即可。

⑨ 从醒发箱取出，中间切口。

⑩ 挤上油线即可烘焙。

红豆吐司

椰蓉吐司

双色吐司

1. 配方

按以下配方进行原料的称量。

双色吐司配方

	材料名称	质量/克	材料名称	质量/克	材料名称	质量/克
中种面团	高筋粉	1000	水	560	盐	10
	酵母	2	蛋	200		
主面团	高筋粉	1000	糖	300	柔软剂	6
	酵母	18	盐	14	牛油	140
	水	460	奶粉	60	可可粉	适量

2. 操作

① 将中种面团的材料用低速搅拌均匀。

② 取出，发酵60分钟。

③ 将中种面团及主面团(除牛油外)的材料用低速搅拌均匀。

④ 用高速搅拌至面筋完全扩展，加入牛油用低速搅拌匀。

⑤ 取出后，分成两部分，其中一部分放置，另一部分加入可可粉再进行搅拌至颜色均匀。

⑥ 取出后醒发25分钟。分割，滚圆。

⑦ 擀平使气体排出，再松弛30分钟。

⑧ 成形成柱形，放入模具，最后发酵温度38℃，相对湿度80%，60分钟即可。

⑨ 从醒发箱取出即可烘焙。

⑩ 烘烤，上火200℃，下火200℃，约30分钟。

杂粮吐司

1. 配方

按以下配方进行原料的称量。

杂粮吐司配方

材料名称	质量/克	材料名称	质量/克	材料名称	质量/克
高筋粉	1000	杂粮预拌粉	150	鸡蛋	200
酵母	14	盐	13	水	450
砂糖	140	奶油	100		

2. 操作

① 将粉类加入到搅拌机中搅拌。

② 慢速加水与鸡蛋，继续搅拌。

③ 搅至面团表面光滑后，加入奶油。

④ 搅至面筋完全扩展，可拉伸成薄膜。

⑤ 取出后稍加松弛。

⑥ 分割成每个115克，滚圆。

⑦ 用保鲜膜罩上，松弛15分钟。

⑧ 擀平排气。

⑨ 挤按成圆柱状。放入醒发箱醒发，温度38℃，相对湿度80%，60分钟即可。

⑩ 取出后即可烘烤，上火190℃，下火200℃。

项目二　面包制作技术

双色吐司

杂粮吐司

任务二　脆皮法式长棍面包制作技术

任务介绍

任务相关背景	烘焙制作人员对脆皮法式长棍面包制作方法、技巧等知识要有基本的了解；具备实际操作脆皮法式长棍面包的能力，掌握从原料称量到制成成品的相关知识，并熟悉面包的基本制作工艺
任务描述	熟悉脆皮法式长棍面包的配料，设备准备及使用，面团的搅拌、分割、滚圆、成形、装盘和烘烤以及面包的冷却

技能目标

1. 正确掌握脆皮法式长棍面包的基本制作方法。
2. 能正确选择和称量原料。
3. 了解脆皮法式长棍面包的发展趋势。

任务实施

1. 按要求进行称量

脆皮法式长棍面包配方

材料名称	质量/克	材料名称	质量/克
高筋面粉	1500	改良剂	15
盐	30	酵母	45
水	800		

2. 进行脆皮法式长棍面包的操作

① 将配方材料全部加入搅拌机，慢速搅拌2分钟，中速搅拌10~12分钟，然后再快速搅拌1~2分钟，搅拌完成。

② 将搅拌完成的面团进行基本发酵，温度为28℃，相对湿度为65%~70%，至面团发酵1倍量左右时，取出。

③ 将面团分割为每个300克，进行滚圆。松弛约10分钟后用擀面棍将面团擀开并卷成卷。放入烤盘中进行中间发酵，时间约15分钟。

④ 中间发酵完成的面团取出进行最后成形。用擀面棍将面团擀开。再将面团卷成长卷形然后摆入法棍烤盘中进行最后发酵。

⑤ 最后发酵温度为32℃，时间约45分钟，相对湿度为80%。

⑥ 发酵完成的面包取出，表面风干，然后直接用刀片在面包表面划出弯形开口，开口处可以挤少许油后入炉烘烤。

⑦ 炉温为上火220℃，下火200℃，烘烤时间约15~20分钟。

⑧ 冷却后用纸袋进行包装即可。

3. 成品的特点

① 面包大小一致、颜色均匀，表面开口形状规则。

② 内部组织呈均匀的孔状结构。

③ 面包表皮酥脆，内部柔软有韧性。

④ 有浓郁的麦香香味。

4. 脆皮面包制作的注意事项

① 面包面团搅拌要充分，达到完全扩展阶段。

② 面包的基本发酵和延长发酵时间要充分。

③ 成形要尽量紧密。

④ 最后发酵要充分，保证有足够的体积。

⑤ 发酵完成后，表面划开口时要选用锋利的刀片，开口要流畅、规则，长度、

间隔、深度要一致,以保证烘烤后的形状美观。

⑥ 烘烤初期需要给烤炉加蒸汽,以便使面包尽量膨大,产生松脆的表皮。

脆皮法式长棍面包

任务拓展

蒜香法式长棍面包

1. 配方

按以下配方进行称量。

蒜香法式长棍面包配方

	材料名称	质量/克	材料名称	质量/克
面团	高筋面粉	1000	黄油	40
	干酵母	10	水	620
	盐	1.5		
香蒜馅	酥油	150	盐	2
	大蒜泥	40	胡椒粉	2
	香菜碎	30		

2. 操作

① 将配方材料全部加入搅拌机。慢速搅拌2分钟,中速搅拌10~12分钟。然后再快速搅拌1~2分钟,搅拌完成。

② 将搅拌完成的面团进行基本发酵。温度为28℃,相对湿度为65%~70%,至面团发酵1倍量左右时,取出。

③ 将面团分割为每个200克，进行滚圆。松弛约10分钟后用擀面棍将面团擀开并卷成卷。放入烤盘中进行中间发酵，时间约15分钟。

④ 中间发酵完成的面团取出进行最后成形。用擀面棍将面团擀开。再将面团卷成短卷型，然后摆入法棍烤盘中进行最后发酵。

⑤ 最后发酵温度为32℃，时间约45分钟，相对湿度为80%。

⑥ 发酵完成的面包取出，表面风干，然后直接用刀片在面包表面划出弯形开口，开口处可以挤少许油后入炉烘烤。

⑦ 炉温为上火220℃，下火200℃。烘烤时间约15~20分钟。

⑧ 烘烤完成后表面开口处抹蒜蓉馅再烘烤3分钟即可。

蒜香法式长棍面包

任务三　丹麦面包制作技术

任务介绍

任务相关背景	烘焙制作人员对丹麦面包制作方法、技巧等知识要有基本的了解；具备实际操作丹麦面包的能力、掌握从原料称量到制成成品的相关知识，并熟悉面包的基本制作工艺
任务描述	熟悉丹麦面包的配料，设备准备及使用，面团的搅拌、分割、滚圆、成形、装盘和烘烤以及面包的冷却

学习目标

1. 正确掌握丹麦面包的基本制作方法。
2. 能正确选择和称量原料。
3. 了解脆皮法式长棍面包的发展趋势。

任务实施

1. 按要求进行称量

丹麦面包配方

材料名称	质量/克	材料名称	质量/克	材料名称	质量/克
高筋面粉	1200	改良剂	16	奶粉	64
低筋面粉	400	酵母	64	裹入油	900
细砂糖	288	全蛋	320	奶油	160
盐	20	冰水	640		

2. 进行丹麦面包的制作

① 将除裹入油以外的所有材料放入搅拌缸内,先以慢速搅拌2分钟,然后改为中速搅至面筋开始扩张阶段即可,约4~6分钟。

② 取出搅拌好的面团,放置工作台上,松弛15分钟,即准备分割。

③ 首先将面团分割成每块1500克或2000克,然后轻微滚圆,压扁成长方形,使表面光泽。

④ 再用塑料袋,将面团套入,放入-10℃的冷冻室中,进行冷冻2~3小时,面团可在前一天做好冷冻待用。

⑤ 然后再取出冷冻的面团放置工作台,准备操作,若面团冻得过硬需等面团有软度时,才能进行操作。

⑥ 把面团的四周边,按压成薄状,中间保持厚度。

⑦ 将丹麦面包专用油(也可用片状玛琪琳或片状酥油)放置面团中央。

⑧ 然后将四周薄状的面团拉起,往中央折叠,完全包住油脂。

⑨ 再用手将面团接头捏紧,并轻微将整块包油的面团压平。

⑩ 使用擀面棍平均的往面团上敲打,使面团内的油脂均匀扩展。

⑪ 利用双压平机,将包油的面团压成0.8厘米的厚度。

⑫ 然后将面团,折叠三层(即三折法),尽量折叠整齐。

⑬ 然后再套入塑料袋中,放入冷冻15~20分钟,松弛。

⑭ 面团经过松弛后取出，以同样方法再操作2次，共计3次（称3折3次操作，完成每次操作后，需松弛15~20分钟）。

⑮ 整个面团经过3折3次的操作完成之后，丹麦面包的面团即告完成。

⑯ 每种丹麦面包的整式厚度不同，因此可依产品的厚度、长度需要再做整型变化，若无即时用完，可存放于冷藏室中备用。一般包馅的丹麦面包，平均厚度约为0.3~0.4厘米为适合，整型发酵后在烤前放馅的丹麦面包，平均厚度约为0.7~0.8厘米，丹麦吐司平均厚度为1~1.2厘米。

⑰ 成形好的丹麦面包即可进行最后发酵。一般丹麦面包的温度以30~32℃，相对湿度为65%~70%，直接完成的小型丹麦面包，最后发酵时间大约在45~60分钟，丹麦吐司大约在60~90分钟。

⑱ 发酵至体积增大约1倍即可进行烘烤。小型丹麦面包，烘烤温度为上火200℃，下火180℃，烘烤约10~15分钟，丹麦吐司上下火均为170℃，烘烤时间为30~40分钟。为使丹麦面包烤好、表皮自然金黄光泽，可在整型后先刷一次全蛋，然后待发酵后烘烤之前再刷一次，更能增加色泽。

⑲ 冷却后进行包装（也可在出炉后，表面刷亮光剂再进行包装）。

3. 成品的特点

① 成品层次清晰，体积膨大，酥松。

② 面包内部呈网状结构。

③ 面包具有浓郁的奶油香味。

④ 大小、形状、颜色均匀一致。

4. 丹麦面包制作的注意事项

① 丹麦面包的面团搅拌至面筋扩展阶段即可。

② 搅拌完成的面团要保证在低温状态，搅拌完成的面团理想面温为18℃，所以无论是冬天还是夏天丹麦面包面团的用水都为冰水。

③ 面团冷冻的温度为-18℃以下。

④ 面团解冻需提前放入冷藏柜中，直到面团的软硬度和所用裹入油的软硬度一致即可进行操作。

⑤ 包油时面团和裹入油的软硬度要一致，要完全将油包至面团中间，不可漏油。

⑥ 擀制面团时不要一次擀压过度，避免漏油。

⑦ 成形时面团的厚度根据所选品种要求确定，切割面团时要选用锋利的刀片使

切口尽量整齐。

⑧ 丹麦面包最后发酵的温度较其他面包温度要低，一般为30~32℃，主要是为了避免油脂在高温下融化，影响成品品质。

⑨ 烘烤时丹麦面包尽量用热风炉进行烘烤，这样可以使面包更加酥松，颜色更加均匀。

丹麦面包花色品种

牛角面包

① 将冷冻的面团解冻至软化。

② 将面团擀成长方形，中间放入片状起酥油。

③ 四周的面团向中间折叠，包住油脂。

④ 擀开，3折3次，每次需松弛。

⑤ 松弛好的面团擀成0.3~0.4厘米厚，裁成等腰三角形。

⑥ 卷起后码盘，放入醒发箱发酵，温度30~32℃，相对湿度75%~80%，时间60~90分钟。

⑦ 发酵完成的面团表面刷蛋液，入炉烘烤上火200℃，下火180℃，烤约15分钟。

牛角面包

丹麦吐司

① 将面团擀开薄约1厘米的薄片。

② 卷起呈柱形面团。

③ 按模具规格切成需要大小。

④ 竖向码放入模。

⑤ 放入模具醒发（模具要加盖），温度35℃，相对湿度75%，时间为50分钟。

⑥ 烘烤上火210℃，下火180℃，时间25分钟。

丹麦调理

① 将丹麦面团擀成1厘米厚的薄片，切成6厘米×6厘米见方的面片。

② 放入浅模汉堡盘醒发，温度35℃，相对湿度75%，时间为50分钟。

③ 取出后表面刷蛋液。

④ 上面码放玉米粒、火腿丁、洋葱，挤上番茄酱沙拉酱即可烘烤，上火200℃，下火190℃，时间12分钟。

丹麦吐司

丹麦调理

任务相关知识

1. 常见的面包缺点及补救办法

制作面包是一门实践性很强的学问,很多问题须从实际生产中去领悟、去体验,下列提出的面包缺点及补救办法作为参考。

面包体积过小

原 因	补 救 办 法
酵母不足	干酵母量1%~1.5%
酵母失活性	注意储藏温度、保质期,失效酵母不可用
面粉筋度不足	要用蛋白质含量12%的高筋面粉
面粉太新	新面粉需储藏一个月使其氧化后使用
搅拌不足或过长	注意搅拌至面筋完全扩展即可
糖量大	糖为软性物质,且太多会抑制酵母的活力
面团温度不当	面团温度为26~28℃为宜
缺少改良剂	加入改良剂改造面筋结构
盐量不足或过量	盐量1.5%~2%为适宜
最后发酵不足	发酵室温38℃,体积增大约1倍时方可入炉

面包内部组织粗糙

原 因	补 救 办 法
面粉温度不够	要用蛋白质含量12%的高筋面粉
搅拌不足	应搅拌至面筋充分扩展阶段
面团太硬	应尽量加入水
发酵过长	控制发酵程度
造型太松	造型越紧密越好
油脂不足	加入4%~8%的油脂用来润滑面团

面包表面颜色过深

原 因	补 救 办 法
糖量过多	减少用糖量
炉温过高	用正确炉温
发酵不足	发酵至正常体积
烘烤时间过长	减少时间,注意观察
上火太大	调至适当上火温度

面包表皮过厚

原因	补救办法
油脂不足	增加油脂4%~8%
炉火过低	低温烤的过久则表皮厚，增加烘烤温度
面团太老	减少发酵时间
糖、奶粉不足	增加两者成分
烤制太久	正常烘烤，注意观察
醒发不当	醒发温度35~38℃，相对湿度70%~80%，过久醒发或无湿度醒发，则表皮失水分、干硬

面包三香与味不佳

原因	补救办法
生产方式不佳，如用快速法	改用传统发酵方法，以增加发酵带来的香味
原料不佳	改用好原料
发酵不足或过长	发酵不足，则无香味，过长会变醇
面粉储藏不当	注意防潮，防止过高温度
烘烤不当	每种面包有其不同的烘烤温度
面包受细菌污染	可适当加入防腐剂

面包在入炉前和入炉初期下陷

原因	补救办法
面粉筋度不足	用高筋面粉及适当法操作
搅拌不足	搅拌至面筋充分扩展
缺少改良剂	用高品质面包改良剂
缺盐	用1%~2%的盐
醒发过长	应提高酵母用量，控制正常醒发温度
发酵过大	发酵至增大约1倍量体积，入炉后才会膨大
油、糖、水太多	太多的软性原料，使面筋形成的骨架不能承担面包重量而下陷

2. 技能自测

（1）对丹麦面包面团搅拌完成的温度描述正确的是（　）

　　A　丹麦面包面团搅拌完成后应保持较低的温度，并放入冰箱进行冷冻。

　　B　丹麦面包面团搅拌完成后应保持较低的温度，并一直在室温下松弛。

　　C　丹麦面包面团搅拌完成后应保持较高的温度，并放入冰箱进行冷冻。

　　D　丹麦面包面团搅拌完成后应保持较高的温度，并放发酵箱进行发酵。

（2）不属于丹麦面包制作注意事项的是（　）

　　A　搅拌完成的面团要保证在低温状态，搅拌完成的面团理想面温为18℃，所以无论是冬天还是夏天丹麦面包的面团用水都为冰水。

　　B　面团解冻需提前放入冷藏柜中，直到面团的软硬度和所用裹入油的软硬度一致即可进行操作。

C 丹麦面包最后发酵的温度较其他面包温度要低，一般为30~32℃，主要是为了避免油脂在高温下融化，影响成品品质。

D 面团最后发酵的温度是38℃，以适合酵母的发酵。

（3）丹麦面包最后发酵的环境是（ ）。

A 温度30~32℃　　　　B 温度36~38℃

C 温度20~22℃　　　　D 温度40~42℃

（4）不是造成丹麦面包面团在擀制过程中漏油的原因是（ ）。

A 面团和裹入油的软硬度不一致，即面团硬油脂软

B 面团包油时封口没有包严

C 擀制过程中用力过大或一次压的太薄

D 面团搅拌至完成阶段

（5）丹麦面包需要选择低温发酵，其原因是（ ）。

A 丹麦面包最后发酵的温度较其他面包温度要低，一般为30~32℃，主要是为了避免油脂在高温下融化，影响成品品质

B 酵母发酵的理想温度是30~32℃

C 丹麦面包不需要发酵到体积很大，所以只用低温发酵30~32℃即可

D 丹麦面包发酵温度在30~32℃时面包发酵的速度是最快的

任务拓展

金砖面包

1. 配方

按以下配方进行称量。

金砖面包配方

材料名称	质量/克	材料名称	质量/克	材料名称	质量/克
高筋面粉	800	低筋面粉	200	改良剂	6
老面	500	砂糖	80	甜酥片油	500
酵母	15	发酵奶油	150	牛奶	400
炼乳	50	盐	12		
奶粉	30	鸡蛋	100		

2. 操作

① 将除甜酥片油以外的所有材料放入搅拌缸内,先以慢速搅拌2分钟,然后改为中速搅至面筋开始扩张阶段即可,约4~6分钟。

② 取出搅拌好的面团,放置工作台上,松弛15分钟,即准备分割。

③ 首先将面团分割成每块1500克或2000克,然后轻微滚圆,压扁成长方形,使表面光泽。

④ 再用塑料袋,将面团套入,并放入-10℃的冷冻室中,进行冷冻2~3小时,面团可在前一天做好冷冻待用。

⑤ 然后再取出冷冻的面团放置工作台上,准备操作,若面团冻得过硬等面团有软度时,才能进行操作。

⑥ 把面团的四周,按压成薄状,中间保持厚度。

⑦ 将丹麦面包专用油(也可用片状玛琪琳或片状酥油)放置面团中央。

⑧ 然后将四周薄状的面团拉起,往中央折叠,完全包住油脂。

⑨ 再用手将面团接头捏紧,并轻微将整块包油的面团压平。

⑩ 使用擀面棍平均的往面团上敲打,使面团内的油脂均匀扩展。

⑪ 利用双压平机,将包油的面团,压成0.8厘米的厚度(手指擀面棍操作则可)。

⑫ 然后将面团折叠三层(即三折法),尽量折叠整齐。

⑬ 然后再套入塑料袋中,放入冷冻15~20分钟松弛。

⑭ 面团经过松弛后取出,以同样方法再操作2次,共计3次(称3折3次操作,完成每次操作后,需松弛15~20分钟)。

金砖面包

⑮ 整个面团经过3折3次的操作后完成。

⑯ 将面团擀成平均厚度约为1~1.2厘米。

⑰ 进行成形，面团用刀切片，每片重30克，每3片码成一组。

⑱ 三折后码入模具，每个模具放三组面团。

⑲ 压实后进行发酵，温度35℃，相对湿度75%，时间60分钟左右。

⑳ 发酵完成后入炉烘烤，上火180℃，下火180℃，时间30分钟。

项目三 西饼制作技术

任务一 奶油曲奇小西饼制作技术

任务介绍

任务相关背景	烘焙制作人员对奶油曲奇小西饼制作方法、技巧等知识要有基本的了解；具备实际操作奶油曲奇小西饼的能力，掌握从原料称量到制成成品的相关知识，并熟悉奶油曲奇小西饼的基本制作工艺
任务描述	熟悉奶油曲奇小西饼的配料，设备准备及使用，面团的搅拌、成形、装盘和烘烤，以及奶油曲奇小西饼的冷却和包装

学习目标

1. 正确掌握奶油曲奇小西饼的基本制作方法。
2. 能正确选择和称量原料。
3. 了解奶油曲奇小西饼的发展趋势。

任务实施

1. 选择正确的原料

面粉：面粉筋度影响成品酥松和脆硬性，用高筋粉质地脆硬，且花样美观；使用低筋粉时成品扩展扁平，花样不明显，质松软；选用中筋面粉或高、低筋面粉混合，可以得到品质较理想的成品。

油脂：小西饼油脂使用量较高，应选用油性、融合性好，而稳定的油脂为宜。奶油是最理想的油脂，但成本较高，如需降低成本可选用酥油（或玛琪琳）取代奶油。

糖：糖的功能除调味外，颗粒的粗细会影响成品的着色和扩展程度。特砂通常用在表面的撒糖，细砂会使产品形态扩展或龟裂，因此高成分小西饼大都用糖粉。

盐：使用量很少，但能衬托其他材料的风味，应酌量添加使用。

膨松剂：膨松剂能增加产品体积和酥松性，但使用不当则会影响成品风味。常用的有阿摩尼亚（臭粉，也叫碳氨）、发粉（泡打粉）、小苏打等。

可可粉：可改变小西饼的风味和种类，用量约为面粉量的10%~12%左右。糖与水应酌量增加，选用高脂可可粉香气较浓厚。

2. 称量

根据配方进行称量。

奶油曲奇小西饼配方

材料名称	质量/克	材料名称	质量/克
奶油	450	低筋粉	300
糖粉	225	奶香粉	5
奶香粉	35	全蛋	96
高筋粉	300		

3. 进行奶油曲奇小西饼的制作

① 将配方中的奶油、糖粉、奶香粉一起加入搅拌缸中，用桨状拌打器慢速搅匀。

② 用刮刀将搅拌缸的缸底和缸壁刮匀，继续用快速搅拌，直到拌至松发。

③ 将一半的鸡蛋加入搅拌缸中，慢速搅匀。

④ 用刮刀将搅拌缸的缸底和缸壁刮匀，继续用中速搅拌均匀。

⑤ 将另一半的鸡蛋加入搅拌缸中，慢速搅匀再继续打至绒毛状。

⑥ 用刮刀将搅拌缸的缸底和缸壁刮匀。

⑦ 将面粉、奶香粉一起过筛，过筛后一起加入搅拌缸中，用慢速拌匀成均匀的面团。

⑧ 将面团装入裱花袋，准备铺好不粘布的烤盘，用挤花袋将面团挤成小花形，均匀地挤在不粘布上，其间隔应尽量缩小。

⑨ 然后入炉烘烤，烘焙温度上火180℃，下火150℃，时间大约12分钟。烤制均

匀着色即可。

⑩ 烤好的曲奇冷却至室温马上进行密封保存，以防止其吸收空气中的水分影响品质。

4. 成品的特点

① 成品大小一致，花纹清晰。

② 成品酥松可口。

③ 有浓郁的奶油香味。

5. 奶油曲奇小西饼制作的注意事项

① 制作曲奇饼干时油脂一定要搅拌至松发。如果搅拌不足会使面团干硬无法用挤花袋成形，如果搅拌过度会使成品容易碎而且花纹不够清晰。

② 加入鸡蛋时需分次加入，避免造成油蛋分离现象，影响成品的酥松性。

③ 面粉和奶香粉需一起过筛。

④ 面粉加入后搅拌机需用慢速搅拌，避免面粉产生面筋，影响成品的酥松性。

奶油曲奇小西饼

任务相关知识

1. 小西饼的分类

小西饼依品质特性可分为以下几种。

（1）软性小西饼　配方中含水量高达35%以上，面糊稀软与蛋糕面糊类似，要用挤花袋或模子整型，成品酥松。

（2）脆硬性小西饼　配方中糖量大于油脂，油脂量又大于水量，因此面团较干硬，无法用挤花袋整型，一般用手成圆柱或长方条切片成形或压模成形，成品脆硬。

（3）酥硬性小西饼　配方中糖和油脂用量大致相等，但水量少，面团湿黏而稍软，无法用挤花袋整型，面团须先放入冰箱冰硬再取出整型，又称冰箱小西饼。

（4）酥松性小西饼　配方中油量大于糖量，糖量又大于水量，面糊非常松软，用挤花袋整型，成品酥松，花样及口味又多，广受大众的喜爱。

（5）海绵类　主要原料用全蛋或部分蛋黄，配以适量的糖和面粉，配方与海绵蛋糕类似，但是蛋量较少，因面糊稀软必须用挤花袋整型。如蛋黄小西饼和杏仁蛋黄饼等。

（6）蛋白类小西饼　与天使蛋糕相同，将蛋白打至湿性发泡，再拌入面粉或其他干性原料，用挤花袋将面糊挤在铺不粘布的平烤盘上。如椰子球、指形小西饼等。

2. 小西饼的搅拌方法

（1）糖油拌和法　小西饼大都用糖油拌和法搅拌，是使用最广泛的一种搅拌方法。糖油搅拌的程度对于成品的酥松及扩展关系密切，松发程度越大，成品易扩展而膨大，成品越酥松；反之，则成品较不会扩展，越脆硬。

（2）直接拌和法　酥硬性小西饼（即冰箱小西饼）大都使用直接搅法制作，配方中所有材料放入搅拌缸中混合，用搅拌器搅拌至均匀即可。搅拌时间的长短会影响成品的脆硬性。

（3）面粉油脂拌和法　面粉油脂拌和法是将面粉和油脂一起充分搅拌均匀，然后再加入鸡蛋、牛奶、糖粉等辅助原料再继续搅匀。油脂面粉搅拌的充分与否是决定成品酥脆的关键因素。

小西饼

3. 油脂搅拌的四个阶段

（1）油脂和糖分搅匀阶段　此时油脂和糖粉均匀混合，其颜色为黄色，看起来细腻均匀。

（2）稍发阶段　油脂和糖粉经长时间搅拌，其颜色逐渐变为浅黄色，体积会稍有膨大，即为稍发阶段。

（3）松发阶段　油脂和糖粉经继续搅拌，其颜色逐渐变为乳黄色，体积会变得比较膨大，有一定的蓬松感，即为松发阶段。

（4）充分松发阶段　油脂和糖粉经继续搅拌，其颜色逐渐变为乳白色，体积会变得非常膨大，有很好的蓬松感，呈绒毛状，即为松发阶段。

4. 小西饼的烤焙与储存

（1）装盘　烤盘应涂抹防粘油或铺不粘布，横排竖列之间隔距尽量缩小，烤焙的颜色才会均匀。装盘时需注意每个饼之间的间隔需一致，同时饼的大小和厚度也需要一致。

（2）烤焙　小西饼一般用中火烤焙，温度175~185℃，通常只用上火烤焙，下火比较小或关闭。时间约8~10分钟，烤8分熟就可关火，利用烤盘余温烘至全熟。若成品边缘有一圈黑褐色时，即表示下火太强，成品表面花纹色深，凹部分色浅时，即表示上火太强，应随时注意炉火。有时烘烤的时间根据产品大小的不同会有所变化。

（3）储存　小西饼成品含水量约2%，吸湿性大，易吸收空气中水分而变松软，成品出炉冷却至35℃左右时应立即装入容器内，密封保存。

5. 技能自测

（1）小西饼应需选择（　　）。

　　A　高筋面粉　B　低筋面粉　C　高低筋面粉混合　　D　什么面粉都可以

（2）小西饼成形烘烤的要点是（　　）。

　　A　小西饼成形时大小、厚度、间隔需大小一致，同时应尽量紧密

　　B　小西饼成形时大小、厚度、间隔需大小一致，同时应尽量疏松

　　C　小西饼成形时大小、厚度、间隔无需大小一致，同时应尽量紧密

　　D　小西饼成形时大小、厚度、间隔无需大小一致，同时应尽量疏松

（3）小西饼应怎样保存？（　　）。

　　A　小西饼出炉后马上进行密封保存

　　B　小西饼冷却至室温马上进行密封保存

C 小西饼冷却至室温放入容器中无需密封保存

D 小西饼出炉后马上放入容器中无需密封保存

任务拓展

美式巧克力曲奇

1. 配方
根据配方进行称量。

美式巧克力曲奇配方

材料名称	质量/克	材料名称	质量/克
酥油	300	可可粉	25
糖粉	225	白兰地酒	10
低筋粉	500	巧克力油	15
鸡蛋	175		

2. 操作
① 将配方中的酥油、糖粉一起加入搅拌缸中,用桨状拌打器慢速搅匀。

② 用刮刀将搅拌缸的缸底和缸壁刮匀,继续用快速搅拌,直到拌至松发。

③ 将一半的鸡蛋加入搅拌缸中,慢速搅匀。

④ 用刮刀将搅拌缸的缸底和缸壁刮匀,继续用中速搅拌均匀。

⑤ 将另一半的鸡蛋加入搅拌缸中,慢速搅匀再继续打至绒毛状。

⑥ 用刮刀将搅拌缸的缸底和缸壁刮匀,加入白兰地酒继续搅匀。

⑦ 将面粉、可可粉一起过筛,过筛后一起加入搅拌缸中,用慢速拌匀成均匀的面团。

⑧ 将面团装入裱花袋,准备铺好不粘布的烤盘,用挤花袋将面团挤成小花形,均匀地挤在不粘布上,其间隔应尽量缩小。

⑨ 然后入炉烘烤,烘焙温度,上火180℃,下火150℃,时间大约12分钟。烤至均匀着色即可。

⑩ 烤好的曲奇冷却至室温,表面挤上巧克力油,马上进行密封保存,以防止其吸收空气中的水分影响品质。

巧克力装饰奶油曲奇

1. 配方

根据配方进行称量。

巧克力装饰奶油曲奇配方

材料名称	质量/克	材料名称	质量/克
酥油	450	低筋粉	300
糖粉	225	奶香粉	5
奶粉	35	全蛋	96
高筋粉	300	融化巧克力	适量

2. 操作

① 将配方中的酥油、糖粉一起加入搅拌缸中，用桨状拌打器慢速搅匀。

② 用刮刀将搅拌缸的缸底和缸壁刮匀，继续用快速搅拌，直到拌至松发。

③ 将一半的鸡蛋加入搅拌缸中，慢速搅匀。

④ 用刮刀将搅拌缸的缸底和缸壁刮匀，继续用中速搅拌均匀。

⑤ 将另一半的鸡蛋加入搅拌缸中，慢速搅匀再继续打至绒毛状。

⑥ 用刮刀将搅拌缸的缸底和缸壁刮匀。

⑦ 将面粉、奶香粉一起过筛，过筛后一起加入搅拌缸中，用慢速拌匀成均匀的面团。

⑧ 将面团装入裱花袋，准备铺好不粘布的烤盘，用挤花袋将面团挤成小花形，均匀的挤在不粘布上，其间隔应尽量缩小。

⑨ 然后入炉烘烤，烘焙温度为上火180℃，下火150℃，时间大约12分钟。烤至均匀着色即可。

美式巧克力曲奇

巧克力装饰奶油曲奇

⑩ 烤好的曲奇冷却至室温马上装饰。将巧克力隔水融化，取两块曲奇饼干中间加上果酱，表面沾上融化的巧克力，放入冰箱冷却至巧克力凝固即为成品。

手指饼干

1. 配方
根据配方进行称量。

手指饼干配方

材料名称	质量/克	材料名称	质量/克
奶油	250	低筋粉	210
细糖粉	250	高筋粉	170
全蛋	215	奶粉	10

2. 操作
① 将配方中的奶油、糖粉一起加入搅拌缸中，用桨状拌打器慢速搅匀。

② 用刮刀将搅拌缸的缸底和缸壁刮匀，继续用快速搅拌，直到拌至稍发。

③ 将一半的全蛋加入搅拌缸中，慢速搅匀。

④ 用刮刀将搅拌缸的缸底和缸壁刮匀，继续用中速搅拌均匀。

⑤ 将另一半的全蛋加入搅拌缸中，慢速搅匀再继续打至均匀。

⑥ 用刮刀将搅拌缸的缸底和缸壁刮匀。

⑦ 将面粉、奶粉一起过筛，过筛后一起加入搅拌缸中，用慢速拌匀成均匀的面团。

手指饼干

⑧ 将面团装入裱花袋，准备铺好不粘布的烤盘，用挤花袋将面团挤成手指形，均匀地挤在不粘布上，其间隔应尽量缩小。

⑨ 然后入炉烘烤，烘焙温度为上火180℃，下火150℃，时间大约10分钟。烤至均匀着色即可。

吉士奶香酥

1. 配方
选择好原料后按以下分量进行称量，需正确使用电子秤并注意称量要准确。

吉士奶香酥配方

材料名称	质量/克	材料名称	质量/克
蛋白	280	吉士粉	50
糖	300	酥油	70
奶粉	50	淀粉	100
低筋面粉	240		

2. 操作

① 将蛋白、糖加入搅拌缸内，用桨状拌打器高速打至糖溶解。

② 将低筋面粉、奶粉、淀粉、吉士粉一起过筛和酥油一起用低速加入搅拌缸内。

③ 将所有材料混合均匀即可停机。

④ 使用瓦片模具制作。

⑤ 上面放上杏仁片，入炉烘烤即可。

⑥ 烘烤上火温度160℃，下火温度120℃。

双色曲奇饼干

1. 配方

根据配方进行称量。

双色曲奇饼干配方

	材料名称	质量/克		材料名称	质量/克
A	奶油	250	A	低筋粉	450
	糖粉	250		泡打粉	1
	全蛋	100			
B	奶油	250	B	低筋粉	400
	糖粉	250		泡打粉	1
	全蛋	100		可可粉	50

2. 操作

① 将配方A中的奶油、糖粉一起加入搅拌缸中，用桨状拌打器慢速搅匀。

② 用刮刀将搅拌缸的缸底和缸壁刮匀，继续用快速搅拌，直到拌至稍发。

③ 将一半的全蛋加入搅拌缸中，慢速搅匀。

④ 用刮刀将搅拌缸的缸底和缸壁刮匀，继续用中速搅拌均匀。

⑤ 将另一半的全蛋加入搅拌缸中，慢速搅匀再继续打至均匀。

⑥ 用刮刀将搅拌缸的缸底和缸壁刮匀。

⑦ 将A部分面粉、泡打粉一起过筛，过筛后一起加入搅拌缸中，用慢速拌匀成均匀的面团。

⑧ 将B部分同A部分一样制作成软硬一致的面团，两种面团根据需要制成花形（例如将两种面团不规则的混合在一起，搓成圆柱形，即成大理石双色曲奇）冷冻1小时。

⑨ 取出冷冻至有一定硬度的面团。切成1厘米厚度，码入烤盘。

⑩ 然后入炉烘烤，烘焙温度为上火180℃，下火150℃，时间大约15分钟。烤至均匀着色即可。

吉士奶香酥

双色曲奇饼干

芝麻薄脆饼

1. 配方
根据配方进行称量。

芝麻薄脆饼配方

材料名称	质量/克	材料名称	质量/克
奶油	255	低筋粉	300
细糖粉	330	牛奶香粉	3
蛋白	210	黑芝麻、白芝麻	适量

2. 操作
① 将配方中的奶油、糖粉一起加入搅拌缸中，用桨状拌打器慢速搅匀。

② 用刮刀将搅拌缸的缸底和缸壁刮匀，继续用快速搅拌，直到拌至稍发。

③ 将一半的蛋白加入搅拌缸中，慢速搅匀。

④ 用刮刀将搅拌缸的缸底和缸壁刮匀，继续用中速搅拌均匀。

⑤ 将另一半的蛋白加入搅拌缸中，慢速搅匀再继续打至均匀。

⑥ 用刮刀将搅拌缸的缸底和缸壁刮匀。

⑦ 将面粉、牛奶香粉过筛,过筛后加入搅拌缸中,用慢速拌匀成均匀的面团。

⑧ 将薄饼模平铺在不粘布上,取少许面糊放在薄饼模上,用抹刀将面糊均匀抹到薄饼模中,然后将薄饼模取出。

⑨ 黑白芝麻以1∶2的量混合,洒在不粘布表面,使每一个薄饼表面均匀粘满芝麻。

⑩ 然后入炉烘烤,烘焙温度为上火200℃,下火150℃,时间大约10分钟。烤至均匀着色即可。

杏仁瓦片

1. 配方

根据配方进行称量。

杏仁瓦片配方

材料名称	质量/克	材料名称	质量/克
全蛋	120	玉米粉	10
蛋白	80	奶香粉	2
糖粉	200	酥油	40
低筋面粉	50	杏仁(或芝麻仁)	适量

2. 操作

① 全蛋、蛋白、糖粉一起加入搅拌缸中,中速搅匀。

② 将酥油融化,慢慢加入融化的酥油搅匀。

③ 粉类一起过筛加入慢速搅匀。

④ 加入果仁,慢速搅匀后静置30分钟。

⑤ 将完成的面糊用勺子平摊在不粘布上,入炉烘烤,上火150℃,下火120℃,

芝麻薄脆饼

杏仁瓦片

烤约30分钟。烤至均匀着色即可。

⑥ 出炉后的饼干需马上从不粘布上移出来，以免定形后难以取下。

芝麻饼干

1. 配方

根据配方进行称量。

芝麻饼干配方

材料名称	质量/克	材料名称	质量/克
全蛋	345	盐	3
细砂糖	330	芝麻	少许
低筋粉	330		

2. 操作

① 全蛋、细砂糖一起加入搅拌缸中，用钢丝拌打器中速搅拌至糖溶化。

② 再将搅拌机改为快速打至蛋液硬性发泡。

③ 将面粉过筛，加入过筛的低筋粉和盐慢速搅拌均匀。

④ 面糊装入裱花袋，用挤花袋挤成圆形。

⑤ 表面均匀散上芝麻。

⑥ 入炉进行烘烤，烘焙温度为上火210℃，下火180℃，大约15分钟。烤至均匀着色即可。

阿拉棒

1. 配方

根据配方进行称量。

阿拉棒配方

材料名称	质量/克	材料名称	质量/克
高筋粉	500	奶粉	800
低筋粉	500	糖粉	250
酥油	200	盐	少许
鸡蛋	250	水	少许

2. 操作

① 将配方中的所有材料混合，用和面机搅拌出筋度至表面光滑。
② 面团取出用保鲜膜包住松弛30分钟。
③ 松弛好的面团用压面机擀压成长方形并进行折叠（3折）。
④ 稍松弛后再进行三次折叠松弛30分钟。
⑤ 将面团用压面机擀成1厘米厚的片状。
⑥ 用直尺和小刀将面片切成1厘米宽的长条。
⑦ 然后将面条用双手捏住两头反方向拧成麻花状。
⑧ 然后均匀码入烤盘，在表面刷蛋液，入炉烘烤。
⑨ 炉温130~150℃，时间30分钟左右，烤至均匀着色。

芝麻饼干

阿拉棒

开心果饼干

1. 配方

根据配方进行称量。

开心果饼干配方

材料名称	质量/克	材料名称	质量/克	材料名称	质量/克
奶油	900	水	700	开心果粒	750
糖粉	1000	泡打粉	30	杏仁角	900
红糖	1000	盐	15	低筋粉	3450

2. 操作

① 将奶油，红糖、糖粉、泡打粉、盐一起加入搅拌缸中，搅拌至浅棕色，均匀混合。

② 用刮刀将搅拌缸的缸底和缸壁刮匀，继续用快速搅拌，直到拌至稍发。

③ 将一半的水加入搅拌缸中，慢速搅匀。

④ 用刮刀将搅拌缸的缸底和缸壁刮匀，继续用中速搅拌均匀。

⑤ 将另一半的水加入搅拌缸中，慢速搅匀再继续打至均匀。

⑥ 用刮刀将搅拌缸的缸底和缸壁刮匀。

⑦ 将面粉过筛，过筛后加入搅拌缸中，用慢速拌成均匀的面团。

⑧ 再将面团取出用手工叠压至表面光滑。

⑨ 面团稍松弛后用压面机压成0.5厘米厚的片状，再切成1厘米宽的长条。

⑩ 表面刷蛋液，均匀沾上杏仁角和开心果粒。

⑪ 放入烤盘进行烘烤。烤焙温度为上火180℃，下火140℃，时间约20分钟。

小酥饼

1. 配方

根据配方进行称量。

小酥饼配方

材料名称	质量/克	材料名称	质量/克
低筋粉	500	泡打粉	5
奶油	250	鸡蛋	2个
糖粉	300	臭粉	12

2. 操作

① 将奶油、糖粉、臭粉、泡打粉一起加入搅拌缸中，搅拌至均匀混合。

② 用刮刀将搅拌缸的缸底和缸壁刮匀，继续用快速搅拌，直到拌至稍发。

③ 将鸡蛋加入搅拌缸中，慢速搅匀。

④ 用刮刀将搅拌缸的缸底和缸壁刮匀，继续用中速搅拌均匀。

⑤ 将面粉过筛，过筛后的面粉加入搅拌缸中，用慢速拌成均匀的面团。

⑥ 再将面团取出用手工搓成圆柱形。

⑦ 分割成10克的小面团，揉成圆形均匀的码放在铺好不粘布的烤盘中。

⑧ 入炉进行烘烤，炉温上火180℃，下火150℃，烤约15分钟即可。

开心果饼干

小酥饼

长条饼干

1. 配方

根据配方进行称量。

长条饼干配方

	材料名称	质量/克		材料名称	质量/克
油皮	低筋粉	350	油皮	奶油	350
	高筋粉	650		水	450
	幼砂糖	200			
油酥	低筋粉	1000	油酥	食盐	5
	糖粉	450		白芝麻	20
	干葱	20		奶油	500

2. 操作

① 把油皮部分的材料全部加入搅拌缸中,搅拌成均匀的面团,表面光滑即可。

② 将搅拌完成的面团用保鲜膜包好,松弛10分钟。

③ 把油酥部分原料全部放入搅拌缸中,用桨状拌打器慢速充分搅拌至均匀。

④ 将油皮面团松弛好后,擀压呈长方形。

⑤ 再将油酥面团放在油皮面团的中间,用油皮面团将油酥面团包起来。

⑥ 用压面机将包好的面团擀压成0.5厘米厚,进行3折1次。

⑦ 面团共进行3折3次后再用压面机擀杆压成1厘米厚的面片。

⑧ 用刀切成条状,长6厘米宽1厘米。

⑨ 均匀装盘,表面刷蛋黄即可烘烤。上火190℃,下火150℃,25分钟左右即可。

司康

1. 配方

根据配方进行称量。

司康配方

材料名称	质量/克	材料名称	质量/克
低筋粉	300	牛奶	135
奶粉	15	糖粉	75
奶油	120	泡打粉	12
食盐	1.5	葡萄干	90
蛋黄	适量		

2. 操作

① 低筋粉、奶粉、食盐、糖粉、泡打粉用桨状拌打器混合拌匀。

② 加入奶油和牛奶慢速拌匀。

③ 注意面粉不要产生筋度。

④ 然后加入洗干净的葡萄干（葡萄干要用白兰地或朗姆酒泡过）慢速拌匀，使葡萄干融入奶油和成面团。

⑤ 将面团用压面机擀压成厚度2.5厘米的片状。

⑥ 用直径6厘米圆模将面片压成约70克/个的圆饼。

⑦ 表面刷两遍蛋黄。

⑧ 入炉进行烘烤，上火210℃，下火180℃，烤约25分钟即可。

长条饼干

司康

芝士司康

1. 配方

根据配方进行称量。

芝士司康配方

材料名称	质量/克	材料名称	质量/克
糖粉	100	高筋粉	280
奶油	90	低筋粉	120
芝士片	4	泡打粉	10
干葱	8	牛奶	200
蛋液	适量		

2. 操作

① 低筋粉、高筋粉、泡打粉、糖粉、泡打粉用桨状拌打器混合拌匀。

② 加入奶油和牛奶慢速拌匀。

③ 然后加入切碎的芝士片，慢速拌匀，和成面团。

④ 将面团用压面机擀压成厚度2.5厘米的片状。

⑤ 将面片切成正方形，约50克/个的正方形饼。

⑥ 表面刷两遍蛋液，均匀撒上干葱。入炉进行烘烤，上火210℃，下火180℃，烤约25分钟即可。

芝士司康

椰子球

1. 配方

根据配方进行称量。

椰子球配方

材料名称	质量/克	材料名称	质量/克
全蛋	300	奶粉	140
糖粉	200	酥油	70
椰蓉	500	低筋面粉	30

2. 操作

① 所有原料加入搅拌缸用桨状拌打器慢速搅拌均匀。

② 取出搅拌完成的面团，分成约10克/个。

③ 再搓成小球状，码入烤盘。

④ 入炉烘烤，上火180℃，下火150℃，时间15分钟。

椰子球

乳酪酥

1. 配方

根据配方进行称量。

乳酪酥配方

材料名称	质量/克	材料名称	质量/克	材料名称	质量/克
酥油	280	味精	2	奶粉	50
细砂糖	130	乳酪粉	30	低筋粉	500
盐	7	小苏打	2	鸡蛋	1~2个

2. 操作

① 将盐、糖、油加入搅拌缸用桨状拌打器拌匀。

② 然后加入鸡蛋充分搅拌均匀。

③ 加入过筛的粉类拌至均匀即可。

④ 将面团擀成厚约1厘米的片状。

⑤ 稍冷冻一下切成2厘米的方形码入烤盘。

⑥ 进入烤箱进行烘烤，烘烤炉温为上火180℃，下火150℃，烤约15分钟。

乳酪酥

任务二 核桃塔制作技术

任务介绍

任务相关背景	烘焙制作人员对核桃塔制作方法、技巧等知识要有基本的了解；具备实际操作核桃塔的能力，掌握从原料称量到制成成品的相关知识，并熟悉核桃塔的基本制作工艺
任务描述	熟悉核桃塔的配料，设备准备及使用，面团的搅拌、成形、装盘和烘烤，以及核桃塔的冷却和包装

技能目标

1. 正确掌握核桃塔的基本制作方法。
2. 能正确选择和称量原料。
3. 了解塔类的发展趋势。

任务实施

1. 选择正确的原料

塔是体积较小的派类小西点，与派类似种类很多，主要是用小型的塔模整型，加入不同水果馅或布丁馅。塔皮、塔馅的基本制法与派制作相同，应用派类的制作技术及基本材料，即可制作精美的塔类小西点。

塔类的原料选择和小西饼基本一致。

2. 称量

根据配方进行称量。

核桃塔配方

	材料名称	质量/克		材料名称	质量/克
塔皮	低筋粉	500	塔皮	食盐	5
	奶油	250		全蛋	120
	糖粉	175		奶粉	150
核桃馅	蛋白	250	核桃馅	碎核桃	300
	细糖	100		葡萄干	100
	奶粉	75			
塔面	蛋黄	400	塔面	全蛋	80
	细糖	60			

3. 进行核桃塔的制作

① 将配方中的奶油、糖粉、盐一起加入搅拌缸中，用桨状拌打器慢速搅匀。

② 用刮刀将搅拌缸的缸底和缸壁刮匀，继续用快速搅拌，直到拌至松发。

③ 将一半的鸡蛋加入搅拌缸中，慢速搅匀。

④ 用刮刀将搅拌缸的缸底和缸壁刮匀，继续用中速搅拌均匀。

⑤ 将另一半的鸡蛋加入搅拌缸中，慢速搅匀再继续打至绒毛状。

⑥ 用刮刀将搅拌缸的缸底和缸壁刮匀。

⑦ 将面粉、奶粉一起过筛，加入搅拌缸中，用慢速拌匀成均匀的面团。

⑧ 将面团分成小块，用双手将面团捏入蛋塔模中，厚度要均匀一致。

⑨ 将核桃馅部分的蛋白、细糖搅拌至糖溶化后将奶粉、碎核桃及葡萄干加入拌匀，用勺子将馅装入捏好的塔模中备用。

⑩ 将塔面部分所有材料一起放入搅拌缸中用快速打发，至挺发浓稠即可。然后装入裱花袋挤在蛋塔的表面，均匀码入烤盘。

⑪ 入炉烘烤，炉温上火小180℃，下火大200℃，烤约20分钟。

4. 成品的特点

① 成品形状规则，外观金黄。

② 塔皮厚度均匀一致，着色均匀。

③ 馅料装填一致。

④ 有浓郁的香味。

5. 核桃塔制作的注意事项

① 塔皮制作过程应尽量缩短，时间过长会造成面团变硬，使塔皮制作困难。

② 馅料添加要均匀。

③ 炉温要合乎要求，避免底火过小使蛋塔没有底火。

任务拓展

苹果派

1. 配方

根据配方进行称量。

苹果派配方

	材料名称	质量/克		材料名称	质量/克
派皮	奶油	300	派皮	低筋粉	600
	糖粉	300		盐	8
	鸡蛋	150		吉士粉	20
苹果馅	苹果	3个	苹果馅	黄油	50
	细砂糖	70		柠檬汁	适量
	盐	2		玉米淀粉	25

2. 操作

① 将配方中派皮部分的奶油、糖粉、盐一起加入搅拌缸中，用桨状拌打器慢速搅匀。

② 用刮刀将搅拌缸的缸底和缸壁刮匀，继续用快速搅拌，直到拌至松发。

③ 将一半的鸡蛋加入搅拌缸中，慢速搅匀。

④ 用刮刀将搅拌缸的缸底和缸壁刮匀，继续用中速搅拌均匀。

⑤ 将另一半的鸡蛋加入搅拌缸中，慢速搅匀再继续打至绒毛状。

⑥ 用刮刀将搅拌缸的缸底和缸壁刮匀。

⑦ 将面粉、吉士粉一起过筛，加入搅拌缸中，用慢速拌成均匀的面团。

⑧ 将面团擀成0.5厘米的片状，盖在派模上将多余的面团去掉，然后用手工将面片均匀铺在派模中。用扎孔器在面团上扎孔。

苹果派

⑨ 苹果切块，放入融化的黄油中翻炒。加入糖、盐、柠檬汁炒至苹果熟透，最后加入玉米淀粉搅匀后离火。待冷却后装入模具。

⑩ 入炉烘烤，上火180℃，下火200℃，烤约20~30分钟。

水果塔

1. 配方

根据配方进行称量。

水果塔配方

	材料名称	质量/克		材料名称	质量/克
塔皮	奶油	300	塔皮	低筋粉	300
	糖粉	300		盐	8
	鸡蛋	150		吉士粉	20
馅料	鲜奶油	适量	馅料	巧克力	适量
	水果	适量			

2. 操作

① 将配方中塔皮部分的奶油、糖粉、盐一起加入搅拌缸中，用桨状拌打器慢速搅匀。

② 用刮刀将搅拌缸的缸底和缸壁刮匀，继续用快速搅拌，直到拌至松发。

③ 将一半的鸡蛋加入搅拌缸中，慢速搅匀。

④ 用刮刀将搅拌缸的缸底和缸壁刮匀，继续用中速搅拌均匀。

⑤ 将另一半的鸡蛋加入搅拌缸中，慢速搅匀再继续打至绒毛状。

⑥ 用刮刀将搅拌缸的缸底和缸壁刮匀。

⑦ 将面粉、吉士粉起过筛，加入搅拌缸中，用慢速拌匀成均匀的面团。

水果塔

⑧ 捏好塔皮入炉烘烤，上火180℃，下火200℃，烤约20~30分钟。
⑨ 将烤熟的塔皮冷却，然后用馅料部分材料进行装饰。

任务三　奶油泡芙制作技术

任务介绍

任务相关背景	烘焙制作人员对泡芙制作方法、技巧等知识要有基本的了解；具备实际操作泡芙的能力，掌握从原料称量到制成成品的相关知识，并熟悉泡芙的基本制作工艺
任务描述	熟悉泡芙的配料，设备准备及使用，面团的搅拌、成形、装盘和烘烤，以及泡芙的冷却和包装

技能目标

1. 正确掌握泡芙的基本制作方法。
2. 能正确选择和称量原料。
3. 了解泡芙的发展趋势。

任务实施

泡芙又称奶油空心饼，其外形膨胀而突出，内部中空，表皮香、酥、脆又有龟裂纹，形状很像高丽菜，是一种奇妙的烘焙食品。奶油空心饼面糊就是指在沸腾的油与水中，加入面粉继续至火上充分搅拌使面团熟后，再加蛋所作成的胶糊。奶油空心饼面糊在烤焙时，在烤炉中逐渐膨胀，内部产生很大的空洞，形状如吹气的袋子，冷却后添加奶和布丁，形成泡芙或整型后多样化的产品（如奶油馅的圆形泡芙、天鹅形状的菠萝奶油泡芙、奶油水果盅等）。

1. 原料的选择

面粉的选择：一般使用盘度较高韧性较大的高筋面粉，在烘烤时能忍受较大的膨胀力使成品体积理想，壳壁薄脆。

油脂的选择：为了使油、水与面粉容易搅拌混合均匀，通常使用酥油或色拉油与水煮沸，使油脂在面糊内易于乳化融合。

2．称量

根据配方进行称量。

奶油泡芙配方

材料名称	质量/克	材料名称	质量/克
水	500	中筋粉	300
奶油	250	鸡蛋	500

3．进行奶油泡芙的制作

① 将配方中的水和奶油一起加入盆中，用电磁炉进行加热，开始用大火。

② 一直煮至沸腾改为中火。

③ 将面粉过筛慢慢加入盆中并不断搅拌，直至搅拌均匀，烫至面粉成熟，注意不可煳锅底。

④ 将烫熟的面团倒入搅拌缸中用桨状拌打器慢速搅拌3~5分钟，至面团冷却。

⑤ 分次加入鸡蛋，用搅拌机中速搅拌至均匀。

⑥ 将面糊装入裱花袋，用菊花形花嘴挤成形，成形时烤盘需垫不粘布。

⑦ 表面用喷壶喷上清水，入炉烘烤。

⑧ 开始入炉的温度是上火180℃，下火220℃，烤制起发定形后改为上火220℃，下火180℃，烤至成熟。

⑨ 成熟的泡芙冷却后，中间加入夹心奶油即可。

4．成品的特点

① 成品表皮松脆，内部中空。

② 体积膨大圆润。

③ 颜色均匀，形状规则。

5．奶油泡芙制作的注意事项

① 泡芙加热时要不断搅拌，避免油脂溅到外面发生烫伤。

② 油脂与清水要加热至沸腾。

③ 加入面粉时要成细流状加入，边加入边搅拌，不能有面粉的颗粒。

④ 注意不要煳锅底。

⑤ 搅拌是要充分搅拌至面团冷却再加入鸡蛋。

⑥ 加入鸡蛋要分次加入，每次加完需搅拌均匀再加入下一次。

⑦ 成形时大小、间隔要均匀一致。

⑧ 烘烤前泡芙表面要喷清水。

⑨ 烤制过程中应避免开启炉门，避免冷空气进入使未定形的泡芙塌陷。

奶油泡芙

任务相关知识

1. 面糊制作流程

油、水——煮至沸腾——面粉以直线法快速加入并搅拌均匀——继续加热煮到糊化——离火后继续搅拌——不可以有结块,稍冷却——分次加入蛋并拌均匀——整型烘烤。

2. 泡芙的烘烤

① 奶油空心饼的面糊将膨胀至数倍,整型时其间隔应取大些。

② 入炉前应喷洒雾水,烘烤时不结硬皮,易使表面产生龟裂。

③ 温度为200~220℃。开使时用上火小、下火大。表面有龟裂纹时应调整为上火大,下火小,烤焙过程中应避免开炉门。

④ 出炉后,待冷却后再切开装馅。

任务拓展

奶油水果泡芙

1. 配方

根据配方进行称量。

奶油水果泡芙配方

材料名称	质量/克	材料名称	质量/克	材料名称	质量/克
清水	1000	全蛋	1000	巧克力酱	少许
黄奶油	500	白奶油	适量	糖粉	少许
中筋粉	600	黄桃	适量		

2. 操作

① 将配方中的清水和奶油一起加入盆中,用电磁炉进行加热,开始用大火。

② 一直煮至沸腾改为中火。

③ 将面粉过筛慢慢加入盆中并不断搅拌,直至搅拌均匀,烫至面粉成熟,注意不可煳锅底。

④ 将烫熟的面团倒入搅拌缸中用桨状拌打器慢速搅拌3~5分钟,至面团冷却。

⑤ 分次加入鸡蛋用搅拌机中速搅拌至均匀。

⑥ 将面糊装入裱花袋,用菊花形花嘴挤成形,成形时烤盘需垫不粘布。

⑦ 表面用喷壶喷上清水,入炉烘烤。

⑧ 开始入炉的温度是上火180℃,下火220℃,烤至起发定形后改为上火220℃,下火180℃,烤至成熟。

⑨ 成熟的泡芙冷却后,中间加入夹心奶油和黄桃水果片。

⑩ 表面撒糖粉或挤巧克力酱进行装饰即可。

奶油水果泡芙

任务四 果酱酥制作技术

任务介绍

任务相关背景	烘焙制作人员对果酱酥制作方法、技巧等知识要有基本的了解;具备实际操作果酱酥的能力,掌握从原料称量到制成成品的相关知识,并熟悉果酱酥的基本制作工艺
任务描述	熟悉果酱酥的配料,设备准备及使用,面团的搅拌、成形、装盘和烘烤,以及果酱酥的冷却和包装

技能目标

1. 正确掌握果酱酥的基本制作方法。
2. 能正确选择和称量原料。
3. 了解果酱酥的发展趋势。

任务实施

松饼以面粉、油脂及水为主要原料制成面团，在面团中裹入适量油脂，经数次折叠整型后，入炉烘烤得到原体积7~8倍的酥松而具有明显层次的起酥类烘焙食品，又称千层酥。

松饼整型时可加入各种不同馅料或霜饰原料，制成多种不同式样及口味的产品，市场上销售的产品有三角酥、风车水果酥、咖喱肉酥、拿破仑等。

1. 选择正确的原料

面粉：松饼面团搅拌后需裹入80%~90%的油脂，若面粉筋度太低，则裹油折叠时油脂易穿破面皮而破坏松饼层次，因此制作时使用筋度较高的面粉所得成品层次和体积较好。

面团油脂：一般使用白油或酥油，用量约5%~20%，油量少则质脆，油量多则质酥。

裹入用油：选用的条件有二。首先熔点要高，约44℃左右（但熔点也不宜太高），使在折叠时不粘手而易于操作，食用时口感较好，易于消化吸收。其次需具有良好的可塑性及延展性，整型的层次及体积较良好，用高品质的片状酥油或片状玛琪琳最为理想。

水：最好使用冰水以降低面团温度使面团易于操作，使用量约为面粉量的50%~55%。

果酱酥

2. 称量

根据配方进行称量。

果酱酥配方

材料名称	质量/克	材料名称	质量/克
高筋粉	2400	奶油	300
低筋粉	600	食盐	30
细糖	100	裹入油	2400
水	1500	果酱	适量

3. 进行果酱酥的制作

① 将配方中的面粉、糖、盐和水一起加入和面机中,用慢速拌至稍有筋度,加入奶油继续用慢速搅拌打至均匀混合,再改为快速搅拌至面筋扩展。

② 取出面团用保鲜膜包好,放入冷藏柜中进行松弛30分钟,面团表面不可结皮。

③ 将面团分割成每块1000克,擀压成长方形。中间放入裹入油。

④ 用面团将裹入油包严后用手工按压结实,中间不可有空气。

⑤ 将面团擀成长方形,进行4折,松弛30分钟后再4折1次松弛30分钟。

⑥ 面团共进行4折3次,然后放入冷藏柜中松弛30分钟。

⑦ 将完成的面团擀压成0.3~0.4厘米厚度。用椭圆形刻模将面团刻成椭圆形。

⑧ 将椭圆形的面片边缘刷上蛋液,中间放上果酱然后对折捏紧,上面一半比下面一半略大,码入烤盘,表面刷蛋液。

⑨ 用小刀在表面划开口,只把上表皮划开即可。

⑩ 入炉进行烘烤,烘焙温度为上火210℃,下火170℃,时间20~25分钟。中间不能开启烤箱门。

4. 成品的特点

① 成品层次分明,体积膨大。

② 成品酥松有浓郁的奶油香味。

③ 形状规则,起发大小一致。

④ 表面颜色金黄诱人。

5. 果酱酥制作的注意事项

① 清酥面团制作时如果选用手工成形,高筋面粉中需加入少许低筋面粉以降低面粉筋度,便于手工操作。

② 面团搅拌时应使用冰水,以降低面团温度,便于操作。

③ 面团的软硬度和裹入用油脂的软硬度要一致,避免面和油因软硬度不同使操作失败。

果酱酥

④ 每次擀制面团时不可用力过度，需使面团慢慢变薄。
⑤ 成形时面团的厚度不可过厚，太厚会使成品难以烤透。
⑥ 烘烤过程中不可开启炉门。

任务相关知识

1. 搅拌、裹油与折叠

松饼面团的搅拌与面包面团的搅拌相近，只要搅拌至卷起或扩展阶段，经松弛30分钟后，即可进行裹油与折叠，其方法有3种。苏格兰法：适用膨胀性较小而松脆的成品。面团制作与派皮一样，油脂与面团拌成乒乓球大小的油脂面团，再倒入冰水拌成团，擀成面皮后折叠。法式裹油法：面团搅拌至扩展阶段，滚圆后在面团顶部切割面团1/2厚度的十字，经松弛擀开成十字形，再将油脂裹入包起，再继续折叠的操作。英式三折法：面团搅拌至扩展阶段，面团滚圆松弛后，擀开成厚度约2厘米的长方形面皮，长约宽的三倍，将片状油脂铺放在2/3的面皮上，未铺油的1/3折叠在铺油的1/3处，另1/3铺油的再重叠其上，再继续折叠的操作。

2. 成形和烤焙

折叠完成的面团，自冰箱取出后，使其稍为软化再做整型，其成品才有规则的层次及理想的体积与式样。一般擀压的面皮厚度约0.2~0.3厘米，可依产品种类变化整型。

松饼整型后直接排放烤盘，间距应稍大，入炉前表面刷抹蛋液，并且要有足够的松弛时间，以免入炉后体积收缩或漏油。炉温210~225℃，开始时用上火大下火小，待体积膨胀到最大时改为170~180℃烤至熟透即可，出炉后趁热刷果酱可增加成品的光泽与美观。

3. 技能自测

（1）清酥成形时面团的理想厚度是（　　）。
　　A　0.2~0.3厘米　　　　B　0.5~0.6厘米
　　C　0.8~0.9厘米　　　　D　1.2~1.3厘米

（2）下列不属于清酥制作注意事项的是（　　）
　　A　清酥面团制作时如果选用手工成形，高筋面粉中需加入少许低筋面粉以降低面粉筋度，便于手工操作。
　　B　面团搅拌时应使用冰水，以降低面团温度，便于操作。
　　C　面团的软硬度和裹入用油脂的软硬度要一致，避免面和油因软硬度不同使操作失败。每次擀制面团时不可用力过度，需使面团慢慢变薄。
　　D　清酥面团应始终保持低温，避免在制作过程中发酵。

（3）清酥烘烤时应注意的事项是（　　）。
　　A　应经常打开炉门观察产品状态避免烤煳

B 避免在清酥起发过程中开启炉门
C 烤炉应选用250℃高温进行烘烤
D 烤炉应选用180℃进行烘烤

任务拓展

豆沙酥

1. 配方
根据配方进行称量。

豆沙酥配方

材料名称	质量/克	材料名称	质量/克
高筋粉	2400	奶油	300
低筋粉	600	食盐	30
细糖	100	裹入油	2400
水	1500	豆沙馅	适量

2. 操作

① 将配方中的面粉、糖、盐和水一起加入和面机中，用慢速拌至稍有筋度，加入奶油继续用慢速搅拌打至均匀混合，再改为快速搅拌至面筋扩展。

② 取出面团用保鲜膜包好，放入冷藏柜中进行松弛30分钟，面团表面不可结皮。

③ 将面团分割成每块1000克，擀压成长方形。中间放入裹入油。

④ 用面团将裹入油包严后用手工按压结实，中间不可有空气。

⑤ 将面团擀成长方形，进行4折，松弛30分钟后再4折1次松弛30分钟。

⑥ 面团共进行4折3次，然后放入冷藏柜中松弛30分钟。

⑦ 将完成的面团擀压成0.3~0.4厘米厚度。用小刀将面团裁成正方形。

⑧ 将正方形的面片边缘刷上蛋液，中间放上豆沙馅然后对角折起并捏紧，上面一半比下面一半略大，码入烤盘，表面刷蛋液。

⑨ 用小刀在表面划开口，只把上表皮划开即可。

⑩ 入炉进行烘烤，烘焙温度为上火210℃，下火170℃，时间20~25分钟。中间不能开启烤箱门。

肉松酥

1. 配方

根据配方进行称量。

肉松酥配方

材料名称	质量/克	材料名称	质量/克
高筋粉	2400	奶油	300
低筋粉	600	食盐	30
细糖	100	裹入油	2400
水	1500	肉松馅	适量

2. 操作

① 将配方中的面粉、糖、盐和水一起加入和面机中，用慢速拌至稍有筋度，加入奶油继续用慢速搅拌打至均匀混合，再改为快速搅拌至面筋扩展。

② 取出面团用保鲜膜包好，放入冷藏柜中进行松弛30分钟，面团表面不可结皮。

③ 将面团分割成每块1000克，擀压成长方形。中间放入裹入油。

④ 用面团将裹入油包严后用手工按压结实，中间不可有空气。

⑤ 将面团擀成长方形，进行4折，松弛30分钟后再4折1次松弛30分钟。

⑥ 面团共进行4折3次，然后放入冷藏柜中松弛30分钟。

⑦ 将完成的面团擀压成0.3~0.4厘米厚度。用小刀将面团裁成正方形。

⑧ 将正方形的面片边缘刷上蛋液，中间放上肉松馅然后对角折起并捏紧，上面一半比下面一半略大，码入烤盘，表面刷蛋液。

⑨ 用小刀在表面划开口，只把上表皮划开即可。

豆沙酥

肉松酥

⑩ 入炉进行烘烤，烘焙温度为上火210℃，下火170℃，时间20~25分钟。中间不能开启烤箱门。

葡式蛋塔

1. 配方

根据配方进行称量。

葡式蛋塔配方

	材料名称	质量/克		材料名称	质量/克
塔皮	低筋粉	270	塔皮	奶油	45
	高筋粉	30		片状玛琪琳	250
	水	155		盐	3
蛋液	鲜奶油	210	蛋液	细糖	63
	奶水	165		蛋黄	100
	低筋粉	15		炼乳	15

2. 操作

① 将塔皮部分配方中的面粉、盐和水一起加入和面机中，用慢速拌至稍有筋度、加入奶油继续用慢速搅拌打至均匀混合，再改为快速搅拌至面筋扩展。

② 取出面团用保鲜膜包好，放入冷藏柜中进行松弛30分钟，面团表面不可结皮。

③ 将面团擀压成长方形。中间放入裹入片状玛琪琳。

④ 用面团将裹入片状玛琪琳包严后用手工按压结实，中间不可有空气。

⑤ 将面团擀成长方形，进行3折，松弛30分钟后再4折1次松弛30分钟。

⑥ 面团共进行3折1次4折2次，然后放入冷藏柜中松弛30分钟。

⑦ 将完成的面团擀压成0.5厘米厚度，卷成长卷，搓成圆柱形放入冰箱进行冷冻1小时。取出切成1厘米厚，放塔模中捏成形备用。

⑧ 将蛋液部分的鲜奶油、奶水、炼乳、糖加热至60℃，搅拌均匀使糖溶化。奶液冷却至40℃左右，加入低筋粉、蛋黄搅拌均匀过筛筛去杂质，倒入做好的塔模中。

⑨ 均匀码入烤盘，炉温上火210℃，下火220℃，烤约15分钟。

黄桃蛋塔

1. 配方

根据配方进行称量。

黄桃蛋塔配方

	材料名称	质量/克		材料名称	质量/克
塔皮	低筋粉	270	塔皮	片状玛琪琳	250
塔皮	高筋粉	30	塔皮	水	155
塔皮	奶油	45	塔皮	盐	3
蛋液	鲜奶油	210	蛋液	蛋黄	100
蛋液	奶水	165	蛋液	炼乳	15
蛋液	低筋粉	15	蛋液	黄桃	适量
蛋液	细糖	63			

2. 操作

① 将塔皮部分配方中的面粉、盐和水一起加入和面机中，用慢速拌至稍有筋度，加入奶油继续用慢速搅拌打至均匀混合，再改为快速搅拌至面筋扩展。

② 取出面团用保鲜膜包好，放入冷藏柜中进行松弛30分钟，面团表面不可结皮。

③ 将面团擀压成长方形。中间放入裹入片状玛琪琳。

④ 用面团将裹入片状玛琪琳包严后用手工按压结实，中间不可有空气。

⑤ 将面团擀成长方形，进行3折，松弛30分钟后再4折1次松弛30分钟。

⑥ 面团共进行3折1次4折2次，然后放入冷藏柜中松弛30分钟。

⑦ 将完成的面团擀压成0.5厘米厚度，卷成长卷，搓成圆柱形放入冰箱进行冷冻

葡式蛋挞

黄桃蛋挞

1小时。取出切成1厘米厚,放塔模中捏成形备用。

⑧ 将蛋液部分的鲜奶油、奶水、炼乳、糖加热至60℃,搅拌均匀使糖溶化。奶液冷却至40℃左右,加入低筋粉、蛋黄搅拌均匀过筛筛去杂质,倒入做好的塔模中,然后将切碎的黄桃放入蛋液中。

⑨ 均匀码入烤盘,炉温上火210℃,下火220℃,烤约15分钟。

红豆蛋塔

1. 配方

根据配方进行称量。

红豆蛋塔配方

	材料名称	质量/克		材料名称	质量/克
塔皮	低筋粉	270	塔皮	片状玛琪琳	250
	高筋粉	30		水	155
	奶油	45		盐	3
蛋液	鲜奶油	210	蛋液	蛋黄	100
	奶水	165		炼乳	15
	低筋粉	15		红蜜豆	适量
	细糖	63			

2. 操作

① 将塔皮部分配方中的面粉、盐和水一起加入和面机中,用慢速拌至稍有筋度,加入奶油继续用慢速搅拌打至均匀混合,再改为快速搅拌至面筋扩展。

② 取出面团用保鲜膜包好,放入冷藏柜中进行松弛30分钟,面团表面不可结皮。

③ 将面团擀压成长方形。中间放入裹入片状玛琪琳。

④ 用面团将裹入片状玛琪琳包严后用手工按压结实,中间不可有空气。

⑤ 将面团擀成长方形,进行3折,松弛30分钟后再4折1次松弛30分钟。

⑥ 面团共进行3折1次4折2次,然后放入冷藏柜中松弛30分钟。

⑦ 将完成的面团擀压成0.5厘米厚度,卷成长卷,搓成圆柱形放入冰箱进行冷冻1小时。取出切成1厘米厚,放塔模中捏成形备用。

⑧ 将蛋液部分的鲜奶油、奶水、炼乳、糖加热至60℃,搅拌均匀使糖溶化。奶液冷却至40℃左右,加入低筋粉、蛋黄搅拌均匀过筛筛去杂质,倒入做好的塔模中,然后将红蜜豆放入蛋液。

⑨ 均匀码入烤盘,炉温上火210℃,下火220℃,烤约15分钟。

紫薯蛋塔

1. 配方

根据配方进行称量。

紫薯蛋塔配方

	材料名称	质量/克		材料名称	质量/克
塔皮	低筋粉	270	塔皮	片状玛琪琳	250
	高筋粉	30		水	155
	奶油	45		盐	3
蛋液	鲜奶油	210	蛋液	蛋黄	100
	奶水	165		炼乳	15
	低筋粉	15		紫薯	适量
	细糖	63			

2. 操作

① 将塔皮部分配方中的面粉、盐和水一起加入和面机中，用慢速拌至稍有筋度，加入奶油继续用慢速搅拌打至均匀混合，再改为快速搅拌至面筋扩展。

② 取出面团用保鲜膜包好，放入冷藏柜中进行松弛30分钟，面团表面不可结皮。

③ 将面团擀压成长方形。中间放入裹入片状玛琪琳。

④ 用面团将裹入片状玛琪琳包严后用手工按压结实，中间不可有空气。

⑤ 将面团擀成长方形，进行3折，松弛30分钟后再4折1次松弛30分钟。

⑥ 面团共进行3折1次4折2次，然后放入冷藏柜中松弛30分钟。

⑦ 将完成的面团擀压成0.5厘米厚度，卷成长卷，搓成圆柱形放入冰箱进行冷冻1小时。取出切成1厘米厚，放塔模中捏成形备用。

⑧ 将蛋液部分的鲜奶油、奶水、炼乳、糖加热至60℃，搅拌均匀使糖溶化。奶

红豆蛋塔

紫薯蛋塔

液冷却至40℃左右，加入低筋粉、蛋黄搅拌均匀过筛筛去杂质，倒入做好的塔模中，然后将切块的紫薯放入蛋液中。

⑨ 均匀码入烤盘，炉温上火210℃，下火220℃，烤约15分钟。

蝴蝶酥

1. 配方

根据配方进行称量。

蝴蝶酥配方

材料名称	质量/克	材料名称	质量/克
高筋粉	400	黄奶油	50
低筋粉	100	盐	5
细砂糖	15	片状起酥油	200
水	250		

2. 操作

① 将配方中的面粉、糖、盐和水一起加入和面机中，用慢速拌至稍有筋度，加入奶油继续用慢速搅拌打至均匀混合，再改为快速搅拌至面筋扩展。

② 面团取出用保鲜膜包好，放入冷藏柜中进行松弛30分钟，面团表面不可结皮。

③ 将面团擀压成长方形。中间放入裹入片状起酥油。

④ 用面团将裹入片状起酥油包严后用手工按压结实，中间不可有空气。

⑤ 将面团擀成长方形，进行3折，松弛30分钟后再3折1次松弛30分钟。

⑥ 面团共进行3折3次，然后放入冷藏柜中松弛30分钟。

⑦ 将完成的面团擀压成20厘米宽、0.6厘米厚的面皮，横向两边向中间折起，然后再进行对折。用保鲜膜包好，放入冷冻柜冷冻30分钟。

⑧ 冻好后取出，用刀切成1厘米厚，一面粘上适量细砂糖。砂糖面向下码入烤盘，进行烘烤。

⑨ 上火200℃，下火180℃，烤至底部着色时，翻面继续烘烤，烤至金黄色。

夹馅蝴蝶酥

1. 配方

根据配方进行称量。

夹馅蝴蝶酥配方

	材料名称	质量/克		材料名称	质量/克
面皮	高筋粉	500	面皮	黄奶油	50
	水	250		全蛋	50
	盐	10		片状起酥油	260
	细砂糖	20			
夹心馅料	低筋粉	250	夹心馅饼	全蛋	适量
	细砂糖	160		吉士粉	15
	泡打粉	4		盐	10
	黄奶油	120			

2. 操作

① 将配方中的面粉、全蛋、糖、盐和水一起加入和面机中,用慢速拌至稍有筋度,加入奶油继续用慢速搅拌打至均匀混合,再改为快速搅拌至面筋扩展。

② 面团取出用保鲜膜包好,放入冷藏柜中进行松弛30分钟,面团表面不可结皮。

③ 将面团擀压成长方形。中间放入裹入片状起酥油。

④ 用面团将裹入片状起酥油包严后用手工按压结实,中间不可有空气。

⑤ 将面团擀成长方形,进行3折,松弛30分钟后再3折1次松弛30分钟。

⑥ 面团共进行3折3次,然后放入冷藏柜中松弛30分钟。

⑦ 将完成的面团擀压成20厘米宽、0.6厘米厚的面皮。

⑧ 馅料部分材料均匀混合,抹在面皮表面,然后横向两边向中间折起,完后再

蝴蝶酥

夹馅蝴蝶酥

进行对折。用保鲜膜包好，放入冷冻柜冷冻30分钟。

⑨ 冻好后取出，用刀切成1厘米厚，码入烤盘，进行烘烤。

⑩ 上火200℃，下火180℃，烤至底部着色时，翻面继续烘烤，烤至金黄色。

椰子酥条

1. 配方

根据配方进行称量。

椰子酥条配方

材料名称	质量/克	材料名称	质量/克
中筋面粉	300	水	170
砂糖	10	片状酥油	250
盐	3	椰蓉	适量
酥油	30	蛋液	适量

2. 操作

① 将配方中的面粉、糖、盐和水一起加入和面机中，用慢速拌至稍有筋度，加入奶油继续用慢速搅拌打至均匀混合，再改为快速搅拌至面筋扩展。

② 取出面团用保鲜膜包好，放入冷藏柜中进行松弛30分钟，面团表面不可结皮。

③ 将面团擀压成长方形。中间放入裹入片状起酥油。

④ 用面团将裹入片状起酥油包严后用手工按压结实，中间不可有空气。

⑤ 将面团擀成长方形，进行4折，松弛30分钟后再4折1次松弛30分钟。

⑥ 面团共进行4折3次，然后放入冷藏柜中松弛30分钟。

⑦ 将完成的面团擀压成0.3~0.4厘米厚度。用小刀将面团裁成长条形。

⑧ 将长条形的面片表面刷上蛋液，粘上椰蓉，拧成麻花形均匀码入烤盘。

⑨ 入炉进行烘烤，烘焙温度为上火210℃，下火170℃，时间20分钟。中间不能开启烤箱门。

拿破仑酥

1. 配方

根据配方进行称量。

拿破仑酥配方

	材料名称	质量/克		材料名称	质量/克
面皮	高筋粉	570	面皮	水	300
	黄奶油	50		盐	5
	细砂糖	15			
油坯	黄奶油	650	油坯	高筋粉	300

2. 操作

① 将面皮配方中的面粉、糖、盐和水一起加入和面机中,用慢速拌至稍有筋度,加入奶油继续用慢速搅拌打至均匀混合,再改为快速搅拌至面筋扩展。

② 面团取出用保鲜膜包好,放入冷藏柜中进行松弛30分钟,面团表面不可结皮。

③ 将油胚原料一起加入搅拌至均匀,放入冷冻柜中进行冷冻,冻至有一定硬度取出用塑料纸包好整理成长方形,在冷冻至和面团的软硬度一致。

④ 面团擀压成长方形。中间放入油胚。用面团将油包严后用手工按压结实,中间不可有空气。

⑤ 将面团擀成长方形,进行4折,松弛30分钟后再4折1次松弛30分钟。

⑥ 面团共进行4折3次,然后放入冷藏柜中松弛30分钟。

⑦ 将完成的面团擀压成0.6厘米厚度、裁成40厘米×60厘米的方形坯,用扎孔器扎孔。

⑧ 将面坯放入烤盘,入炉烘烤,上火200℃,下火180℃,烤制30分钟。

⑨ 烤好后取三片烤好的面胚中间加上奶油,将边缘切整齐。切下的碎料搓成小块均匀铺在表面然后切成长方形小块,表面洒糖粉进行装饰。

椰子酥条

拿破仑酥

西式面点师培训指导手册

·北京·

目 录

培训指导一　西式面点专业基础知识 ……………………………………… 1
  培训项目一　西式面点发展简况 ……………………………………………… 1
  培训项目二　西式面点的类别 ………………………………………………… 2
    一、类别 ………………………………………………………………………… 3
    二、常用术语解释 ……………………………………………………………… 4
  培训项目三　西式面点的特点 ………………………………………………… 6
    一、用料讲究，营养丰富 ……………………………………………………… 6
    二、工艺性强，成品美观、精巧 ……………………………………………… 6
    三、口味清香，甜咸酥松 ……………………………………………………… 6

培训指导二　原料知识 …………………………………………………………… 8
  培训项目一　主要原料知识 …………………………………………………… 8
    一、面粉 ………………………………………………………………………… 8
    二、糖 …………………………………………………………………………… 9
    三、盐 …………………………………………………………………………… 10
    四、酵母 ………………………………………………………………………… 11
    五、油脂 ………………………………………………………………………… 11
    六、乳品 ………………………………………………………………………… 12
    七、蛋 …………………………………………………………………………… 13
    八、水 …………………………………………………………………………… 14
  培训项目二　辅助原料知识 …………………………………………………… 14
    一、化学膨胀剂 ………………………………………………………………… 14
    二、乳化剂 ……………………………………………………………………… 16
    三、烘焙食品的香料 …………………………………………………………… 16
    四、烘焙食品的色素 …………………………………………………………… 17
    五、可可粉与巧克力 …………………………………………………………… 18
    六、水果蜜饯、干果及果酱 …………………………………………………… 18

培训指导三　基本操作手法 …………………………………………………… 20
  培训项目一　捏、揉、搓的手法 ……………………………………………… 20
  培训项目二　切、割、抹、裱手法 …………………………………………… 21
  培训项目三　其他面点操作手法 ……………………………………………… 22

培训指导四　常用设备工具 …… 24
培训项目一　常用设备工具介绍 …… 24
　一、常见面点工具的种类与用途 …… 24
　二、中西面点常用工具 …… 27
培训项目二　常用设备的使用与保养 …… 27
　一、烤箱的使用与保养 …… 27
　二、微波炉的使用与注意事项 …… 28
　三、电冰箱的使用与保养 …… 29
　四、案台的保养 …… 30
　五、储物设备的保养 …… 30

培训指导五　职业道德 …… 31
培训项目一　道德 …… 31
培训项目二　职业道德 …… 31
培训项目三　从业人员的职业道德 …… 33

培训指导六　食品污染及预防 …… 36
培训项目一　食品污染源 …… 36
培训项目二　食品污染的危害 …… 38
培训项目三　食品污染的预防 …… 39
培训项目四　食物中毒及预防 …… 39
　一、细菌性食物中毒 …… 39
　二、化学性食物中毒 …… 40
　三、有毒动植物中毒 …… 41
　四、食物中毒的应急措施 …… 43
　五、食物中毒的家庭急救 …… 43

培训指导七　卫生要求 …… 45
培训项目一　各类烹饪原料的卫生 …… 45
　一、植物性烹饪原料的卫生 …… 45
　二、动物性烹饪原料的卫生 …… 48
培训项目二　个人卫生要求 …… 51
培训项目三　环境卫生要求 …… 52
培训项目四　器具卫生 …… 53
培训项目五　食品卫生法规及卫生管理制度 …… 54
　一、食品安全法 …… 55
　二、卫生管理制度 …… 58

培训指导八　饮食营养及平衡 ………………………………………………… 60
培训项目一　人体所需营养素 …………………………………………… 60
一、糖类 ……………………………………………………………… 60
二、脂类 ……………………………………………………………… 65
三、蛋白质 …………………………………………………………… 68
四、维生素 …………………………………………………………… 72
五、无机盐（矿物质、灰分） ……………………………………… 74
六、水 ………………………………………………………………… 74
培训项目二　人体对热量的需要 ………………………………………… 75
培训项目三　人体热量供耗的平衡 ……………………………………… 76
培训项目四　食物的消化 ………………………………………………… 77
一、食物的消化 ……………………………………………………… 77
二、营养物质的消化 ………………………………………………… 78
培训项目五　营养平衡 …………………………………………………… 79

培训指导九　烹饪原料的营养特点 ……………………………………………… 82
培训项目一　植物性烹饪原料的营养特点 ……………………………… 82
一、谷类 ……………………………………………………………… 82
二、豆类及其制品 …………………………………………………… 86
三、蔬果 ……………………………………………………………… 87
培训项目二　动物性烹饪原料的营养价值 ……………………………… 93
一、肉类 ……………………………………………………………… 93
二、蛋类 ……………………………………………………………… 94
三、奶类 ……………………………………………………………… 95
四、水产品 …………………………………………………………… 97
五、昆虫 ……………………………………………………………… 97
培训项目三　调味品和饮料的营养特点 ………………………………… 97
一、调味品 …………………………………………………………… 97
二、饮料 ……………………………………………………………… 99

培训指导十　饮食成本核算知识 ………………………………………………… 104
培训项目一　基本概念 …………………………………………………… 104
培训项目二　成本核算 …………………………………………………… 105
一、饮食成本核算的方法 …………………………………………… 105
二、主辅料的成本核算 ……………………………………………… 105
三、成本差异分析 …………………………………………………… 106
四、标准成本率 ……………………………………………………… 108

五、根据仓库月报表做成本核算…………………………………………… 108
　　六、成本核算表格……………………………………………………… 108

培训指导十一　安全生产知识………………………………………………… 109
　培训项目一　安全用电知识……………………………………………… 109
　培训项目二　防火防爆知识……………………………………………… 111
　　一、燃料、燃烧与爆炸的基本知识……………………………………… 111
　　二、厨房消防安全………………………………………………………… 112

参考文献………………………………………………………………………… 115

培训指导一 西式面点专业基础知识

培训项目一 西式面点发展简况

西点行业在西方通常被称为烘焙业（bakingindusrty），在欧美十分发达。西式面点制作不仅是烹饪的组成部分（即餐用面包和点心），而且是独立于西餐烹调之外的一种庞大的食品加工行业，成为西方食品工业的主要支柱之一。

现代西式面包（简称西点）的主要发源地是欧洲。据史料记载，古代埃及、希腊和罗马已经开始了最早的面包和蛋糕制作。西点制作在英国、法国、德国、意大利、奥地利、俄罗斯等国家已有相当长的历史，并在发展中取得了显著的成就。

史前时代，人类已懂得使用石头捣碎种子和根，再混合水分，搅成较易消化的粥或糊。公元前9000年，波斯湾畔的中东民族把小麦、大麦的麦粒放在石磨中碾磨，除去硬壳筛出粉末，加水调成糊后，铺在被太阳晒热的石块上，利用太阳能把面糊烤成圆圆的薄饼。这就是人类制出的最简单的烘焙食品。

若干世纪前，面包烘焙在英国大部分起源于地方性的手工艺，然后再逐渐普及到各个家庭。直到20世纪初，这种情形由于面包店大量采用机器制作后而开始改变。在世界各国一般面包均采用小麦为原料，但是很多国家亦有用燕麦或小麦及燕麦混合后制作而成，种类繁多，因地区、国家不同而有所不同。英国面包大多不添加其他作料，但英国北部地区则有在面包中加牛奶、油脂等，同时吐司面包也比较普及，南部地区则喜做脆皮面包。美国面包成分较高，添加较多糖、牛奶及油脂。法国面包成分较低，烤出的成品口感硬脆。

20世纪后期，欧美各国科技发达、生活富足，特别在美国，人们食粮丰富、种类繁多，面包已从主粮地位日渐下降，逐渐被肉类取代，但随之而来的却是心脏病、糖尿病的增加，令人们对食物重新审视，开始提倡回归自然，素食、天然食品大行其道。

回归自然之风亦吹向烘焙行业，人们再次用生物发酵方法烘制出具有诱人芳香酒味的传统面包，至于用最古老的酸面种发酵方法制成的面包，更受中产阶层人士的青睐。

全麦面包、黑麦面包，过去因颜色较黑、口感粗糙较硬而被摒弃，如今却因含较多的蛋白质、维生素而成为时尚的保健食品。多个世纪以来所追求的"白面包"逐渐失宠，投放在超级市场内、标榜卫生、全机械操作而制成的面包失去了吸引力，而出售新鲜面包的小店又开始林立在城市中。面包制造商不断求新求变，加入各式各样的辅料，以求面包款式多、营养价值高、食后健康。面包制造业更举办有关面包各类型的比赛、展览，增加专业人士互相考察、学习、鉴别的机会，起到了激励、改进面包制作的作用。

　　亚洲多数人以大米为主粮，面包因容易保存、携带方便、能配合各样饮料食用而逐渐被生活快节奏的都市人用作早餐、小吃、甚至午餐的食粮。

　　日本的面点行业既注意吸取各国成功之经验，又突出日本特色，使日式面包不但保留了手工造型，而且更给人以别具一格的新风貌。

　　国内方面，香港得天独厚，荟萃中西文化，具有优越的环境，各国面点名师不断来此示范交流，参与各酒店工作，带来各地特色面包。各国食品厂为了推销自己的产品，也经常带来新面包的走向和信息，这都有利于香港面点师开阔视野提高技艺。香港地少人多，竞争力强，面点师只有推陈出新才能保持一席之地。因此，香港地区面点的制作工艺也日新月异，其面点制品颇具特色。但是香港地区缺乏像瑞士、美国设置的烘焙培训及研究中心，谷物化工、食品工程、食物科学和营养学方面的专家也显不足，不能与先进地区一样，可以不断在面包的用料、生产过程等层面继续探索、改良，这制约了香港地区面点业的进一步发展和创新。

　　面包在中国出现大概可追溯到晋代，那时就有面粉经过发酵再蒸熟而被称为"蒸饼"的馒头，而人们用面团包裹着猪、牛、羊肉祭神的食品也成为最早的包子了。最初的烤炉形式与罗马式的皮勒炉（Peeloven）相似，但体积不如罗马式的大。今天在供应早餐的烧饼油条店内，还可以看到这种土制的烤炉，一般大致可分为两类。第一类是用241升煤油桶改装，内部糊上泥土，上部呈拱形，在圆拱形与油桶之间隔以炉条，使用块煤燃烧，将待烤的面饼直接贴在炉子的内侧，约10分钟后烧饼烤熟后用一把钳子把饼取出。另一类是平口形的，直接用油桶来做，在桶的2/3处以泥土筑隔层，中央留置气口一处约直径17厘米，在隔层的下面生火，火焰由气口上升，在顶部用一块铁板盖住，使炉内湿气不致散失。面饼烤焙时先放在铁板上焙至半熟，然后移到下面隔层内烘熟。这两种土法烤炉虽因时代的进步由泥土砖块而演进到油桶，但这种形式与烤焙面饼的方法却是数千年流传至今无甚大的变化。这也是我国固有吃的文化虽较西方当时的烤炉优越得多，数千年后却仍停留在土窑式的阶段使烘烤的食品没有进步的缘故。当然，有些烤面饼是用烙焙而不是使用烘烤的方法，对烤炉也没有必要做太大的改进，而且用土窑烤出来的大饼其味道较之用现代烤炉所烤的更香。所以，在西方发达国家中仍在使用皮勒炉，用它烤出来的面包风味更好。

　　据传，欧洲的面点是在13世纪明代万历年间由意大利的传教士利马窦带来中国的。此后，其他西方国家的传教士、外教官与商人大量入境，西餐食物的制作方法和烹调技术也相应增多。19世纪50年代清后期所出现的西菜馆，大多建立在上海。后来，各个通商的口岸，也纷纷开设面包店，现今随着中国市场的开放，面点业在中国的发展正呈现出广阔的前景。

培训项目二　西式面点的类别

　　西式面点（西点）英语写作 west pastry，主要是指来源于欧美国家的点心。它是以面、糖、油脂、鸡蛋和乳品为主要原料,辅以干鲜果品和调味料,经过调制、成形、成熟、装饰等工艺过程而制成的具有一定色、香、味、形的营养食品。

西点源于欧美地区,但因国家或民族的差异,其制作方法千变万化,即使是同样一个品种在不同的国家也会有不同的加工方法,因此,西点品种繁多,要全面了解西点品种概况,必须首先了解西点分类情况。

一、类别

西点的分类,目前尚未有统一的标准,但在行业中常见的有下述几种。

1. 按点心温度分类

可分为常温点心、冷点心和热点心。

2. 按西点的用途分类

可分为零售类点心、宴会点心、酒会点心、自助餐点心和茶点。

3. 按厨房分工分类

可分为面包类、糕饼类、冷冻品类、巧克力类、精制小点类和工艺造型类。这种分类方法概括性强,基本上包含了西点生产的所有内容。

4. 按制品加工工艺及坯料性质分类

可分为蛋糕类、混酥类、清酥类、面包类、泡芙类、饼干类、冷冻甜食类、巧克力类等。此种分类方法较普遍地应用于行业及教学中。

(1) 蛋糕类 蛋糕类包括清蛋糕、油蛋糕、艺术蛋糕和风味蛋糕。它们是以鸡蛋、糖、油脂、面粉等为主要原料,配以水果、奶酪、巧克力、果仁等辅料,经一系列加工而制成的松软点心。此类点心在西点中用途广泛。

(2) 混酥类 混酥类是在用黄油、面粉、白糖、鸡蛋等主要原料(有的需加入适量添加剂)调制成面坯的基础上,经擀制、成形、成熟、装饰等工艺而制成的一类酥而无层的点心,如各式排、塔、干点心等。此类点心的面坯有甜味和咸味之分,是西点中常用的基础面坯。

(3) 清酥类 清酥类是在用水调面坯、油面坯互为表里,经反复擀叠、冷冻形成新面坯的基础上,经加工而成的一类层次清晰、松酥的点心。此类点心有甜咸之分,是西点中常见的一类点心。

(4) 面包类 面包类是以面粉为主,以酵母等原料为辅的面坯,经发酵制成的产品,如汉堡包、甜包、吐司包、热狗等。面包的生产需要一个比较暖和的环境,一般室温不低于20℃。大型酒店有专门的面包房生产餐厅需要的以咸甜口味为主的面包,包括硬质面包、软质面包、松质面包、脆皮面包,这些面包主要作为早餐主食和正餐副食。

(5) 泡芙类 泡芙制品是将黄油、水或牛奶煮沸后,烫制面粉,搅入鸡蛋等,先制作成面糊,再通过成形、烤制或炸制而成的制品。

(6) 饼干类 饼干有甜咸两类,质量一般在5~15克,食用时以一口一块为宜,适用于酒会、茶点或餐后食用。

(7) 冷冻甜食类 冷冻甜食以糖、牛奶、奶油、鸡蛋、水果、面粉为原料,经搅拌冷冻或冷冻搅拌、蒸、烤或蒸烤结合制出的食品。这类制品品种繁多，口味独特，造型各异，它包括各种果冻、木司、布丁、冷热苏夫力、巴菲冰激凌、冻蛋糕等。冷冻甜品以甜为主，口味清香爽口，适用于午餐、晚餐的餐后甜食或非用餐时食用。

（8）巧克力类　是指直接使用巧克力或以巧克力为主要原料，配上奶油、果仁、酒类等制出的产品，其口味以甜为主。巧克力类制品有巧克力装饰品、加馅制品、模型制品，如巧克力吊花、酒心巧克力、动物模型巧克力等。巧克力制品主要用于礼品点心、节日西点、平时茶点和糕饼装饰。巧克力生产需要一个独立的房间和空调装置，室温要求不超过 21℃。

（9）装饰造型类　凡是经特殊加工，其制品造型完美，具有食用和欣赏双重价值的制品称艺术造型类制品。如精制的巧克力糖棍、面包篮、庆典蛋糕、糖粉盒、马司板花、糖活制品等。这类制品品种丰富，工艺性强，要求色泽搭配合理，造型精美。

上述 4 种分类方法，基本概括了西点制作的全部内容，但每种之间都有相互的联系，有些产品还具有多重性，很难划分归类，应灵活掌握和运用。

二、常用术语解释

西点制作是西方民族饮食文化的重要组成部分，工艺复杂，技术性强。为了使操作者能准确掌握常见术语的含义，提高制作技能，现将常用术语列举如下。

派——英文 pie 的译音，一种油酥面饼，内含水果或馅料，常用圆形模具作坯坯模。其口味有甜、咸两种，其外形有单层派和双层派之分。

塔——英文 tart 的译音，是以油酥面团为坯料，借助模具，通过制坯、烘烤、装饰等工艺制成的内盛水果或馅料的一类较小型的点心，其形状因模具不同而异。

苏夫力——是英文 souffle 的译音，又称苏夫利、梳乎厘、沙勿来，有冷食、热食两种。热食以蛋白为主要原料，冷食以蛋黄和奶油为主要原料，是一种充气量较大，口感松软的点心。

巴菲——是英文 parfait 的译音，是一种以鸡蛋和奶油为主要原料的冷冻甜食。

慕斯——是英文 mousse 的译音，是将鸡蛋、奶油分别打发充气后，与其他调味品调合而成的松软性甜食。

泡芙——是英文 creampuff 的译音，又称气鼓，是以水或牛奶加黄油煮沸后烫制面粉，搅入鸡蛋，通过挤糊、烘烤、填馅料等工艺而制成的一类点心。

布丁——是英文 pudding 的译音，是以黄油、鸡蛋、白糖、牛奶等为主要原料，配以各种辅料，通过蒸或烤制成的一类柔软的甜点心。

结力——是英文 jelly 的译音。又称明胶、鱼胶，是由动物皮骨熬制成的有机化合物，呈无色或淡黄色的半透明颗粒、薄片或粉末状。其多用于鲜果点心的保鲜、装饰及胶冻类的甜食制品。

饭点心——是指饭后吃的点心。

黄酱子——又称黄小司、黄酱、克司得、牛奶黄酱子等，是用牛奶、蛋黄、淀粉、糖及少量黄油制成的糊状物体。它是西点中用途较广泛的一种半成品，多用于做馅，如气鼓馅、排馅、清酥点心馅等。

搅糖粉——又叫糖粉膏，是用糖粉和蛋白搅拌制成的质地洁白、细腻的制品。它是制作白点心、立体点心和点心展品的主要用料，其制品具有形象逼真、坚硬结实，摆放时间长的特点。

膨松体奶油——是用鲜奶油或鲜奶油加糖果搅打制成的，在西点中用途广泛。

黄油酱——又称糖水黄油酱等。它是黄油经搅拌加入糖水而制成的半成品，多为奶油蛋糕等制品的配料。

糖水——是白砂糖与水熬制而成的混合液体。其中糖与水的比例一般为 1∶2，这是一种制作简单，用途广泛的半成品。

果冻——用糖、水和鱼胶粉或琼脂，按一定比例调制而成的冷冻甜食。

烫蛋白——又称蛋白膏、蛋白糖膏等，是用沸腾的糖浆烫制打起的膨松蛋白而制成的，此料洁白、细腻、可塑性好。烫蛋白有加入溶化的鱼胶和不加鱼胶两种。

巧克力树皮卷——是将巧克力溶化后抹在大理石案台上，待凉后用刀刮成的形状像树皮卷的一类制品。它多用作蛋糕点心的装饰品。

马司板——是英文 marzipan 的译音，又称杏仁膏、杏仁面、杏仁泥，是用杏仁、砂糖加适量罗木酒或白兰地酒制成的。马司板柔软细腻、气味香醇，是制作西点的高级原料。它可制馅、制皮，捏制花鸟鱼虫及植物、动物等装饰品，目前，饭店使用的多是加工好的、直接使用的制品。

札干——是用明胶片、水和糖粉调制而成的制品，是制作大型点心模型、展品的主要原料。札干细腻、洁白、可塑性好，其制品不走形、不塌架，既可食用，又能欣赏。

风登糖——又称翻砂糖、封糖、白毛粉，是以砂糖为主要原料，用适量水加 5%～10% 的葡萄糖，或加少许醋精或柠檬酸熬制，并经反复搓叠而成的。它是挂糖皮点心的基础配料。

挂面——又称挂糖皮。

上馅——又称包馅，是馅心点心加工制作过程中一道必不可少的工序。

化学起泡——是以化学膨松剂为原料，使制品体积膨大的一种方法。常用的化学膨松剂有碳酸氢钠、碳酸氢铵、泡打粉等。

生物起泡——是利用酵母等微生物的作用，使制品体积膨大的一种方法。

机械起泡——利用机械的快速搅拌，使制品体积膨大的方法。

打发——指蛋液或黄油经搅打体积增大的方法。

硬脂酰乳酸钠——又称面团改良剂，为白色或淡黄色粉末，溶于植物油。它可用作面包改良剂及蛋白的发泡剂，用于面包时能增大面包体积，使制品柔软、气孔细密均匀、增加白度等。同时，能够使制品具有良好的弹性。

清打法——是指蛋白与蛋黄分别拌打，待打发后，再合为一体的方法。

混打法——指蛋清、蛋黄与糖一起拌打起发的方法。

焙烤百分比——是以点心配方中面粉质量为 100%，其他各种原料的百分比是相对于面粉的多少而言的，这种百分比总量超过 100%。

跑油——多指清酥面坯的制作，即面坯中的油脂从水面皮层溢出。

面粉的"熟化"——是指面粉在储存期间，空气中的氧气自动氧化面粉中的色素，并使面粉中的还原性氢团（硫氢键）转化为双硫键，从而使面粉色泽变白，物理性能得到改善的变化。

培训项目三　西式面点的特点

西点是西餐烹饪的重要组成部分，它以用料讲究、造型艺术、品种丰富等为特点，在西餐饮食中起着举足轻重的作用，是西方饮食文化的代表。无论是每日三餐还是各种类型的宴会，西点制品都是不能缺少的。

西点在西餐烹饪中的地位十分突出，客人用餐时总是离不开面包点心等制品，因此，在饭店里具有相对而言的独立性，专门设立西点厨房，而且西点师的地位也有了很大的提高。在社会上，西式点心因其独有的风味，而具有广泛的市场。

一、用料讲究，营养丰富

西式面包用料讲究，无论是什么点心品种，其面坯、馅心、装饰、点缀等用料都有各自选料标准，各种原料之间都有着相互间的比例，而且大多数原料要求称量准确。

西式面点多以乳品、蛋品、糖类、油脂、面粉、干鲜水果等为常用原料，其中蛋、糖、油脂的比例较大，而且配料中干鲜水果、果仁、巧克力等用量大，这些原料含有丰富的蛋白质、脂肪、糖、维生素等营养成分，它们是人体健康必不可少的营养素，因此说西点具有较高的营养价值。

二、工艺性强，成品美观、精巧

西点制品不仅富有营养价值，而且在制作工艺上还具有工序繁，技法多，注重火候、卫生等特点，其成品擅长点缀、装饰，能给人以美的享受。

每一件西点产品都是一件艺术品，每步操作都凝聚着厨师的创造性劳动，所以制作一道点心，每一步都要依照工艺要求去做，这是对西点师的基本要求。如果西点脱离了工艺性和审美性，西点就失去了自身的价值。西点从造型到装饰，每一个图案或线条，都清晰可辨、简洁明快，给人以赏心悦目的感觉，让食用者一目了然，领会到你的创作意图。例如，制作一个结婚蛋糕，首先要考虑它的结构安排，考虑每一层之间的比例关系，其次考虑色调搭配，尤其在装饰时要用西点的特殊艺术手法体现出你所设想的构图，从而用蛋糕烘托出纯洁、甜蜜的新婚气氛。

三、口味清香，甜咸酥松

西点不仅营养丰富，造型美观，而且还具有品种变化多、应用范围广、口味清香、口感甜咸酥松等特点。

在西点制品中，无论是冷点心还是热点心，甜点心还是咸点心，都具有味道清香的特点，这是由西点的原材料决定的。通常所用的主料有面粉、奶制品、水果等，这些原料自身具有芳香的味道。其次是加工制作时合成的味道，如焦糖的味道等。

甜制品主要以蛋糕为主，有90%以上的点心制品要加糖，客人饱餐之后吃些甜食制品，会感觉更舒服。咸制品主要以面包为主，客人吃主餐的同时会有选择地食用一些面包。

总之，一道完美的面点，都应具有丰富的营养价值、完美的造型和合适的品味。

培训指导二 原料知识

培训项目一 主要原料知识

一、面粉

(一)面粉的种类及分级

1. 小麦磨制后所得的面粉可分为三大类

(1) 总粉 包括辗磨过程辗出的所有面粉。

(2) 精粉 比总粉精制的面粉。

(3) 黄粉 将总粉提出精粉后,剩下的部分即为黄粉。

2. 依面粉的用途分为下列几类

(1) 面包面粉 由硬红春麦、硬红冬麦或前述两面种小麦搅和后磨制的,蛋白质含量相当高。

(2) 通用面粉或家常面粉 供应家庭需要,蛋白质不高也不低,可以制作各类家常制作的面食。

(3) 西点类面粉 常用软质小麦磨制,面粉的细度非常细,蛋白质含量低,可用来制作各种小西饼、油酥饼、派饼。

(4) 蛋糕面粉 是所有面粉中最精制的,是由软质小麦所磨出来的特级精粉,蛋白质含量低。

(5) 通心面面粉 由杜阑小麦所磨出的面粉,蛋白质含量高,但几乎没有烘焙强度,不能用于烘制面包,只能制作通心面。

(6) 全麦面粉 将整粒小麦全部碾成的面粉。

(7) 碎麦粉 将整粒小麦压碎碾成相当粗的麦粉。

(8) 掺和面粉 将全麦面粉中的麸皮降低一部分,则制作的面包体积较小,组织轻软,又称麸皮面粉。

(9) 预拌面粉 将烘焙产品配方中所需的材料,除液体材料外,依配方的用量预拌在面粉中,此即预拌粉。

(二)面粉的分级性质

种类/性质	颜色	最大含水量/%	吸水率/%
特高筋	乳白	14	62~65
高筋	乳白	14	62~64
粉心	白	14	55~58
中筋	乳白	13.8	50~55
低筋	白	13.8	48~52

(三) 面粉的营养组成

碳水化合物、脂肪、蛋白质、矿物质、维生素。

(四) 面粉的品质可由下列几项特性判断

1. 吸水量

(1) 吸水量较高的面粉其制出的成品比较不易老化

(2) 一般影响面粉吸水量的因素有下列两项

① 面粉的蛋白质含量高：面粉中蛋白质含量越高则吸水量越高，一般认为面粉的蛋白质增加1%，吸水量则增加2%。

② 面粉的颗粒大小：面粉颗粒越细则吸水量越高。颗粒完整的淀粉粒吸水量较破损的淀粉粒低，破损粒子的吸水量大约是完整粒子的5倍。

2. 灰分含量

① 面粉中麸皮含量越高则灰分含量也越高，灰分含量低则面粉色调越白，小麦籽粒各部分灰分含水量均不同，越靠近中心部位胚乳的灰分越低，由这个部位磨制的面粉即为一级面粉，而越靠近麸皮的胚乳磨制的面粉颜色较深称为次级面粉。

② 灰分含量虽是面粉等级的指标，但并不影响烘焙食品之性质，不讲求高白度，因此选用精制的一级粉为宜。

3. 含水量

面粉的水分含量直接影响干粉的实际质量，对其储存性影响也很大。含水量超过15%则储存期减短并且容易生虫，国家标准规定面粉含水量不得超过15%，以能延长面粉的储存期限。

二、糖

糖在烘焙食品中的用量仅次于面粉，糖除了使烘焙产品具有甜味外，还能使产品产生复杂的物理性质、化学性质。

(一) 糖在烘焙产品中的功能如下

① 糖是能供给热量的甜味料。

② 供给酵母发酵的主要能源。

③ 糖遇热有焦化作用，可增进烘焙产品的色泽及风味。

④ 糖有吸湿性故能保持水分，延缓老化及延长保存时间。

⑤ 改变面团及面糊的物理性质，使产品组织柔软、光滑细致。

⑥ 提供产品适当的口味与香味。

⑦ 糖是奶油霜饰的主要原料。

⑧ 糖在产品中起防腐作用。

(二) 糖的来源

(1) 由甘蔗及甜菜制得　如蔗糖、甜菜糖等。

(2) 由淀粉经酵素或酸水解而制得　如葡萄糖粉，果糖糖浆，葡萄糖糖浆。

(3) 由大麦、小麦经麦芽酵素水解制得　如固能麦芽糖、麦芽糖浆等。

（4）其他来源　如蜂蜜、糖蜜等。

（三）烘焙上常用的糖有下列几种

1. 固状糖

水分含量少，呈结晶颗粒或粉状的糖。

（1）砂糖　赤砂（欲称红糖），糖粉是将砂糖中颗粒较粗者加以研磨。

（2）翻糖

① 翻糖的种类式样很多但制作的基本原料是砂糖及麦芽糖饴。其中砂糖的使用的纯度高，结晶大者，麦芽糖饴以使用酵素糖化型风味较佳。一般麦芽糖饴的使用量为砂糖的 $10\% \sim 30\%$。

② 制造翻糖时，若不使用麦芽糖饴，则需使用酒石酸氢钾，在煮糖的过程中将砂糖转化成转化糖。

③ 糖制作为砂糖，麦芽糖饴（或酒石酸氢钾）煮沸，提高糖浓度后冷却为饱和状态，而予以搅拌等刺激，使其再结晶成微细结晶。

④ 翻糖可做为糕饼外表淋挂装饰用，如甜炸圈饼外表洁亮的糖屑装饰。

⑤ 翻糖需包装储于阴冷场所，以防止表面干燥或潮湿。高温会使翻糖结晶，当温度再降低时，会使结晶成长，产生砂粒状品感。

2. 液态糖

液态糖是指具有流动性的甜味剂（糖浆）而言，烘焙工业常用的有蜂蜜、糖蜜、转化糖浆、玉米糖浆等。常用的液态糖原料有蜂蜜和焦糖。

将蔗糖水解使产生等量的葡萄糖与果糖，由于其旋光度与蔗糖不同，故称为转化糖。转化糖浆又称人造蜂蜜，可分配转化糖浆与酵素转化糖浆两种，前者纯度高。转化糖浆兼具蜂蜜的风味和效果，价格低廉、使用方便，在烘焙业上有逐渐取代砂糖的趋势。

（四）烘焙用糖的特性

1. 水解作用

烘焙发酵食品中酵母利用此反应将蔗糖转化分解成葡萄糖及果糖才能使酵母获得代谢的能量。烘焙用酵母一般能利用的糖有葡萄糖、果砂糖、麦芽糖。

2. 吸湿性作用

① 糖为吸湿性原料，能加强保水性，保持产品较长时间的柔软性。

② 糖类中的果糖、蜂蜜、转化糖、玉米糖浆等吸湿性比砂糖或结晶葡萄糖大，因此将部分砂糖改用吸湿性较大的糖类，可使产品松软可口。

3. 褐变反应

还原性糖经加热则与蛋白质结合产生褐变作用，形成一种黄褐色物质称为黑素，这种变化在烘焙食品的外皮形成特有的颜色。

三、盐

在大多数烘焙食品中，食盐是一种最重要调味料。食盐的结晶形状有粒状、树枝状、片状及粗纹片状等，食物用盐以粒状盐为主。

1. 盐在烘焙制品上的应用

表面涂覆与馅用盐、顶部装饰盐、面团用盐。

2. 盐在烘焙食品上的功能

① 适量的盐，可增进其原料特有的风味。

② 盐在甜的食物中，具有调整产品甜度的功效，能降低产品的甜味，避免产品太甜而生腻。

③ 盐在面团中，可增进面团的韧性和弹性。

④ 盐能控制酵母的活动，因而也能影响产品发酵时间。

⑤ 适量的盐可改良发酵产品表皮的颜色，也会降低面糊的焦化作用。

四、酵母

1. 烘焙上用的酵母有下列几种

新鲜酵母、普通活性干酵母、快发干酵母。

2. 酵母在烘焙制品上的功能

① 产生 CO_2 气体，具有膨大面团的作用。

② 发酵产生酒精、酸、酯，形成特殊的香味。

③ 发酵作用产生有机酸，降低 pH 值，使面筋软化，易于整型。

五、油脂

1. 油脂的种类

(1) 动物性油脂

① 常使用的有奶油，猪油，牛油及鱼油四种。

② 奶油中含有天然纯正的芳香，故是最佳的烘焙用油。

③ 奶油分含水及不含水两种，一般奶油含水 16%，多数用于涂抹面包之用，另一种含水较多（奶油含量 30% 的鲜奶油），则适合奶油装饰，不含水分的无水奶油乃是烘焙业者所常用奶油，使用更为方便。

④ 精制猪油及其他精制油脂调制后的调制猪脂，由于油性良好，可使产品产生酥的特性，适用于面包，中点及派的酥皮中，但不适合蛋糕与小西点。

(2) 植物性油脂

① 常用的植物油有玉米油，黄豆油，花生油，椰子油，棕榈油，菜籽油，棉籽油等到。此等植物油大多属于流质且熔点低的油脂。

② 植物油可经氢化而成固体的氢化油。

③ 除了戚风蛋糕及西点中的奶油空心饼及小西饼可采用流质植物外，一般均采用氢化油，如人造奶油。

④ 人造奶油为代替含水奶油的产品，以植物油调制的鲜奶油，亦可作为表面霜饰用油。

(3) 植物混合油脂

① 将动物油脂及植物脂经脱色、脱臭等到精制后混合二种或二种以上之油而制

成氢化、乳化脂，如人造奶油、烤酥油等。

② 起酥玛琪琳是以低熔点的牛油混合其他动物、植物油，做高熔点的产品，是为制作松饼和丹麦面包之用。

2. 烘焙用油脂

猪油、雪白油、玛琪琳、酥油、起酥玛琪琳、烘焙油炸用油。

3. 烘焙用油脂的性质

（1）可塑性　如黏土般具有可塑造的性质，油脂性质随温度而变化，操作性良好，具有良好的可塑性。

（2）打发性　油脂有搅拌时能拌入空气的能力。

（3）乳化性　使油脂与非油溶性成分均匀混合的能力。

（4）口融性　与口感有关，一般与可塑性成反比。

（5）吸水性　油脂用搅拌机加水，在油水未分离前的保水量。

（6）烤酥性　派类产品使用油脂需颇具延展性，没有颗粒、不发黏，如此才可在派的面团间延展。

（7）烤酥性　加入油脂可增加产品松脆特性的性质。

（8）安全性　油脂有抗氧化及延长油耗味产生的特性。

（9）油炸性　油炸用油需耐炸，长时间油炸要避免泡沫及黏度增加，与油脂性质、油炸操作均有关。

（10）风味　经烘焙后，仍可残留风味，不易挥发的特性。

4. 油脂在烘焙制品中的功能有以下几项

① 增加产品的体积。

② 使产品既酥松又柔软。

③ 使产品美味可口。

④ 使面糊稳定。

⑤ 使产品的保存性良好。

六、乳品

1. 乳品依形状分为四大类

（1）液体乳品　鲜乳、脱脂牛乳。

（2）浓缩乳品　蒸发乳、炼乳。

（3）粉状乳品　全脂奶粉、脱脂奶粉。

（4）固状乳品　乳油、乾酪。

2. 乳品对蛋糕品质的影响

① 调整面糊配方浓度。

② 增加蛋糕水分，使蛋糕保存较久。

③ 增加蛋糕外表悦目颜色。

④ 改善外表形状，减少油腻。

⑤ 增加风味与营养价值。

3. 乳品对面包品质的影响（常用）
① 增加吸水量及面筋强度，最高用量不超过 6%。
② 增加面团搅拌弹性。
③ 延长面团发酵弹性，减缓发酵酸度的增加。
④ 改善产品外表颜色。
⑤ 改善面包颗粒及组织。
⑥ 增加面包体积。
⑦ 增加面包保湿性，减少水分蒸发。
⑧ 增加营养价值。
⑨ 改善风味。
4. 乳品在烘焙食品中的功能
① 增加蛋糕及面包的吸水量。
② 延长产品品质保存时间。
③ 增加营养。
④ 增进风味。
⑤ 改善产品内外形状、色泽。
⑥ 减少油腻性及增进食欲。

七、蛋

1. 蛋及其他加工品的种类
带壳蛋（全蛋）、液蛋、冷冻蛋、蛋黄。
2. 蛋在食品加工及烘焙工业上的应用，具有下面五项的特性
（1）营养价值高　蛋除了含优良的蛋白质外，并富含维生素与矿物质，加入产品中可以增加烘焙食品的营养价值。
（2）颜色、香气　蛋是天然的着色剂，蛋能赋予蛋糕良好而自然的多黄色光泽，并有特殊的香气，使烘焙食品更为精致可口。
（3）蛋白的起泡性
① 烘焙食品中以蛋为原料，主要是利用蛋白的起泡性。
② 所谓蛋白起泡性是因为蛋白搅拌产生表面张力及不溶的变性蛋白质形成安定固体薄膜，将产生的气泡包住，使产品因烘烤受热而膨胀变大。
（4）蛋黄的乳化性
① 蛋黄的乳化力是因含有脂蛋白，卵磷脂的成分。
② 乳化力会受 pH、温度或搅拌方法的影响。
③ 蛋黄酱的制作就利用蛋黄的乳化性。
（5）蛋的热凝固性
① 蛋经加热后，蛋白凝固温度约 63℃，蛋黄凝固温度约 67℃，全蛋的凝固温度约 80℃。
② 鸡蛋牛奶布丁的制作即利用蛋的热凝固性。

3. 蛋对烘焙产品的功能
① 增加产品的营养价值。
② 增加产品的香味，改善组织及风味。
③ 增加产品的颜色。
④ 形成蛋糕的组织及构成蛋糕的体积。
⑤ 蛋黄中的卵磷脂能提供乳化的作用。

八、水

水是最好的溶剂，可溶解及混合烘焙的各种材料。
1. 水的种类
（1）软水　含矿物质量较少，如蒸馏水、雨水等。
（2）硬水　含矿物质较多，如泉水、井水等。
（3）自来水　自来水的矿物质含量介于软水与硬水之间，目前多使用自来水。
2. 水硬度与面包制作的关系
（1）硬度适中　矿物质含量适中的水，一方面可作为酵母的养料，另一方面也可增加面筋的韧性，故制作面包时，应使用中程度的硬水较适当。
（2）硬度过高　当水中矿物质含量过高，将会使面筋的韧性过强，反而对发酵有抑制作用，故不适合使用硬水制作面包。
（3）硬度太低　当水中矿物质含量过少时，会使面筋产生黏性，故软水不适合于制作面包。
3. 水对烘焙业的功能
① 面粉内的蛋白质吸收水分，形成面筋，构成面包骨架结构。
② 水使面包制作材料混合形成均匀面团。
③ 使用水、热水控制面包面团理想温度，使酵母适当繁殖、发酵。
④ 水能控制面团适当硬度，使操作容易。
⑤ 面粉内的淀粉吸水过热糊化，使人体易于消化吸收。
⑥ 增加烘焙产品的柔软性。

培训项目二　辅助原料知识

一、化学膨胀剂

（一）烘焙制品膨大的因素
1. 空气
由机械的作用，将空气拌入，并保存在面糊或面团内，如做蛋糕面包时，会将空气打入，在烘焙时，空气体积会膨大而使产品体积涨大。
2. 水蒸气

在烘焙产品制作过程中，常会加入水，水在烘焙时会因受热而变成水蒸气，亦即会产生蒸气压，使产品体积膨大。

3. 二氧化碳

（1）酵母　酵母会利用面团中的糖，产生酒精及二氧化碳气体，使面团膨胀。

（2）化学膨胀剂　如小苏打、阿摩尼亚及发粉等，在加热时会产生二氧化碳气体，此外，还可产生阿摩尼亚及水蒸气，这都可使烘焙产品体积膨胀。

（二）烘焙食品常用的膨胀剂

1. 小苏打

① 小苏打粉是指碳酸氢钠。

② 小苏打粉是一种白色粉末，遇到水，受热或与酸性盐（如酒石酸氢钾、酸性焦磷酸钠）中和后，即产生二氧化碳及碳酸钠，使产品呈现碱性。

③ 若使用量稍多时，成品会变成黄色且有碱性。

④ 若单独加入含油脂量多的蛋糕中，则会因所产生的碳酸钠与油脂作用，经高温受热，产生皂化作用，即有肥皂味道。

⑤ 在实际上，小苏打单独使用的机会较少，除了用于含油量少的中式点心食品糕点外，也可用于增进色泽类似可可粉，巧克力及豆沙馅的作用。

2. 阿摩尼亚（臭粉）

① 常用的碳酸铵及碳酸氢铵。

② 膨胀剂加热，即可分解产生阿摩尼亚、二氧化碳及水。

③ 因此膨胀剂产生的阿摩尼亚及二氧化碳，皆是气体，因此其膨胀力较其他膨胀剂强。

④ 碳酸铵及碳酸氢铵加热至35℃及50℃即会分解。

⑤ 此膨胀剂分解所产生的阿摩尼亚易与制品内的多量水分作用，虽经烘烤，仍存有臭味；故其较适用于含水量少时的产品如饼干、小西饼、奶油空心饼等。

3. 发粉（泡打粉）

① 简称B.P.，俗称泡打粉、发泡粉。

② 发粉是一种白色粉末，是由小苏打加入可食用的酸性盐再加面粉或淀粉为填充剂而成的一种混合物。

③ 依规定，发粉所产生的二氧化碳量不能低于总发粉质量的12%。因此调配发粉时，小苏打的用量应在26%～30%。

④ 发粉依其所含酸性盐解离速度及小苏打中和产生二氧化碳的速度可分为下面三种：

快性发粉、慢性发粉、双重反应的发粉。

⑤ 发粉在使用前其效力的试验方法如下：将一茶匙发粉放入1/3的热水中，若产生很多气泡，则表示发粉有效。若气泡少时，其效力已减退，使用量应增加。若完全不冒泡，则表示发粉已失效，不可再用。

（三）化学膨胀剂在烘焙制品上的功能

① 产生二氧化碳、阿摩尼亚等气体，使烘焙制品体积增大。
② 增加烘焙制品的特殊风味。
③ 提供烘焙制品的色泽。

二、乳化剂

1. 乳化作用

液体都有减少面积的力量，此种力量即是表面张力。当在不互溶的两种液体中加入一种界面物质时，可使此两种液体均匀的互溶在一起，此种作用即是乳化作用。

2. 乳化剂

能改变两种不互溶液体（如油及水）的性质，使其不相互分离而互溶在一起的物质，称为乳化剂，又称界面活性剂。

3. 烘焙中常用的乳化剂

（1）甘油脂肪酸酯

① 因结合脂肪酸种类不同，其乳化功能也不同。

② 常使用于玛琪琳及巧克力的制造。

③ 可使海绵蛋糕的乳化性及起泡性增加。

（2）蔗糖脂肪酸酯

（3）大豆磷脂质

① 卵磷脂。

② 乳酸硬脂酸钠。

4. 乳化剂对烘焙品品质的影响

（1）对面包品质的影响　使面团强化，使面包组织柔软，老化较慢。

（2）对蛋糕品质的影响　可以降低蛋糕面糊的密度，增加蛋糕的体积。

（3）对小西饼品质的影响　可以提高小西饼的扩大率，减少油脂的用量，保持品质，节省成本。

5. 乳化剂在烘焙食品中的功能

① 可以阻碍结晶生成。

② 具湿润均匀作用，防止产品老化，改良品质。

③ 调整产品黏度，具有高度的乳化起泡性。

三、烘焙食品的香料

烘焙食品的香味主要来源除了蛋、油脂、牛奶等香气外，其制作过程中的化学变化如醇与有机酸性的作用产生酯味、糖与氨基酸的作用及焦化作用等都是香味的来源。但为了使烘焙产品的香气多样化，及改善产品的风味，可加些香料。

1. 香料种类

（1）依来源而分类

① 天然香料，由天然资源中，加以处理如萃取、蒸馏、浓缩而得，其缺点为浓度稀薄且费用相当高。

② 合成香料，经由化学程序所产生，与在天然食品中所发现的化学成分相同，其优点为品质稳定、可无限得到、香味强度比天然香料浓、费用较低。

③ 人工香料，经由化学方法产生，但不存于自然界，且对人体无害。完全人工香料少，大部分食品中所用香料是由天然与合成香料所混合而成的。

(2) 依形态而分类

① 水溶性香料，此类香料溶于水，在低温即挥发，常用于清水、凉饮、乳制、果冻等。

② 油溶性香料，此类香料溶于油中，它可耐高温加热，也用于烘焙食品中及牛奶糖等。

③ 乳化香料，此类香料是油溶性经乳化处理而成可溶于水的香料，它可制成较浓的乳状液，故使用时可任意稀释。

2. 香料使用的注意事项

① 使用时应了解其适用性，如烘焙前加和烘焙后喷洒。

② 香料不可加过多，否则易造成反效果，且增加生产成本。

③ 香料应装于完全密封的容器内，并存放在阴凉、干燥地方，以防止蒸发、漏失及变质。

四、烘焙食品的色素

1. 色素的种类

(1) 天然色素　是由食物中提炼出来的，如类胡萝卜素、黄色素、花青素、焦糖等。这类色素对人体无害，但是在食品制作中品质不稳定，用途受到限制。温度与酸碱对其影响很大，烘焙食品使用较少。

(2) 人工色素　人工色素一般是指煤焦色素而言，依其特性可分下列两种：水溶性、铝丽基色素。

2. 添加色素的理由

① 为了保持食品原有颜色。

② 为了增加烘焙制品美观。

③ 为合乎食品的特性。

④ 为了满足消费者观感上的需求。

3. 色素使用时应注意的事项

① 焦煤系色素如以粉状直接加入食品，常会产生斑点，故应先以溶剂溶解成 1%~10% 浓度，经过滤后使用。

② 使用的容器不可含铜离子、铁离子，否则易变色。

③ 焦煤系色素吸湿性强，须密封保存。

④ 焦煤系色素混合使用时，要选择性质相似的种类调配，以免染色后在保存中变为不同的颜色。

⑤ 使用色素要先了解其特性，如酸碱度、温度对它的影响，及制造保存条件。

⑥ 溶解色素要使用蒸馏水或经离子交换处理的水来溶解，不要用含氯多的水。

⑦ 出口食品需先了解进口国家对色素的使用状况，以避免遭到退货。
⑧ 烘焙食品应使用耐热的色素。

五、可可粉与巧克力

1. 干燥可可粉

含 10%～12% 的油脂，广泛用于饼干、苏打饼干，适合用于硬脂被覆的产品，及用于烘焙食品等。这是一种最经济的可可产品，其含油脂量最低。

2. 巧克力依质地不同的分类

① 硬质巧克力：通常经加热软化成浓笛状淋饰在烘焙制品表面，作为脆皮巧克力，或用于刮巧克力花、巧克力卷，画圆线等蛋糕表面装饰，也可以和乳油混合打发作为可装饰夹心。

② 软质巧克力：能直接用于烘焙制品表面涂抹，可制作巧克力或搅拌打发作为蛋糕装饰。

③ 巧克力米：分颗粒大小形状不同的纯色巧克力米以及七彩颜色的巧克力米，一般用于烘焙产品的表面装饰。

3. 巧克力与可可粉使用原则

① 一般可可粉油脂含量约 10%～23%，烘焙者可任意选择，一般油脂含量高的可可粉品质较好。

② 可可粉颗粒大小会影响烘焙食品的色泽，选用颗粒细的可可粉，能用于装饰产品。

③ 可可粉的香气是烘焙食品风味的重要来源，可视消费者的喜好，自行调配牛奶和香精等，以增强其风味。

④ 巧克力熔点低，烘焙食品常添加卵磷脂以降低其粒性，使易于操作。

⑤ 巧克力或可可粉的碱性、油脂含量、水分及颗粒大小都会影响烘焙食品的品质，使用时应调整配方。

⑥ 经碱处理的可可粉能使烘焙食品颜色较深，应依产品需要选择使用。

六、水果蜜饯、干果及果酱

1. 糖清樱桃

① 种类：依颜色不同分成红色、绿色二种。依果梗有无分成有梗、无梗二种。依粒型差异分成整粒、半粒、片状、碎往、碎片及酱状等多种。

② 使用方便，在烘焙食品上用于表面装饰，以增加制品色、香、味。

③ 其在水果中使用量最多，色彩鲜艳，因此有烘焙食品最美丽的小天使之称。

2. 奇异果

鲜果多切片做为派。蛋糕等烘焙产品表面装饰用。

3. 草莓

新鲜草莓（整粒或对剖半粒、米粒）于产季时可用蛋糕、西点表面装饰用。

4. 水蜜桃、凤梨、蜜柑

① 此类水果以糖渍罐装储运。

② 水蜜桃为纵切片状使用，凤梨多为横切片或扇形片使用，蜜柑则以整片状使用。

③ 此类水果可用于烘焙产品表面装饰、馅料或夹心用。

5. 果酱

① 果酱以草莓、凤梨、柑橘、葡萄、浆果（包括小红莓、小蓝莓、黑莓、桑椹、覆盆子）等原料为主。

② 果酱可作为烘焙制品表面装饰、馅料、夹心等。

培训指导三　基本操作手法

培训项目一　捏、揉、搓的手法

1. 捏

用五指配合将制品原料粘在一起，做成各种实物形态的动作称为捏。捏是一种有较高艺术性的手法，西点制作常以细腻的杏仁膏为原料，捏成各种水果（如梨、香蕉、葡萄等）和小动物（如猪、狗等）。

（1）捏的方法　由于制品原料不同，捏制的成品有两种，一种是实心的，一种是包馅的。实心的为小型制品，其原料全部由杏仁膏构成，根据需要点缀颜色，有的浇一部分巧克力。包馅的一般为较大型的制品，它是用蛋糕坯与蜂蜜调成团后，做出所需的形状，然后用杏仁膏包上一层。

捏是一种艺术性强、操作比较复杂的手法，用这种手法可以捏糖花、面人、寿桃及各种形态逼真的花鸟、瓜果、飞禽走兽等。例如捏一朵马司板原料的月季花，其操作手法是：首先把马司板分成若干小剂，滚圆后放在保鲜纸或塑料纸中，用拇指搓成各种花瓣，然后将大小不一的花瓣捏为一体，即可形成一朵漂亮的月季花。

捏不只限于手工成形，还可以借助工具成形，如刀子、剪子等。

（2）基本要领

① 用力要均匀，面皮不能破损。

② 制品封口时，不留痕迹。

③ 制品要美观，形态要真实、完整。

2. 揉

揉主要用于面包制品，目的是使面团中的淀粉膨润黏结，气泡消失，蛋白质均匀分布，从而产生有弹性的面筋网络，增加面团的劲力。揉均、揉透的面团，内部结构均匀、外表光润爽滑，否则影响质量。

（1）揉的方法　揉可分为单手揉和双手揉两种。

① 单手揉适用于较小的面团，其方法是先将较小的面团分成小剂，置于工作台上，再将五指合拢，手掌扣住面剂，朝着一个方向旋转揉动。面团在手掌能够自然滚动，同时要挤压，使面剂紧凑、光滑变圆、内部气体消失，面团底部中间呈旋涡形，收口向下。这样揉成的面坯再放置到烤盘上进行烤制。

② 双手揉适用于较大的面团。其方法是用一只手压住面剂的一端，另一只手压住面剂的另一端，用力向外推揉，再向内使劲卷起，双手配合，反复揉搓，使面剂光滑变圆。待收口集中变小时，最后压紧，收口向下放置到烤盘上进行烤制。

（2）基本要领

① 揉面时用力要轻重适当，要有"浮力"，俗称"揉得活"。特别是发酵膨松的面团更不能死揉，否则会影响成品的膨松。

② 揉面要始终保持一个光洁面，不可无规则地乱揉，否则面团外观不完整、无光洁，还会破坏面筋网络的膨松。

③ 揉面的动作要利落，揉匀、揉透，揉出光泽。

3. 搓

搓是将揉好的面团改变成长条状，或将面粉与油脂和在一起的操作手法。

(1) 搓的方法　搓面团时先将揉好的面团改变成长条状，双手的手掌基部摁在条上，双手同时施力，来回地揉搓，边推边搓，前后滚动数次后面团向两侧延伸，成为粗细均匀的圆形长条。

搓油脂与面粉时，手掌向前，使面粉和油脂均匀地混合在一起。但不宜过多搓揉，以防面筋网络的形成，影响质量。

(2) 基本要领

① 双手动作要协调，用力均匀。

② 要用手掌的基部，按实推揉。

③ 搓的时间不宜过长，用力不宜过猛，以免断裂。

④ 搓条要紧，粗细均匀，条面圆滑，不使表面破裂为佳。

培训项目二　切、割、抹、裱手法

1. 切

切是借助工具将制品（半成品或成品）分离成形的一种方法。

切可分为直刀切、推拉切、斜刀切等，以直刀切、推拉切为主。不同性质的制品，运用不同的切法是提高制品质量的保证。

(1) 切的方法　推拉切是刀与制品处于垂直状态，在向下压的同时前后推拉，反复数次后切断的切法。切酥脆类、绵软类的制品都采用这种方法，目的是保证制品的形态完整。

直刀切是把刀垂直放在要切的制品上面，向下施力使之分离的切法。

斜刀切是将刀面与案板成45度角，用推拉的手法将制品切断的切法。这种方法是在制作特殊形状的点心时使用。

(2) 基本要领

① 直刀切是笔直地向下切，切时刀不前推，也不后拉，着力点在刀的中部。

② 推拉切是在刀由上往下压的同时前推后拉，互相配合，力度应根据制品质地而定。

③ 斜刀切一定要掌握好刀的角度，用力要均匀一致。

④ 在切制成品时，应保证制品形态完整，要切得直、切得匀。

2. 割

割是在被加工的坯料表面划裂口，并不切断它的造型的方法。制作某些品种的面包时常采用割面团的方法，目的是为了使制品烘烤后，表面因膨胀而呈现爆裂的效果。

（1）割的方法　为满足有些制品坯料在进行烘烤后更加美观，有的制品需先割出一个造型美观的花纹，然后经烘烤，使花纹处掀起，成熟后添入馅料，以丰富制品的造型和口味。具体方法是：右手拿刀，左手扶稳坯料，在坯料表面快速划上花纹即可。还有一种方法，是分割面坯，即将面坯搓成长条，左手扶面，由右手拿刮刀，将面坯分割。

（2）注意事项

① 割裂制品的工具锋刃要快，以免破坏制品的外观。

② 根据制品的工艺要求，确定割裂口的深度。

③ 割的动作要准确，用力不宜过大、过猛。

3. 抹

抹是将调制好的糊状原料，用工具平铺均匀，使制品平整光滑的操作方法。如制作蛋卷时就采用抹的方法，不仅把蛋糊均匀地平抹在烤盘上，制品成熟后还要将果酱、打发的奶油等抹在制品的表面进行卷制。抹又是对蛋糕做进一步装饰的基础，蛋糕在装饰之前先将所用的抹料（如打发鲜奶油或黄油酱等）平整均匀地抹在蛋糕表面上，为成品的造型和美化创造有利的条件。

注意事项有两点：

① 刀具掌握要平稳，用力要均匀。

② 正确掌握抹刀的角度，保证制品的光滑平整。

4. 裱型

裱型又称挤，是对西点制品进行美化、再加工的过程。通过这一过程增加制品的风味，以达到美化外观、丰富品种的目的。

（1）裱型方法　裱型有两种手法。

① 布袋挤法，先将布袋装入裱花嘴，用左手虎口抵住挤花袋的中间，翻开内侧，用右手将所需材料装入袋中，切忌不要装得过满，装半袋为宜。材料装好后，即将口袋翻回原状，同时把口袋卷紧，内侧空气自然被挤出，使挤花袋结实硬挺。使用时右手虎口捏住挤袋上部，同时手掌紧握花袋，左手轻扶挤花袋，并以45度角对着蛋糕表面挤出，此时原料经由花嘴和操作者的手法动作自然形成花纹。

② 纸卷挤法，将纸剪成三角形，卷成一头小、一头大的喇叭形圆锥筒，然后装入原料，用右手的拇指、食指和中指在纸卷的上口用力挤出。

（2）注意事项

① 双手配合要默契，动作要灵活，才能挤出自然美观的花纹。

② 用力要均匀，装入的物料要软硬适中，捏住口袋上部的右手虎口要捏紧。

③ 要有正确的操作姿势。

④ 图案纹路要清晰，线条要流畅，大小均匀，薄厚一致。

培训项目三　其他面点操作手法

其他操作手法对于西式蛋糕制作的成形也是必不可少的重要组成部分，如和、擀、卷等。

1. 和

和是将粉料与水分或其他辅料掺和在一起揉成面团的过程，它是整个点心制作中最初的一道工序，也是一个重要的环节。和面的好坏直接影响成品的质量，影响点心制作工艺能否顺利进行。

（1）和的方法　和面的具体方法，大体可分为抄拌、调和两种手法。

① 抄拌法，是将面粉放入缸或盆中，中间掏一个坑，放入 7~8 成的水，双手伸入缸中，从外向内，由上而下反复抄拌。抄拌时用力要均匀，待成为雪片状时，加入剩余的水，双手继续抄拌，至面团成为结实的块状时，可将面搓、揉成面团。

② 调和法，是先将面粉放在案台上，中间开个窝，再将鸡蛋、油脂、糖等物料倒入中间，双手五指张开，从外向内进行调和，再搓、揉成面团（如混酥面）。

（2）注意事项

① 要掌握液体配料与面粉的比例。

② 要根据面团性质的需要，选用面筋含量不同的面粉，采用不同的操作手法。

③ 动作要迅速、干净利落，面粉与配料混合均匀，不夹粉粒。

2. 擀

擀是借助于工具将面团展开使之变为片状的操作手法。

（1）擀的方法　擀是将坯料放在工作台上，擀面棍置于坯料之上，用双手的中部摁住擀面棍，向前滚动的同时，向下施力，将坯料擀成符合要求的厚度和形状。如擀清酥面，用水调面团包入黄油后，擀制时要用力适当、掌握平衡。清酥面的擀制是较难的工序，冬季比较容易，夏季擀制较困难，擀的同时还要利用冰箱来调节面团的软硬。擀制好的成品起发高、层次分明、体轻个大，擀不好会跑油、层次混乱、虽硬不酥。

（2）注意事项

① 擀制面团时应干净利落，施力均匀。

② 擀制品要平，无断裂，表面光滑。

3. 卷

卷是西点、面包的成形手法之一。

（1）卷的方法　需要卷制的品种较多，方法也不尽相同，有的品种要求熟制以后卷，有的是在熟制以前卷，无论哪种都是从头到尾用手以滚动的方式，由小而大地卷成。卷有单手卷和双手卷两种形式。单手卷（如清酥类的羊角酥）是用一只手拿着形如圆锥形的模具，另一只手将面坯拿起，在模具上由小头向大头轻轻地卷起，双手的配合一致，把面条卷在模具上，卷的层次均匀。双手卷（如蛋糕卷）是将蛋糕薄坯置于工作台上，涂抹上配料，双手向前推动卷起成形。卷制不能有空心，粗细要均匀一致。

（2）注意事项

① 被卷的坯料不宜放置过久，否则卷制的产品无法结实。

② 用力均匀，双手配合要协调一致。

培训指导四　常用设备工具

培训项目一　常用设备工具介绍

一、常见面点工具的种类与用途

中西式面点常用设备按其性质可分为机械设备、加热成熟设备、恒温设备、储物设备和工作案台等。

1. 机械设备

机械设备是面点生产的重要设备，它不仅能降低生产者的劳动强度、稳定产品质量，而且还有利于提高劳动生产率，便于大规模的生产。

（1）和面机　和面机又称拌粉机，主要用于拌和各种粉料。它主要由电动机、传动装置、面箱搅拌器、控制开关等部件组成，它利用机械运动将粉料、水或其他配料制成面坯，常用于大量面坯的调制。和面机的工作效率比手工操作高 5～10 倍，是面点制作中最常用的机器。

（2）压面机　压面机又称滚压机，是由机身架、电动机、传送带、滚轮、轴具调节器等部件构成。它的功能是将和好的面团通过压辊之间的间隙，压成所需厚度的皮料（即各种面团卷、面皮），以便进一步加工。

（3）分割机　分割机构造比较复杂，有各种类型，主要用途是把初步发酵的面团均匀地进行分割，并制成一定的形状。它的特点是分割速度快、分量准确、成形规范。

（4）揉圆机　揉圆机是面包成形的设备之一，主要用于面包的搓圆。

（5）打蛋机　打蛋机又称搅拌机，它由电动机、传动装置、搅拌桶等组成。它主要利用搅拌器的机械运动搅打蛋液、沙司、奶油等，一般具有分段变速或无级变速功能。多功能的打蛋机还兼有和面、搅打、拌馅等功能，用途较为广泛。

（6）饺子成形机　目前国内生产的饺子成形机为灌肠式饺子机。使用时先将和好的面、馅分别放入面斗和馅斗中，在各自推进器的推动下，将馅充满面管形成"灌肠"，然后通过滚压、切断，做成单个饺子。

（7）绞肉机　绞肉机用于绞肉馅、豆沙馅等，其原理是利用中轴推进原料推至十字花刀处，通过十字花刀的调整旋转，和原料成茸泥状，以供进一步加工之用。

（8）磨浆机　磨浆机主要用于磨制米浆、豆浆等，其原理是通过磨盘的高速旋转，使原料呈浆茸状，以供进一步加工之用。

此外，机械设备还有挤注成形机、面条机、月饼成形机等。

2. 加热成熟设备

（1）蒸煮灶　适于蒸、煮等熟制方法，目前有两种类型：蒸汽型蒸煮灶、燃烧型蒸煮灶。

① 蒸汽型蒸煮灶是目前厨房中广泛使用的一种加热设备，一般分为蒸箱和蒸汽压力锅两种。

蒸箱是利用蒸汽传导热能，将食品直接蒸熟。它与传统煤火蒸笼加热方法相比，具有操作方便、使用安全、劳动强度低、清洁卫生、热效率高等优点。

蒸汽压力锅（又称蒸汽夹层锅）是热蒸汽通入锅的夹层与锅内的水交换热能，使水沸腾，从而达到加热食品的目的。它克服了明火加热易改变食品色泽和风味、甚至焦化的缺点，在面点工艺中，常用来制作糖浆、浓缩果酱、炒制豆沙馅、莲茸馅和枣泥馅等。

② 燃烧型蒸煮灶（即传统用火蒸煮灶）是利用煤或柴油、煤气等能源的燃烧而产生热量，将锅内水烧开，利用水的对流传热作用或蒸汽的作用使生坯成熟的一种设备。现在大部分饭店、宾馆多用煤气灶，主要是利用火力的大小来调节水温或蒸汽的强弱使生坯成熟。它的特点是适合少量制品的加热。在使用时一定要注意规范操作，以确保安全。

（2）远红外线烘烤炉　远红外线烘烤炉（也称"远红外线烤箱"），是目前大部分饭店、宾馆面点厨房必备的电加热成熟设备，适用于烘烤种类中西面点，具有热快、效率高、节约能源的优点。

远红外线是以光速直线传播的无线电电磁波，波长在 3~1000 微米之间，是一种看不见、有加热作用的辐射线。当远红外线向物体辐射时，其中一部分被反射回来，一部分穿透物体继续向前辐射，还有一部分则被物体吸收而转变为热能。远红外线电烤箱就是利用被加热物体所吸收的远红外线直接转变为热能，使物体自身发热升温，达到使生坯成熟的目的。

常用的远红外线电烤箱有单门式、双门式、多层式等型号，一般都装有自动温控仪、定时器、蜂鸣报警器等，先进的电烤箱还可对上火、下火分别进行调节，具有喷蒸汽等特殊功能。它的使用简便卫生，可同时放置 2~10（或更多）个烤盘。

（3）远红外多功能电蒸锅　远红外多功能型电蒸锅是以电源为能源，利用远红外电热管将电能转化为热能，通过传热介质（水或油、金属）的作用，达到使生坯成熟的目的。因其具有操作简单、升温快、加热迅速、卫生清洁、无污染及蒸、煮、炸、煎、烙等多种成熟用途等优点，目前正被广泛使用。

（4）微波炉　微波炉是近年来在国外普及较广、目前已逐步被我国消费者认识和采用的新型加热设备。

微波是指频率在（300~300000）MHz，介于无线电波与红外波之间的超高频电磁波。微波加热是通过微波元件发出微波能量，用导管输送到微波加热器，使微波加热具有加热时间短、穿透能力强、瞬时升温、食物营养损失小、成品率高等显著优点，但因其无"明火"现象，而导致制品成熟时缺乏糖类的焦糖化作用，色泽较差。

3. 恒温设备

恒温设备是制作西点不可缺少的设备，主要用于原料和食品的发酵、冷藏和冷冻，常用的有发酵箱、电冰柜（箱）、制冷机和冰激凌机等。

（1）发酵箱　发酵箱型号很多，大小也不尽相同。发酵箱的箱体大都为不锈钢，它由密封的外框、活动门、不锈钢托架、电源控制开关、水槽和温度调节装置等部分组成。发酵箱的工作原理是靠电热管将水槽内的水加热蒸发，使面团在一定温度和湿度下充分地发酵、膨胀。如发酵面包时，一般是先将发酵箱调节到设定的温度后，方可进行发酵。

（2）电冰柜（箱） 电冰柜（箱）是现代西点制作的主要设备。按构造分为直冷式（冷气自然对流）和风冷式（冷气强制循环）两种，按用途分为保鲜和低温冷冻两种。无论何种冰柜（箱），均具有隔热保温的外壳和制冷系统，其冷藏的温度范围为$-40 \sim 10℃$，具有自动恒温控制、自动除霜等功能，使用方便，可用来对面点原料、半成品或成品进行冷藏保鲜或冷冻加工。

（3）制冷机 制冷机主要用来制备冰块、碎冰和冰花。它由蒸发器的冰模、喷水、循环水泵、脱模电热丝、冰块滑道、储水冰槽等组成。整个制冰过程是自动进行的，先由制冰系统制冷，水泵将水喷到冰模上，逐渐冻成冰块，然后停止制冷，用电热丝使冰块脱模，沿滑道进入储冰槽，再由人工取出冷藏。

（4）冰激凌机 冰激凌机由制冷系统和搅拌系统组成。制作时把配好的液状原料装入搅拌系统的容器内，一边搅拌一边冷却。由于冰激凌的卫生要求很高，因此冰激凌机一般用不锈钢制造，不易粘污食物，且易消毒。

4. 储物设备

（1）储物柜 储物柜多用不锈钢材料制成（也有木质材料制成的），用于盛放大米、面粉等粮食。

（2）盆 盆一般有木盆、瓦盆、铝盆、搪瓷盆、不锈钢盆等，其直径有 $30 \sim 80$ 厘米等多种规格，用于和面、发面、调馅、盛物等。

（3）桶 桶一般分为不锈钢或塑料桶，主要用于盛放面粉、白糖等原料。

5. 工作案台

工作案台是特指制作面点的工作台，又称案台、案板。它是面点制作的必要设备。由于案台材料的不同，目前常见的有不锈钢案台、木质案台、大理石案台和塑料案台 4 种。

（1）不锈钢案台 不锈钢案台一般整体都是用不锈钢材料制成，表面不锈钢板材的厚度在 $0.8 \sim 1.2$ 毫米之间，要求平整、光滑、没有凸凹现象。由于不锈钢案台美观大方、卫生清洁、台面平滑光亮、传热性质好，是目前各级饭店、宾馆采用较多的工作案台。

（2）木质案台 木质案台的台面大多用 $6 \sim 10$ 厘米以上厚的木板制成，底架一般有铁制的、木制的几种。台面的材料以枣木为最好，柳木次之。案台要求结实、牢固、平稳，表面平整、光滑、无缝。此为传统案台。

（3）大理石案台 大理石案台的台面一般是用 4 厘米左右厚的大理石材料制成，由于大理石台面较重，因此其底架要求特别结实、稳固、承重能力强。它比木质案台平整、光滑、散热性能好、抗腐蚀力强，是较理想设备。

（4）塑料案台 塑料案台质地柔软、抗腐蚀性强、不易损坏，加工制作各种制品都较适宜，其质量优于木质案台。

二、中西面点常用工具

面点的制作，很大程度上要依赖各式各样的工具。因各地方面点的制作方法有较大的差别，因此所用的工具也有所不同。按面点的制作工艺，其工具可分制皮工具、成形工具、成熟工具及其他工具等。

1. 制皮工具

(1) 面杖　面杖是制作皮坯时不可缺少的工具。各种面杖粗细、长短不等，一般来说，擀制面条、馄饨皮所用的较长，用于油酥制皮或擀制烧饼的较短，可根据需要选用。

(2) 通心槌　通心槌又称走槌，形似滚筒，中间空，供手插入轴心，使用时来回滚动。由于通心槌自身重量较大，擀皮时可以省力，是擀大块面团的必备工具，如用于大块油酥面团的起酥、卷形面点的制皮等。

(3) 单手棍　单手棍又称小面杖，一般长25～40厘米，有两头粗细一致的，也有中间稍粗的，是擀饺子皮的专用工具，也常用于面点的成形，如酥皮面点成形等。

(4) 双手杖　双手杖又称手面棍，一般长25～30厘米，两头稍细，中间稍粗，使用时两根并用，双手同时配合进行，常用于烧卖皮、饺子皮的擀制。

此外，还有橄榄杖、花棍等制皮工具。

2. 成形工具

(1) 印模　多以木质为主，刻成各种形状，有单凹和多凹等多种规格，底部面上刻有各种花纹图案及文字。坯料通过印模形成图案、规格一致的精美面点，如广式月饼、绿豆糕、晶饼、糕团等。

(2) 套模　套模又称花戳子，用钢皮或不锈钢皮制成，形状有圆形、椭圆形、菱形以及各种花鸟形状等，常用于制作清酥坯皮面点，如小饼干等。

(3) 模具　模具又称盏模，由不锈钢、铝合金、铜皮制成，形状有圆形、椭圆形等，主要用于蛋糕、布丁、塔、派、面包的成形。

(4) 花嘴　花嘴又称裱花嘴、裱花龙头，用铜皮或不锈钢皮制成，有各种规格，可根据图案、花纹的需要选用。运用花嘴时将浆状物装入挤袋中，挤注时通过花嘴形成所需的花纹，如蛋糕的裱花、奶油曲奇裱花等。

(5) 花钳和花车　花钳一般用铜制或不锈钢片制成，用于各种花式面点的钳花造型。花车是利用花车的小滚轮在面点面上留下各种花纹，如豆蓉夹心糕、苹果派等。

3. 成熟工具

主要是与成熟设备相配套的，如烤盘、煮锅、炒勺、笊板、锅铲等。

4. 其他工具

主要有刮刀、抹刀、锯齿刀、粉筛、打蛋帚、毛刷、馅挑、榨板、小剪刀等。

培训项目二　常用设备的使用与保养

一、烤箱的使用与保养

1. 烤箱的使用

烘烤是一项技术性较强的工作，操作者必须认真了解和掌握所使用烤箱的特点和性能，尽管制作西点的烤箱种类较多，但基本操作大致相同。

① 新烤箱在启用前应详读使用说明书，以免因使用不当出现事故。

② 食品烘烤前烤箱必须预热，待温度达到工艺要求后方可进行烘烤。

③ 温度确定后，要根据某种食品的工艺要求合理选择烤制时间。

④ 在烘烤过程中，要随时检查温度情况和制品的外表变化，及时进行温度调整。

⑤ 烤箱使用后应立即关掉电源，温度下降后要将残留在烤箱内的污物清理干净。

2. 烘烤设备的保养

注意对设备的保养，不但可以延长设备的使用寿命，保持设备的正常运行，而且对产品质量的稳定具有重要意义。烘烤设备的保养主要有以下几点。

① 经常保持烤箱的清洁，清洗时不宜用水，以防触电，最好用厨具清洗剂擦洗，不能用钝器铲刮污物。

② 保持烤具的清洁卫生，清洗过的烤具要擦干，不可将潮湿的烤具直接放入烤箱内。

③ 长期停用的烤箱，应将内、外擦洗干净后，用塑料罩罩好在通风干燥处存放。

二、微波炉的使用与注意事项

1. 微波炉的使用方法

① 接通电源。选择功能键，接通电源后，要根据加热原料的性质、大小及加热目的（成熟、烧烤、解冻等）、加热时间，将各功能键调至所需位置。

② 打开炉门，将盛放食物的容器放入炉内，关好炉门，按启动键。

③ 加热完成后，打开炉门取出食物，切断电源，用软布将炉内外擦净。

2. 使用微波炉的注意事项

① 微波炉要放置在平衡、通风的地方，后部应有不少于10厘米左右及顶部不少于5厘米的空间，以利于排气散热，且要远离带有磁场的家用电器，以免影响烹调效果。

② 微波炉内的食物不要放得太满，以不超过容积的1/3为好。食物也不要直接放在转盘上，要用耐热的玻璃、陶瓷或耐热塑料做成的容器盛放。绝对不能用金属或搪瓷容器，也不宜用带有金属花纹的容器盛放。

③ 严禁用微波炉加热密封的食物，例如袋装、瓶装、罐装食品以及带皮、带壳的食品，如栗子、鸡蛋等，以免爆炸污染或损坏微波炉。

④ 微波炉严禁空载使用。平时可在炉内预备一杯水（玻璃杯），使用时拿出，加热完食物后再放入，以免空载烧坏微波炉。

⑤ 由于微波功率有限，对体积过大的食物，应当均匀分解（肉类3厘米左右，其他食品5~7厘米为宜），以免食物生熟不均。加热整只鸡鸭等大件食物，最好加热一段时间后，将食物翻面，使各部位可均匀加热。

⑥ 微波炉在使用过程中，应切实保护好炉门，防止因炉门变形或损坏而造成微波泄漏。更不能在炉门开启时，试图启动微波炉，这是十分危险的。

⑦ 选择烹调时间宁短勿长，以免食物过分加热烧焦甚至起火。而重复加热十分方便。

⑧ 微波炉工作时，应远离炉体，虽有安全保险，还要防止万一发生微波辐射伤害人体。

⑨ 操作时，不要把眼睛靠近观察窗进行观察，因为眼睛对微波辐射最敏感。

三、电冰箱的使用与保养

1. 初次使用

选择合适的摆放位置。冰箱宜放在通风的地方，以利散热，从而增加冰箱的制冷能力，一般要求冰箱与周壁的距离不少于10厘米。

对照装箱单，清点附件是否齐全。详细阅读产品使用说明书，按照说明书的要求进行全面检查。

检查电源电压是否符合要求。电冰箱使用的电源应为220伏、50赫兹单相交流电源，正常工作时，电压波动允许在187～242伏之间，如果波动很大或忽高忽低，将影响压缩机正常工作，甚至会烧毁压缩机。电压过高，会因电流太大烧坏电动机线圈；电压过低，会使压缩机启动困难，造成频繁启动，也会烧坏电动机。

电冰箱应用专用三孔插座，单独接线。没有接地装置的用户，应加装接地线。设置接地线时，不能用自来水和煤气管道做接地线，更不能接到电话线和避雷针上。

检查无误后，电冰箱静置半小时，接通电源，仔细听压缩机在启动和运转时的声音是否正常，如果噪音较大，应检查电冰箱是否摆放平稳，各个管路是否接触，并做好相应的调整。有较大异常声音，应立即切断电源，与就近的服务中心联系。

电冰箱在存放食物前，先空载运行一段时间，等箱内温度降低后，再放入食物，存放的食物不能过多，尽量避免电冰箱长时间满负荷运行。

2. 冰箱使用技巧

（1）速冻可以保鲜　0～－3℃是食物细胞内水分冻结成最大冰晶的温度带，食物从0℃降到－3℃时间越短，食物的保鲜效果越好。速冻可以使食物以最快的速度完成这一冻结过程。在食物被速冻过程中，将形成最细小的冰晶，这种细小的冰晶不会刺破食物的细胞膜，这样，食物在解冻时细胞组织液得到完整保存，减少营养流失，达到了保鲜目的。

（2）食品在电冰箱中储存时间过长也变质　电冰箱是采用降低温度的方法，抑制食品中微生物的繁殖、酶的催化和降低食品的氧化速度，但低温并不能完全杀死微生物和防止酶的催化及食品氧化，不少嗜冷微生物如假单胞杆菌属、黄杆菌属、赛氏杆菌属、小环菌、少数酵母菌和酶菌等，都能在0℃以下的低温环境中缓慢成长，随着储存时间的延长，食品也会腐败变质。因此，在电冰箱中储存食品不应超过食品储存期限。

（3）提高冰箱抗菌保鲜效果的方法　抗菌冰箱和普通冰箱一样，对于放在其中的食品，除了有低温保鲜作用外，是没有消毒作用的。然而，合理使用，提高冰箱的保鲜效果却大有讲究。以下几点可以提高冰箱的保鲜效果。

① 冰箱宜放在通风的地方，以利散热，从而增加冰箱的制冷能力，一般要求冰箱与周壁的距离不少于10厘米。

② 放在冰箱里的食品应尽量是新鲜的、干净的，因为质量好的食品，其微生物数少，从而可减少繁殖后的微生物总数，且不易污染储存在冰箱中其他食品。

③ 冷饮等直接入口食品应放在冷冻室的上层，冻鱼、冻肉放在下层，以防交叉污染。冷藏室的温度是上面低下面高，因此鱼、肉等动物性食品宜放在上面，水果、蔬菜等放在下面（香蕉不宜放在12℃以下的冷藏室内），蛋和饮料放在门框上，让它们在适宜的温度环境中"各就各位"。

④ 放在冰箱里的食品都应有一定的包装（包括保鲜膜覆盖），其作用是防止食品冷冻干燥、相互污染。

⑤ 需冷冻的鱼、肉，应按家庭一次食用量的大小包装，防止大块食品多次解冻而影响其营养价值及鲜味，同时也可省电。

⑥ 吃剩的饭菜最好先加热，待冷却后再放到冰箱里冷藏，如冷藏时间超过24小时，要回锅烧透后再吃。

⑦ 普通冰箱要定期融冰（自动除霜冰箱除外）和擦洗，最好用二氧化氯消毒剂擦洗。这种消毒剂不会产生有毒的卤代烃类化合物，不但可达到消毒的目的，而且可除去冰箱内的异味。

四、案台的保养

案台使用后，一定要彻底清洗干净。一般情况下，要先将案板上的粉料清扫干净，用水刷洗后，再用湿布将案面擦净。

五、储物设备的保养

经常擦拭干净，保持内外干净、干燥。

培训指导五　职业道德

培训项目一　道　　德

1. 什么是道德

在我国古籍中,最早是把"道"与"德"两个词分开使用的。"道"表示道路,以后引申为原则、规范规律、道理或学说等方面的含义。"德"字在《卜辞》中与"得"字相通。"道德"二字连用始于春秋战国时的《管子》、《庄子》、《荀子》诸书,荀况在《荀子·劝学篇》中说:"故学至乎礼而止矣,夫是之谓道德之极。"荀况不但将道与德连用,而且赋予了它确定的意义,即指人们在各种伦常关系中表现的道德境界、道德品质和调整这种关系的原则和规范。西方古代文化中,"道德"一词起源于拉丁语的"摩里斯"(Mores),意为风俗和习惯,引申其义,也有规则、规范、行为品质和善恶评价等含义。

究竟什么是道德?可以从质和量两个方面来考察。从质的规定性来看,道德是在人类社会现实生活中,由经济关系所决定的,用善恶标准去评价,依靠社会舆论、传统习惯和内心信念来维持的一类社会现象。从量的规定性来看,道德是相当广泛的,有时指道德观念或道德意识,有时指道德品质,有时指道德教育、道德修养,有时指道德原则、道德规范。

2. 道德的本质

道德和其他社会意识形态一样,都是由一定社会的经济基础决定的,并为一定的社会经济基础服务。有什么样的经济关系,就必然会有什么样的道德意识和道德行为。原始社会,人们的经济关系是"以个人尚未成熟、尚未脱掉同其他人的自然血缘联系的脐带为基础"的,所以,与之相适应的道德,便是同风俗习惯混为一体的纯朴道德。

培训项目二　职业道德

各种职业道德规范,是人们在长期职业活动中总结、概括、提炼出来。它一方面鼓励人们理智地做那些为了达到某种工作目标而必须要做到的工作行为,即应该积极主动地干什么;另一方面,它也制止那些达到某种工作目标必须禁止的工作行为,约束人们不能干什么。由于各行各业的职业活动内容和职业特征不同,不同职业的职业道德内容不尽相同。

尽管不同职业的职业道德内容不尽相同,但是各种不同职业的职业道德都有其共同的基本内容。我国《公民道德建设实施纲要》提出了职业道德的基本内容,即"爱岗敬业、诚实守信、办事公道、服务群众、奉献社会"。

1. 爱岗敬业

爱岗敬业是职业道德的核心和基础。对从业人员来说，无论从事哪一项职业，都要求能够爱岗敬业。爱岗就是干一行爱一行，安心本职工作；热爱自己的工作岗位就是要把自己看成公司、部门的一分子，要把从事的工作视为生命存在的表现方式，尽心尽力去工作。由于社会发展的限制，今天还不能使每个社会成员都按照自己的主观意愿来选择自己的职业岗位，但对任何从业人员来说，不管是主动选择自己的岗位，还是被动选择的岗位，最基本条件就是应爱护自己的职业岗位。即使有人不情愿地成为了现有职业的劳动者，在还没有调换工作之前，仍应当坚守工作岗位，履行职业责任，努力调整自己的工作方式和行为态度，在积极乐观的情绪下尽心尽力地工作。爱岗和敬业是紧密地联系在一起的。敬业是爱岗意识的升华，是爱岗情感的表达。敬业通过对职业工作极端负责、对技术的精益求精表现出来，通过乐业、勤业、精业表现出来。乐业，是喜欢自己的工作，能心情愉快，乐观向上地从事自己的职业工作。勤业，要求每个人从业人员在工作中，应该用一种恭敬认真的态度，勤奋努力，不偷懒、不怠工。精业，要求对本职工作精益求精，熟练地掌握职业技能，勤奋努力、不断提高、不断地超越现有的成就。业务精，就能有所发明，有所创造。三百六十行，行行出状元，精通业务，就能成就自己的事业。

2. 诚实守信

诚实守信这一职业道德准则，是职业在社会中生存和发展的基石。诚实守信对从业者而言，是"立人之道"、"进德修业之本"。因此要求从业者在职业生活中应该慎待诺言、表里如一、言行一致、遵守职业纪律。这表现在职业劳动中，就是从业者诚实劳动，有一分力出一分力，出满勤、干满点、不怠工、不推诿，尊遵纪守法；表现在职业的业务活动中，就是严格履行合同契约，说到做到、不说谎、不自欺欺人、不弄虚作假、不偷工减料、不以次充好，重合同守信用。诚实守信是中华民族的优良传统之一，也是人类文明的共同财富。美国著名科学家、政治家富兰克林在《给一个年轻商人的忠告》中，不仅提出了"时间就是金钱"的命题，同时提出了"信用就是金钱"，并强调对此要"切记"，还说"影响信用的事，哪怕十分琐碎也得注意。"职业生活中的虚伪欺诈、言而无信是与职业道德不相容的。

3. 办事公道

办事公道是处理职业内外关系的重要行为准则。从业人员在工作中，首先应自觉遵守规章制度、平等待人、秉公办事、清正廉洁，不允许违章犯纪、维护特权、滥用职权、损人利己、损公济私。任何一项职业都有其自身的性质和特点，它的存在都有其社会的需要。从业人员应在自己的本职工作岗位上，自觉遵守按照行业特点制定的工作原则。工作原则是维持各职业正常进行的规定，是本部门、本行业长远利益、整体利益和社会大众利益的保证。按原则办事是办事公道的具体体现。如表现在对待职业对象的态度上，不能有亲疏、贵贱之分，不论是领导还是群众、是熟人朋友还是陌生人、是富人还是贫民，都应一视同仁、遵章办事、周到服务。其次，本职业社会职能和作用的发挥，不能不受到各方面职业关系的制约，必须是在同其他许多有关职业的协同活动中才能完成。而在这种协同活动中，需要互相照顾对方的利益，也需要互相对对方负有一定的义务。因此各行业从业人员在职业中互相合作，兼顾国家、集体、个人三者的利益，追求社会公正，维护公益。

4. 服务群众

服务群众，满足群众要求，尊重群众利益是职业道德要求目标指向的最终归宿。任何职业都有其职业的服务对象，作为一项职业之所以存在，就是有该职业的职业对象对这项职业有共同的要求。如求医的病人是要求医生能治好他的病，购物的顾客是要求商人能卖给他所需要和称心的商品，而我们的顾客就是要求我们能提供给他美味可口的佳肴和礼貌周到的服务。

在如今的社会中，所有职业的共同服务对象就是人民群众。每个职业劳动者都是群众中的一员，在他的职业岗位上工作时是服务者，为群众提供服务；而在其他场合就成为被服务者，接受他人提供的服务。实际上，不同的职业的差别只在于服务的具体形式、手段、范围不同而已，服务群众的主体和对象都是平等的。在现代社会中生存的每个人，都接受着无数人直接或间接提供的各种各样的服务。因此服务群众就是群众自我服务、互相共同服务。服务群众就要求任何职业都必须极力设法满足它的职业对象的要求，处处为职业对象的实际需要着想，尊重他们的利益，取得他们的信任和信赖。

5. 奉献社会

奉献社会是职业道德的本质特征。每一项职业，都有其各自的特殊社会职能。这种特殊的社会职能就是社会对该项职业所提出的要求，也就是从业人员从事职业劳动的社会意义。任何职业都必须忠实地履行其社会职能。每项职业的从业人员对各自职业应尽的职责，又是他们对社会所应尽的义务。从他们从事各自职业的第一天起，他们就理所当然地对社会承担了这种义务。这就要求每个从业人员爱岗敬业、诚实守信、办事公道和服务群众，就是为社会，为他人做出奉献。奉献社会并不意味着否定个人的正当利益。个人通过职业活动奉献社会，同时通过职业活动获得正当的收入，社会由此得到财富，真正体现了个人与社会的相依性。而只有那些树立了奉献社会的职业理想、在职业劳动中自觉、主动地奉献社会的劳动者，才能真正体会到奉献社会的乐趣，才能最大限度地实现自己的人生价值。

培训项目三　从业人员的职业道德

所谓职业道德，简单的说就是行业规范和个人的行为意识。厨师在传统的职业道德方面主要表现在师徒之间或与老板之间，并无成文的规定，但大都约定俗成。然而，随着社会的不断进步、经济的飞速发展、餐饮业以及厨师间的竞争加剧，厨师职业道德越发显得重要而迫切。

1. 对国家

任何人都有自己的国家和民族。作为职业厨师首要的一条就是要热爱自己的祖国、忠于自己的国家。只有树立这样的信仰，将国家和民族的利益放在至高无上的伟大位置,才具备基本的职业道德。

另外,还要恪守中华民族普遍认可的社会公德和优良传统,要遵守国家已制定的法律和各项规章制度。只有全社会、全国人民共同遵守、共同维护,国家才会繁荣安定,人民才会幸福平安,行业才会繁荣发展,人才才有用武之地。

2. 对职业

职业,要想把它做好、做出成绩,不是一件容易的事。对待职业首先自己要尊敬它,也就是说首先自己要喜欢并热爱这个行业。因为就职业而言,没有高低贵贱之分。如果自己都看不起、不喜欢,又怎么谈到敬业爱岗呢?既然选择了厨师,就要把它当事业、当学问来做,只有把工作设定一个目标,你才会感到充实、有方向,人生才会得到不断升华,才可能成就一番事业。

3. 对顾客

顾客,有人称为"上帝",有人称为"衣食父母"。也有人说顾客是"老板"。所以,如何达到顾客满意应该是最高的宗旨。

对待顾客,首先要真诚服务、用心对待。也就是说对待我们的客户,只有用发自内心的热情和真诚的服务才可能使客人感到亲切和愉快。就像著名饭店创始人希尔顿先生说:"我宁愿住在只有破旧的地毯和简陋的环境里,也不愿走进只有豪华设施,却没有真诚微笑的地方。"

另外,对待顾客更要努力使其达到满意为标准。因为客人来自四面八方,饮食习惯也千差万别,作为厨师,要尽可能根据客人的喜好,来调整你的菜品,尽可能地使食客满意。只有顾客满意,企业才有效益,你的工作才能得到别人认可。所以,对待客人一定不能马虎、应付,要抱着认真的态度保证每一个作品。

4. 对企业

首先应以店为家、忠诚勤恳,其次要树立主人翁的精神。因为家庭为你带来生命、把你养育成人,企业为你提供学习和工作的场所,为你的事业和成就提供了发展的平台和空间,你只有将企业当成第二个家,你才能从心里奉献忠诚和勤恳,从心里爱护维护这个家的财产和荣誉。

另外,对待企业还要积极地发挥自己的才能,为企业多创造经济效益和社会效益。因为只有你发挥出了应有的技术和专长,企业才可能取得效益,企业有了效益,才可能维持各项开支,有了效益,企业和个人才能更好更快地健康发展,这是相互关联和并存的。

5. 对领导

既然有企业存在,就有领导存在,有领导存在,必然有上下级之分。我认为:首先应该尊敬服从,其次是理解配合。因为任何一个团队都需要领导者将各种事情组织分配,协调管理,只有一个周密的组织安排,才能圆满地完成各项接待任务。所以,对待上级都应该给予尊敬、理解和足够的支持,只有理解了上级的意图和目的才能有效地配合,共同完成任务。否则,大家互不服气,各自为政,互相为难,推诿扯皮,那么大家最终只能不欢而散或遭到解雇。

另外,对领导或老板要敢于进言,敢于提出合理化建议,敢于在客人与上级之间分清主次，只有这样才能保证企业健康长远发展。

6. 对同事

同事间要想和睦相处、共同进步，首先大家要互相团结。俗话说："三人行，必有我师"，"尺有所短，寸有所长"。任何人都有其长处，大家必须相互配合，才能完成上级下达的各项任务和指标。另外，同事之间还要友善相处、相互帮助。因为大家来自四面八方，能走到一起工作，本身就是一种缘分，即使因工作中产生一些小摩擦和不同的意见也没必要成为仇人。只有大家相互帮助，用真诚的行动、善意的提醒，才能换来微笑和友谊，才能达到共存共荣。所以，对待同事一定要助人为乐、团结友善、互相学习，才能共同发展、共同进步。

7. 对自己

对自己，首先要讲诚信。因为，不论是企业还是个人，一旦你做出了对社会或对他人的欺骗行为，就会遭到别人的反感，从而不愿与你打交道，你就会失去很多好的发展机会。其次，自己要勤奋努力，严格要求。因为任何一个成功人士都不是一帆风顺的，都要吃别人吃不了的苦、受别人受不了的气、干别人干不了的活，只有比别人付出的更多，收获的才会更多。每个人每天都要给自己提要求，哪怕进步一点，日积月累，最终一定会创出成绩，干出名堂。另外，对待问题要勇敢面对，敢于承担自己的失误，做到"遇事责任在我，做人吃亏是福"。

培训指导六　食品污染及预防

培训项目一　食品污染源

食品污染分为生物性污染、化学性污染及物理性污染三类。

1. 生物性污染

主要指病原体的污染。细菌、霉菌以及寄生虫卵侵染蔬菜、肉类等食物后，都会造成食品污染。在受潮霉变的食物上，能生长一种真菌——黄曲霉。黄曲霉能产生一种剧毒物质——黄曲霉毒素，这是一种强烈的致癌物质。霉菌毒素的污染，可能是世界上某些湿热地区肝癌高发的重要原因。

生物性污染包括以下几类。

（1）微生物　细菌与细菌毒素、霉菌与霉菌毒素易引起污染。

（2）寄生虫　包括虫卵，指病人或病畜的粪便间接或直接污染食品。

医学上把寄生虫引起的疾病称为"寄生虫病"。寄生虫（parasite）指一种生物，将其一生的大多数时间居住在另外一种动物，称为宿主或寄主（host）上以获取维持其生存、发育或者繁殖所需的营养或者庇护。同时，对被寄生动物造成损害。广义上来说，细菌和病毒也是寄生虫。

（3）昆虫　包括甲虫、螨类、蛾、蝇、蛆。

昆虫是动物世界最大的一个类群，有一百多万种。昆虫携带有毒的病原微生物，可传染疾病。食用昆虫的虫卵、尸体或者活虫引起人体过敏。引起过敏的昆虫，包括蟑螂、蝶蛾、蚂蚁、苍蝇、蚊子等12个纲目。昆虫衍生物，如脱落的毛、鳞片、排泄物和身体碎片等，都有可能引起人体过敏反应。

① 苍蝇的体表及腹中携带着数以万计的细菌、病毒以及寄生虫卵。苍蝇有边吃、边吐、边拉的习性，它飞落到哪里，哪里的食物、食具就会受到细菌、病毒、虫卵的污染，当人们吃了被污染的食物或使用被污染的食具时，就可发生肠道传染病或寄生虫病。

预防苍蝇传染疾病，以环境治理为主。食品企业的生产车间，不能有苍蝇的足迹。食品及洗净后的食具，不要让苍蝇停留，要用纱橱存放或用纱罩盖好，防止被苍蝇污染。

② 栖身于屋舍的蟑螂，喜欢淀粉性的食物，在它们爬过的食物上，往往会把所携带的病原生物留下而传播疾病，会使人得严重的肠胃炎、引起食物中毒或痢疾。

蟑螂传播多种疾病，如痢疾、肝炎、结核病、白喉、猩红热、蛔虫病等。蟑螂携带病原生物有伤寒杆菌、痢疾杆菌、大肠杆菌、肺结核菌、炭疽杆菌、癫病菌等及绦虫类、蛔虫类、血吸虫类的卵等。

蟑螂取食时会产生有臭味的分泌物，破坏食物味道，体质弱或敏感的人如果接触蟑螂污染过的食品或蟑螂粪便、分泌物及污浊的空气，会产生各种过敏反应。

③ 腐食酪螨是一种世界性的储藏食品害螨。大量发现于脂肪、蛋白质含量高的食物中。也可在稻谷、大米、碎米、大麦、小麦、面粉、红糖、白糖、红枣、黑枣、中药材中发现。在我国腐食酪螨是危害最严重的储藏物害螨。

④ 椭圆食粉螨也是我国常见的储藏物螨类，危害各种储藏的粮食和食品，如稻谷、大米、大麦、小麦、面粉、麸皮、米糠、黄豆、蚕豆、玉米、玉米粉、山芋粉等。也可在鼠洞、鸟巢及家禽养殖场发现。性喜潮湿，能以生长在谷物上的霉菌为食。

寄生于食用菌，蛀食菇柄或菇伞，形成污染的凹陷洞。洞中有很多小坑，在坑中群聚为害，有的把小菇蕾全部蛀空，致食用菌减产，严重的绝收。

面粉长期储藏受潮容易产生酵母菌，酵母菌是粉螨的食物，于是产生了粉螨。农家面粉放置久了，取出时，会有一串串的珠状，肉眼细看有无数小虫，就是粉螨。取食面粉时，粉螨散发在屋里，进入人的呼吸道引起过敏。食用面粉的农村，有些孩童体检没病，但体质差、食欲不振、干咳、瘦弱，其实就是吸进粉螨造成的。

（4）病毒　肝炎病毒、脊髓灰质炎病毒、口蹄疫病毒均易引起食物污染。

2. 化学性污染

是指有害化学物质的污染。在农田、果园中大量使用化学农药，是造成粮食、蔬菜、果品化学性污染的主要原因。这些污染物还可以随着雨水进入水体，然后进入鱼虾体内。如我国某地湖泊受到农药污染后，不少鱼的身体变形，烹调时药味浓重，被称为"药水鱼"。这些"药水鱼"曾造成数百人中毒。有些农民在马路上晾晒粮食，容易使粮食粘染沥青中的挥发物，从而对人体健康产生不利影响。

化学性污染原因有以下几点。

① 来自生产、生活和环境中的污染物，如农药、兽药包括有毒金属、多环芳烃化合物、N-亚硝基化合物、杂环胺、二噁英、三氯丙醇等。

② 食品容器、包装材料、运输工具等溶入食品的有害物质。

③ 滥用食品添加剂。

④ 食品加工、储存过程中产生的物质，如酒中有害的醇类、醛类等。

⑤ 掺假、造假过程中加入的物质。

3. 物理性污染

是指有杂物污染，污染物可能不威胁健康，但影响食品的感官性状或营养价值。来源有如下。

① 产、储、运、销过程中的污染物，如粮食收割时混入的草籽。

② 掺假造假，如粮食中掺入的沙石、肉中注入的水、奶粉中掺入大量的糖和三聚氰胺等。

③ 放射性污染。

随着社会城市化的发展，人们已经摆脱那种自给自足的田园式生活。许多粮食、蔬菜、果品和肉类，都要经过长途运输或储存，或者经过多次加工，才送到人们面前。在这些食品的运输、储存和加工过程中，人们常常向食品中投放各种添加剂，如防腐剂、杀菌剂、漂白剂、抗氧化剂、甜味剂、调味剂、着色剂等，其中不少添加剂具有一定的毒性。例如，过量服用防腐剂水杨酸，会使人呕吐、下痢、中枢神经麻痹，甚至有死亡的危险。

培训项目二　食品污染的危害

　　微生物广泛分布于自然界，食品中不可避免地会受到一定类型和数量微生物的污染，当环境条件适宜时，它们就会迅速生长繁殖，造成食品的腐败与变质，不仅降低了食品的营养和卫生质量，而且还可能危害人体的健康。食品的腐败变质原因较多，有物理因素、化学因素和生物因素，如动物、植物食品组织内酶的作用，昆虫、寄生虫以及微生物的污染等。其中由微生物污染所引起的食品腐败变质是最为重要和普遍的。食品加工前的原料，总是带有一定数量的微生物；在加工过程中及加工后的成品，也不可避免地要接触环境中的微生物。然而微生物污染食品后，能否导致食品的腐败变质，以及变质的程度和性质如何，是受多方面因素的影响。一般来说，食品发生腐败变质，与食品本身的水分、酸碱度、污染微生物的种类和数量以及食品所处的温度、湿度等环境因素有着密切的关系。水分是微生物生命活动的必要条件，微生物细胞的组成不可缺少水，所进行的各种生物化学反应均以水分为溶媒。在缺水的环境中，微生物的新陈代谢发生障碍，甚至死亡。但各类微生物生长繁殖所要求的水分量不同，因此，食品中的水分含量决定了生长微生物的种类。一般来说，含水分较多的食品，细菌容易繁殖；含水分少的食品，霉菌和酵母菌则容易繁殖。每一类群微生物都有最适宜生长的温度范围，大多数微生物都可以在 20～30℃ 生长繁殖，当食品处于这种温度的环境中，各种微生物都可生长繁殖而引起食品的变质。

　　食用腐败变质的食物极易发生食物中毒，有的还可以致癌。比如黄曲霉毒素，最容易污染玉米和花生，其毒性非常强，主要损伤肝脏，有明显的致肝癌作用。一般高温高湿地区黄曲霉毒素污染相对严重。另外需要说明的是，并不是食物中的所有细菌都是有害的。比如酸奶，含有大量有益于肠道的细菌，经常食用可以维持肠道菌群的良好状态，鉴别食品腐败变质可以以感官性状并配合一定的物理、化学和微生物三方面的指标进行判定。

　　① 感官鉴定。感官鉴定是以人们的感觉器官（眼、鼻、舌、手等）对食品的感官性状（色、香、味、形），进行鉴定的一种简便、灵敏、准确的方法，具有相当的可靠性。轻微的食品腐败变质所产生的异臭物质，在一般仪器设备尚不能检出时，而人们通过嗅觉就可查出，因此判断一种食品是否变质，首先应进行的是感官检查，一旦确定，不需要再经实验室的进一步鉴定。比如蛋白质在分解过程中产生的有机胺、硫化氢、硫醇、吲哚、粪臭素等，具有特有的恶臭；另外细菌和霉菌在繁殖过程中能产生色素，使食品染上各种难看的颜色，并破坏了食品的营养成分，使食品失去原有的色香味，也使人产生不快的厌恶感；此外油脂酸败的"哈喇味"也是判断油脂是否酸败的敏感实用指标。

　　② 实验室检验。一是微生物检验，微生物与食品腐败变质有着重要的因果关系，微生物生长繁殖数量的多少与食品腐败变质程度有着密切的关系。一般常以检验菌落总数和大肠菌群作为判断食品卫生质量的指标。二是理化指标，在实践中以检出腐败

产物作为鉴定的主要依据有一定的困难，但有一些理化指标具有较高的参考价值，如检验鱼、肉中的挥发性氨基氮、奶制品的酸度、油脂中的过氧化值等。

培训项目三　食品污染的预防

1. 细菌污染的预防

（1）防止食物被细菌污染　能够引起食物中毒的细菌在自然界分布很广，这些菌可以透过尘土、昆虫、粪便、食品加工、人的携带等方式传播。患肠道传染病、皮肤感染的人接触食品时能够造成食品污染。我们生活的环境中也充满了致病菌，养成饭前便后正确洗手的习惯。另外，保持食品加工场所卫生，严格分开生熟食品加工用具，防止老鼠、苍蝇、蟑螂孳生对预防细菌性食物中毒也很重要。

（2）控制细菌繁殖　在适宜的条件下，一个细菌经8小时的连续繁殖就能产生1600万个细菌。大部分细菌适宜的繁殖温度在37℃左右，在10℃以下，绝大部分细菌繁殖缓慢。因此，冰箱储存的食物只能延缓细菌的繁殖生长，不能杀灭细菌。值得注意的是，一些致病的细菌，如李斯特菌、耶尔森菌等能在4℃左右缓慢繁殖，所以冰箱并非保险箱，食品不宜在冰箱中过久保存，食用前必须再次加热。盐腌、糖渍、干制都是控制细菌繁殖、改善食品风味的有效方法。烹制食品出锅后要尽快冷却，以免其中残留的细菌大量繁殖。

（3）杀灭细菌　生的肉、乳、蛋、蔬菜等不可避免地带有各种细菌。充分加热是杀灭食品中细菌的有效方法。加工大块肉类食品时要保证足够的加热时间，使肉的中心部分熟透。厨房的刀具、案板、抹布要经常清洗、消毒。一些细菌在食品上繁殖后并不使食品在外观、气味上有所改变，所以不能以食品腐烂、变味来判断是否能够食用。

2. 霉菌的预防

预防霉菌及其毒素对食品污染的根本措施是防止食品，特别是粮食受到霉菌的污染。为此应保持粮粒清洁完整，及时晒干、晒透后入仓。粮粒中水分应低于13％～14％。储粮库的相对湿度应保持在65％以下，并尽量保持较低的温度。此外，还应对主要食品霉菌毒素含量作出规定。例如，中国规定每千克玉米、花生及其制品中，黄曲霉毒素含量不得超过20微克；大米和其他食用油不得超过10微克；其他粮食、豆类、发酵食品不得超过5微克；婴儿代乳食品则不容许检出。此外，还应注意霉菌毒素污染牲畜饲料，因为黄曲霉毒素B_1在奶牛体内能转化成有致癌作用的黄曲霉毒素M_1而进入牛奶。妇女在哺乳期的食品中的黄曲霉毒素B_1，也能转化成M_1而进入人奶，严重威胁婴幼儿健康。

培训项目四　食物中毒及预防

一、细菌性食物中毒

细菌性食物中毒是指进食含有细菌或细菌毒素的食物而引起的食物中毒。在各类食物中毒中，细菌性食物中毒最多见。其中又以沙门氏菌、金黄色葡萄球菌最为常见，其次为蜡样芽孢杆菌。细菌性食物中毒发病率较高而病死率较低，多发生在气候炎热的季节。

1. 几种常见细菌性食物中毒的特点

（1）沙门氏菌食物中毒　沙门氏菌常存在于被感染的动物及其粪便中。进食受到沙门氏菌污染的禽、肉、蛋、鱼、奶类及其制品即可导致食物中毒。一般在进食后12~36小时出现症状，主要有腹痛、呕吐、腹泻、发热等，一般病程3~4天。

（2）金黄色葡萄球菌食物中毒　金黄色葡萄球菌存在于人或动物的化脓性病灶中。进食受到金黄色葡萄球菌污染的奶类、蛋及蛋制品、糕点、熟肉类即可导致食物中毒。一般在进食后1~6小时出现症状，主要有恶心、剧烈的呕吐（严重者呈喷射状）、腹痛、腹泻等。一般在1~3天痊愈，很少死亡。

（3）蜡样芽孢杆菌食物中毒　蜡样芽孢杆菌主要存在于土壤、空气、尘埃、昆虫中。进食受到蜡样芽孢杆菌污染的剩米饭、剩菜、凉拌菜、奶、肉、豆制品即可导致食物中毒。呕吐型中毒一般在进食后1~5小时出现症状，主要有恶心、呕吐、腹痛。腹泻型中毒一般在进食后8~16小时出现症状，主要有腹痛、腹泻。

2. 预防措施

① 严格把握食品的采购关。禁止采购腐败变质、油脂酸败、霉变、生虫、污秽不洁、混有异物或者其他感官性状异常的食品以及未经兽医卫生检验或者检验不合格的肉类及其制品（包括病死牲畜肉）。

② 注意食品的储藏卫生，防止尘土、昆虫、鼠类等动物及其他不洁物污染食品。

③ 食堂从业人员每年必须进行健康检查。凡患有痢疾、伤寒、病毒性肝炎等消化道疾病（包括病原携带者），活动性肺结核，化脓性或者渗出性皮肤病以及其他有碍食品卫生的疾病的，不得从事接触直接入口食品的工作。

④ 食堂从业人员有皮肤溃破、外伤、感染、腹泻症状等不要带病加工食品。

⑤ 食堂从业人员工作前、处理食品原料后、便后用肥皂及流动清水洗手。

⑥ 加工食品的工具、容器等要做到生熟分开。加工后的熟制品应当与食品原料或半成品分开存放，半成品应当与食品原料分开存放。

⑦ 加工食品必须做到熟透，需要熟制加工的大块食品，其中心温度不低于70℃。

⑧ 蜡样芽孢杆菌在15℃以下不繁殖，因此剩饭剩菜应低温保藏。该菌污染的食品一般无腐败变质的异味，不易被察觉，因此剩饭剩菜一定要在餐前彻底高温加热。

⑨ 带奶油的糕点及其他奶制品要低温保藏。

⑩ 储存食品要在5℃以下。若做到避光、断氧，效果更佳。生、熟食品分开储存。

二、化学性食物中毒

化学性食物中毒是指误食有毒化学物质，如鼠药、农药、亚硝酸盐等，或食入被其污染的食物而引起的中毒。发病率和病死率均比较高。

1. 常见的化学性食物中毒

（1）毒鼠强中毒 又名没鼠命、四二四、三步倒、闻到死。毒鼠强毒性极大，对人致死量为5～12毫克。一般在误食10～30分钟后出现中毒症状。轻度中毒表现为头痛、头晕、乏力、恶心、呕吐、口唇麻木、酒醉感。重度中毒表现为突然晕倒，癫痫样大发作，发作时全身抽搐、口吐白沫、小便失禁、意识丧失。

（2）亚硝酸盐中毒 俗称"工业用盐"。摄入亚硝酸盐0.2～0.5克就可以引起食物中毒，3克可导致死亡。发病急，中毒表现为口唇、舌尖、指尖青紫等缺氧症状，重者眼结膜、面部及全身皮肤青紫。自觉症状有头晕、头痛、无力、心率快等。

2. 预防措施

① 严禁将有害化学物与食品一处放置。鼠药、农药等有毒化学物要标签明显，存放在专门场所并上锁。

② 不随便使用来源不明的食品或容器。

③ 蔬菜粗加工时以食品洗涤剂（洗洁精）溶液浸泡30分钟再冲净，烹调前再经烫泡1分钟，可有效去除蔬菜表面的大部分农药（或从市场上购回的蔬菜要用清水短时间浸泡、反复冲洗。一般要洗三遍，温水效果更好）。

④ 水果宜洗净后削皮食用。

⑤ 手接触化学物后要彻底洗手。

⑥ 加强亚硝酸盐的保管，避免误作食盐或碱面食用。

⑦ 苦井水勿用于煮粥，尤其勿存放过夜。

⑧ 食堂应建立严格的安全保卫措施。严禁非食堂工作人员随意进入学校食堂的食品加工操作间及食品原料存放间。厨房、食品加工间和仓库要经常上锁，防止坏人投毒。

三、有毒动植物中毒

有毒动植物中毒是指误食有毒动植物或摄入因加工、烹调方法不当未除去有毒成分的动植物食物引起的中毒。发病率较高，病死率因动植物种类而异。

近几年学校常见的集体有毒动植物中毒有四季豆中毒、生豆浆中毒、发芽马铃薯中毒等。因学生误食有毒动植物导致的中毒有河豚中毒、毒蕈中毒、蓖麻籽中毒、马桑果中毒等。

1. 四季豆中毒

未熟四季豆含有的皂苷和植物血凝素可对人体造成危害，如进食未烧透的四季豆可导致中毒。

一般在进食未烧透的四季豆后1～5小时出现症状，主要恶心、呕吐、胸闷、心慌、出冷汗、手脚发冷、四肢麻木、畏寒等，一般病程短，恢复快，预后良好。

预防措施：烹调时先将四季豆放入开水中烫煮10分钟以上再炒。

2. 生豆浆中毒

生大豆中含有一种胰蛋白酶抑制剂，进入机体后抑制体内胰蛋白酶的正常活性，并对胃肠有刺激作用。

进食后0.5～1小时出现症状。主要有恶心、呕吐、腹痛、腹胀和腹泻等。一般无须治疗，很快可以自愈。

预防措施：将豆浆彻底煮开后饮用。生豆浆烧煮时将上涌泡沫除净，煮沸后再以文火维持煮沸 5 分钟左右。

3. 发芽马铃薯中毒

马铃薯发芽或部分变绿时，其中的龙葵碱大量增加，烹调时又未能去除或破坏掉龙葵碱，食后发生中毒。尤其是春末夏初季节多发。

一般在进食后 10 分钟至数小时出现症状。先有咽喉抓痒感及灼烧感，上腹部灼烧感或疼痛，其后出现胃肠炎症状，剧烈呕吐、腹泻。此外，还可出现头晕、头痛、轻度意识障碍、呼吸困难。重者可因心脏衰竭、呼吸中枢麻痹死亡。

预防措施：马铃薯应低温储藏，避免阳光照射，防止生芽；不吃生芽过多、黑绿色皮的马铃薯；生芽较少的马铃薯应彻底挖去芽的芽眼，并将芽眼周围的皮削掉一部分。这种马铃薯不易炒吃，应煮、炖、红烧吃。烹调时加醋，可加速破坏龙葵碱。

4. 河豚中毒

河豚的某些脏器及组织中均含河豚毒素，其毒性稳定，经炒煮、盐淹和日晒等均不能被破坏。

误食后 10 分钟至 3 小时出现症状。主要表现为感觉障碍、瘫痪、呼吸衰竭等。死亡率高。

预防措施：加强宣传教育，防止误食。

5. 毒蕈（有毒蘑菇）中毒

我国有可食蕈 300 余种，毒蕈 80 多种，其中含剧毒素的有 10 多种。常因误食而中毒，夏秋阴雨季节多发。

一般在误食后 0.5~6 小时出现症状。胃肠炎型中毒主要表现为恶心、剧烈呕吐、腹痛、腹泻等，病程短，预后良好；神经精神型中毒主要症状有幻觉、狂笑、手舞足蹈、行动不稳等，也可有多汗、流涎、脉缓、瞳孔缩小等，病程短，无后遗症；溶血型中毒发病 3~4 天出现黄疸、血尿、肝脾肿大等溶血症状，死亡率高。

预防措施：加强宣教，防止误食。

6. 蓖麻籽中毒

蓖麻籽含蓖麻毒素、蓖麻碱和蓖麻血凝素 3 种毒素，以蓖麻毒素毒性最强，1 毫克蓖麻毒素或 160 毫克蓖麻碱可致成人死亡，儿童生食 1~2 粒蓖麻籽可致死，成人生食 3~12 粒可导致严重中毒或死亡。

食用蓖麻籽的中毒症状为恶心、呕吐、腹痛、腹泻、出血，严重的可出现脱水、休克、昏迷、抽风和黄疸，如救治不及时，2~3 天出现心力衰竭和呼吸麻痹。目前对蓖麻毒素无特效解毒药物。

蓖麻籽无论生熟都不能食用。但由于蓖麻籽外观漂亮饱满，易被儿童误食。

预防措施：加强宣传教育，防止误食。

7. 马桑果

马桑果，又名毒空木、马鞍子、黑果果、扶桑等。马桑果有毒，其有毒成分为马桑内酯、吐丁内酯等。

误食后 0.5～3 小时出现头痛、头昏、胸闷、恶心、呕吐、腹痛等，常可自行恢复。严重者遍身发麻、心跳变慢、血压上升、瞳孔缩小、呼吸增快、反射增强，常突然惊叫一声，随即昏倒，接着出现阵发性抽搐。严重者可于多次反复发作性惊厥后终于呼吸停止。一次服大量者可由于迷走神经中枢过度兴奋而致心搏骤停。

因外形似桑葚，所以常被当作桑葚而误食，许多小孩特别是农村的小孩在外玩耍时因采食而引起中毒。

四、食物中毒的应急措施

食物中毒一般具有潜伏期短、时间集中、突然爆发、来势凶猛的特点。据统计，食物中毒绝大多数发生在7～9月三个月份。临床上表现为以上吐、下泻、腹痛为主的急性胃肠炎症状，严重者可因脱水、休克、循环衰竭而危及生命。因此一旦发生食物中毒，千万不能惊慌失措，应冷静的分析发病的原因，针对引起中毒的食物以及服用的时间长短，及时采取如下应急措施。

（1）催吐　如果服用时间在1～2小时内，可使用催吐的方法。立即取食盐20克加开水200毫升溶化，冷却后一次喝下，如果不吐，可多喝几次，迅速促进呕吐。亦可用鲜生姜100克捣碎取汁用200毫升温水冲服。如果吃下去的是变质的荤食品，则可服用十滴水来促使迅速呕吐。有的患者还可用筷子、手指或鹅毛等刺激咽喉，引发呕吐。

（2）导泻　如果病人服用食物时间较长，一般已超过2～3小时，而且精神较好，则可服用些泻药，促使中毒食物尽快排出体外。一般用大黄30克一次煎服，老年患者可选用元明粉20克，用开水冲服，即可缓泻。对老年体质较好者，也可采用番泻叶15克一次煎服，或用开水冲服，也能达到导泻的目的。

（3）解毒　如果是吃了变质的鱼、虾、蟹等引起的食物中毒，可取食醋100毫升加水200毫升，稀释后一次服下。此外，还可采用紫苏30克、生甘草10克一次煎服。若是误食了变质的饮料或防腐剂，最好的急救方法是用鲜牛奶或其他含蛋白的饮料灌服。

如果经上述急救，症状未见好转，或中毒较重者，应尽快送医院治疗。在治疗过程中，要给病人以良好的护理，尽量使其安静，避免精神紧张，注意休息，防止受凉，同时补充足量的淡盐开水。

控制食物中毒关键在预防，搞好饮食卫生，严把"病从口入"关。

五、食物中毒的家庭急救

一般的食物中毒，多数是由细菌感染，少数由含有毒物质（有机磷、砷剂、汞）的食物，以及食物本身的自然毒素（如毒蕈、毒鱼）等引起。发病一般在就餐后数小时，呕吐、腹泻次数频繁。如在家中发病，就视呕吐、腹泻、腹痛的程度适当处理。

主要急救方法有如下。

① 补充液体，尤其是开水或其他透明的液体。

② 补充因上吐下泻所流失的电解质，如钾、钠及葡萄糖。

③ 避免食用制酸剂。
④ 先别止泻，让体内毒素排出之后再向医生咨询。
⑤ 毋需催吐。
⑥ 饮食要清淡，先食用容易消化的食物，避免容易刺激胃的食品。

需强调的是，呕吐与腹泻是机体防御功能起作用的一种表现，它可排除一定数量的致病菌释放的肠毒素，故不应立即用止泻药如易蒙停等。特别对有高热、毒血症及黏液脓血便的病人应避免使用，以免加重中毒症状。

由于呕吐、腹泻造成体液的大量损失，会引起多种并发症状，直接威胁病人的生命。这时，应大量饮用清水，可以促进致病菌及其产生的肠毒素的排除，减轻中毒症状。

腹痛程度严重的病人可适量给予解痉剂，如颠茄合剂或颠茄片。如无缓解迹象，甚至出现失水明显，四肢寒冷，腹痛腹泻加重，极度衰竭，面色苍白，大汗，意识模糊，说胡话或抽搐，以至休克，应立即送医院救治，否则会有生命危险。

培训指导七　卫生要求

培训项目一　各类烹饪原料的卫生

为了保障身体健康,要求各种食品要符合以下卫生要求:首先,食品应具有其本身所固有的营养成分,以满足人体对营养物质的需要;其次,在正常情况下,食品不应对人体健康产生任何不利影响,即无毒无害;另外,食品的感官性状即色、香、味等不应给人以任何不良感觉。

一、植物性烹饪原料的卫生

1. 蔬菜、水果的卫生

蔬菜是人们不可缺少的食物,蔬菜中所含的各种维生素和某些碱性矿物质具有不同于动物性食物的特殊营养意义,是维持人体正常的生理机能,保持人体健康不可缺少的物质。所以,蔬菜的卫生问题至关重要。

(1) 蔬菜的卫生要求

优质菜:鲜嫩,无黄叶,无伤痕,无病虫害,无烂斑。

次质菜:梗硬,老叶多,叶枯黄,有少量病虫害、烂斑和空心,挑选后可食用。

变质菜:严重霉烂,呈腐臭味,亚硝酸盐含量增多,有毒或有严重虫伤等,不可食用。

(2) 水果的卫生指标

优质水果:表皮色泽光亮,肉质鲜嫩、清脆,有特有的清香味。

次质水果:表皮较干、不够光泽、丰满。肉质鲜嫩度差,营养成分减少,清香味减退,略有小烂斑,有少量虫伤,去除虫伤和腐烂处仍可食用。

变质水果:已腐烂变质,不能食用。

(3) 造成果蔬污染、变质的原因

① 果蔬本身所含的酶以及周围环境中的理化因素(温度、湿度、光、气体等)引起的物理、化学和生物化学变化。

② 微生物活动引起的腐烂和病害。

我国果蔬栽培主要以人畜类粪便作肥料,因此肠道致病菌和寄生虫卵的污染很严重。西红柿、黄瓜、葱的大肠杆菌检出率为67%~100%。不论新鲜菜或咸菜中都可检出蛔虫卵。

(4) 防止果蔬污染的措施　严禁用未经处理的生活污水、废水灌溉农田。用于果蔬的农药必须高效、低毒、低残毒。禁用新鲜人畜粪便为果蔬施肥。做好运输、储藏的卫生管理。生吃果蔬必须洗净消毒。削皮后的水果应立即食用。

2. 粮豆类食品的卫生

(1) 造成粮豆类食物变质的主要原因

① 霉菌及其毒素对粮豆的污染。在高温高湿条件下，由于各种酶的作用，粮豆会发热、霉烂、变质。粮豆在成熟或储存期间的霉变，不仅使其感官性状发生变化，而且产生霉菌毒素。

② 粮豆中有害植物种子的污染。谷物收割时常常混进一些有害的植物种子，最常见的有毒麦、麦仙翁籽、苍耳等。这些杂草种子都含有一定的毒素，混入粮豆食品中会造成污染。

③ 仓库害虫及杂物的污染。仓库害虫的种类很多，有百种以上，我国有50多种。其中甲虫损害米、麦、豆等原料；螨虫损害稻谷。这些害虫不但损害粮食，而且使粮谷带有不良气味，减少重量，降低质量，易使粮谷发热并导致微生物进一步滋生，造成粮食霉烂变质。

(2) 防止粮豆类物质霉烂变质的措施

① 控制环境的温度、湿度。储存粮谷过程中，要定期通风，将水分降至14%以下，大豆降至12%以下，成品粮降至13%～13.5%。储存温度控制在4～25℃为好。

② 筛选和清理。泥土、砂石和金属是粮谷中主要无机夹杂物，应在包装储藏前清理干净。提倡科学储粮，要积极推广"四无"粮仓（无虫、无霉、无鼠、无事故）并加强粮食检验，不加工、出售霉烂和不符合卫生标准的粮食。

3. 植物油的卫生

根据加工情况，食用植物油分为4种：毛油，即粗制未经加工处理含有较多杂质的油，一般色泽较深、浑浊，不宜直接食用；精炼油，即毛油经水洗、碱炼等加工处理后的油，一般色泽较浅、澄清；色拉油，即精炼油，系经脱色、脱臭、脱味处理的油，一般无色、无臭、无味、澄清；硬化油，即将植物油加氢后变为固体的油脂。食用植物油的主要卫生问题有以下几个方面。

(1) 油脂的酸败　油脂长期储存于不适宜的条件下，会发生一系列的化学变化，对油脂的性状产生不良影响，造成油脂的酸败。油脂酸败的原因可分为两个方面：一是由于植物的组织残渣和微生物产生的酶引起的酶解作用；二是在空气、阳光、水等外界条件作用下发生的水解作用和不饱和脂肪酸的自身氧化。这些变化使油脂分解产生脂肪酸、醛类和酮类等化合物，不仅使油脂的色、香、味发生改变，而且可能对人体产生不良影响。

已经酸败的油脂，由于性质的改变，可使其完全不适于食用。酸败过程使油脂中的营养素同时遭到破坏，首先是人体需要的不饱和脂肪酸被破坏，其次是维生素A、维生素D、维生素E也很快被氧化。油脂酸败的氧化产物，如醛、酮等具有毒性，影响机体正常代谢，危害机体健康。

(2) 高温加热对油脂的影响　高温加热不仅降低油脂的营养价值，而且还会产生一些有毒物质，主要是不饱和脂肪酸经加热产生的各种聚合物，摄入后可造成生长停滞、肝脏肿大、生育功能障碍、胃溃疡和乳头状瘤，并会激发肝癌、肺癌等。尤其是反复使用的煎炸油，在高温下会产生丙烯醛等有害物质。重复用油中的部分有机物变焦后还会成为致癌物质。所以在使用中应控制油温不宜过高，油脂在高温下反复使用时，要注意随时清除油底，以避免聚合物的产生。

（3）粗制生棉籽油的毒性　棉籽中有毒的物质主要是棉酚，在棉籽油加工过程中可带入油中。棉酚含量过高影响生育，也可引起食物中毒。因此棉籽油的生产必须先进行脱壳脱绒，然后经炒、蒸和碱炼，碱炼就是加入氢氧化钠后用水洗，使油中的棉酚成为溶于水而不溶于油的钠盐被除去。棉酚也可受热而被破坏。我国规定棉籽油中游离棉酚不超过 0.02%。

（4）霉菌毒素污染　油料作物种子被霉菌及其毒素污染后，榨出的油中也含有毒素。花生米很容易被黄曲霉毒素污染，含黄曲霉毒素过高的花生油必须经碱炼去毒后才能食用。

（5）防止油脂变质措施

① 提高油脂的纯度，减少残渣存留，避免微生物污染。要在干燥、避光和低温的条件下储存。

② 要限制油脂中水分含量。我国规定油脂中水分不得超过 0.2%。烹调加工过程中用过的油水分多，不要回倒在新鲜的油中，应单独存放，且不能久存。

③ 阳光和空气能促进油脂的氧化，所以油脂宜放在暗色（如绿色、棕色）的玻璃瓶中或上釉较好的陶器内，放置于阴暗处，最好密封，尽量避免与空气接触。

④ 金属（铁铜铅等）能加快油脂的酸败，所以储存油脂的容器不应含有铁、铜、铅等成分。

⑤ 在油脂中添加一定量的抗氧化剂能防止油脂氧化。但是要注意所使用氧化剂的卫生要求。

4. 豆制品的卫生

豆制品含有丰富的蛋白质、水分。在生产运输、销售过程中极易遭到细菌、霉菌等微生物的污染。很多豆制品除供烹煮外，还经常凉拌食用，故需加强卫生管理，防止食物中毒的发生。

豆制品生产加工中使用的水和添加剂必须符合国家卫生标准。豆芽的发制禁止用尿素和化肥。运输的工具、盛器必须清洁，各种制品冷、热要分开，干、湿要分开，水货不脱水，干货不着水，不叠不压，要保持低温、通风，彻底杜绝苍蝇及孳生蛆虫。

5. 调味品的卫生

能调整食品色、香、味等感官性状的调味品很多，如咸味剂、甜味剂、酸味剂、鲜味剂和辛香剂等。下面介绍烹调中常用的酱油、酱、食醋、食盐等调味品的卫生。

（1）酱油、酱　酱油、酱是肠道病源微生物传播者——苍蝇的孳生场地，一旦污染上致病菌，就成为肠道病的传播途径。在酱类制品的生产加工、运输、储存和销售过程中，还容易受到产膜性酵母的污染。

符合卫生要求的酱油应具有正常酿造酱油的色泽、气味和滋味，不浑浊，无沉淀，无霉花乳膜，无不良气味，无酸、苦、涩等异味和霉味。酱油中的添加剂有防腐剂和色素，应按国家规定的品种和用量使用。

(2) 食醋　食醋如果污染杂菌，则表面形成白色菌膜，会降低醋的质量。如污染醋酸菌，则会生成半透明的厚皮膜，降低醋的品质。因此生产中必须保持清洁卫生，严格按操作规程的卫生标准要求去操作，防止霉变和生长醋鳗、醋虱。正在发酵或已发酵的醋中如果有醋鳗和醋虱，可将醋加热至72℃，维持数分钟，然后过滤。要求盛醋容器必须干净，并用蒸汽消毒。容器要尽量装满，不留空隙，封口严密。

食醋中不得含有游离无机酸，不应与金属容器接触。醋中的铅、砷等重金属及黄曲霉素、细菌指标不能超过国家规定标准。

(3) 食盐　食盐的主要卫生问题是质量不纯或混有对人体有害的物质，如钡盐、镁盐、氟化物、铅、砷等。食用盐的主要成分是氯化钠。符合卫生要求的食盐应色白、味咸，无杂物，无苦味、涩味，无异臭。

二、动物性烹饪原料的卫生

动物性食品营养丰富，给微生物的生长发育创造了良好的条件。动物性食品易引起细菌性食物中毒。牲畜的某些传染病可传染给人（即人畜共患传染病），对人的危害较大，故必须加大卫生检验和卫生管理的力度，保证肉品的卫生质量。

1. 畜肉的卫生

屠宰后的牲畜肉品一般经过尸僵、成熟、自溶、腐败4个阶段。成熟阶段为最佳使用期，肉质新鲜，肉组织比较柔软，富有弹性。煮沸后具有香气、味鲜，并易于煮烂。此阶段的畜肉如不烹制，又没有适宜的储藏条件时，就会受到外界微生物的侵染，变得色暗、无光泽、丧失弹性，表面湿润而发黏，这意味着肉组织蛋白分解成氨基酸后产生了氮、二氧化碳、硫化氢等具有不良气味的挥发性物质。肉由自溶阶段开始腐败，微生物大量生长繁殖，失去食用价值。

(1) 冷冻肉的卫生　冷冻肉色泽、香味都不如鲜肉，但保存期长，冻肉可抑制或延缓大多数微生物的生长，但不能完全杀菌。如沙门菌在－10℃可存活3天；结核菌在－10℃的冻肉内可存活2年。冷冻肉长期在空气不流通处存放，已融化的部位会出现生霉、发黏现象。

冻肉解冻一般在室温下进行。在20℃、通风的状况下，使冻肉深层温度升高到0℃一昼夜可完成。用温水浸泡解冻，会造成可溶性营养素的流失，并易遭受微生物的污染，酶及氧化作用等因素还会使肉品感官质量发生变化，故冻肉解冻后应立即加工、食用。

(2) 对肉制品原料肉的要求　原料肉必须具有表示合格的、清晰的检验印戳。病死或腐败变质的、带有异味的、未经无害化处理的、患有寄生虫病的肉及急宰畜禽肉不得作为肉制品原料。

原料肉必须是无血、无毛、无粪便污物、无伤痕病灶、无有害腺体的鲜肉或冻肉。鲜肉指当日屠宰上市，在温度为1℃左右冷却或在室温下放置24小时以内的冷却肉。

(3) 对常见人畜共患病肉的处理　炭疽是由炭疽杆菌引起的一种对人畜危害极大的传染病。病猪主要表现为局部炭疽，病变区肉质呈砖红色、肿胀变硬，人食入后可感染肠胃型炭疽。炭疽杆菌不耐热，60℃时即可被杀死，但形成芽孢后，在140℃高温下才能被杀死。所以，一旦发现炭疽病畜一律不准屠宰和解体，应及时对病畜进行高温化处理或用深坑垫石灰的方法掩埋。

口蹄疫病毒可引起传染性极强的接触性传染病。其主要表现是口腔黏膜或蹄部皮肤出现特征性水疱。只要发现有病畜，该群牲畜要全部屠宰，病变部位的肉要销毁。

囊尾蚴病、旋毛虫病等是人畜共患的疾病，一旦发现，病畜要按国家卫生法规处理。

2. 禽肉的卫生

禽类屠宰后体表面的杂菌，如假单胞菌、变形杆菌和沙门菌等在适宜的条件下可以大量繁殖，引起禽肉感官性质的改变和腐败变质。由于禽肉表面的细菌约有50%~60%能产生颜色，所以腐败的禽肉表面有各种色斑。冻禽在冷藏腐败时也会产生绿色，因为在冷藏温度下，只有绿色的假单胞菌能繁殖。禽体若未取出内脏，则腐败的速度更快。禽肉腐败变质的同时，也可伴有沙门菌和其他致病菌的繁殖，而且这些细菌往往会侵入肉的深部，食用前若不彻底煮熟煮透，就会引起食物中毒。

为防止食物中毒的发生，要加强宰前、宰后的检查，根据情况做出处理。要采取合理的宰杀方法。比如改进鸡的屠宰工艺，杜绝沙门菌等细菌的污染。

3. 水产品的卫生

（1）鱼类的卫生　由于鱼肉含有较多的水分和蛋白质，酶的活性强且肌肉组织比较疏松、细嫩，给微生物的侵入、繁殖创造了极好的条件，故易腐败变质。

鱼体表面、腮和肠道有一定量的细菌，当鱼离开水时，从鱼皮下分泌出一种透明的黏液（一种蛋白质），可以保护机体。鱼体死后不久，表面结缔组织分解，使鱼鳞脱落，眼球周围组织被分解而使眼球下陷、浑浊无光。鱼鳃经细菌作用，由鲜红变成暗褐色而产生臭味。同时鱼肠内微生物大量生长繁殖，产生气体，使腹部膨胀，肛门处的肠管脱出，若将鱼放在水中，则鱼体上浮。鱼脊骨旁的大量血管被分解而破裂，周围出现红色，随着细菌侵入深部，肌肉被分解而破裂并与鱼骨脱离（俗称离骨），有腥臭味，这表明鱼已严重腐败，不可食用。

保鲜是保证鱼类质量的主要措施。可用低温法和食盐法。通过抑制组织蛋白酶的作用和微生物的繁殖，可以延长鱼尸僵期和自溶期的时间。低温保鲜有冷却和冷冻两种方式。冷却是使温度降至-1℃左右，使鱼体冷却，一般可保存5~14天。冷冻是在-40~-25℃环境中使鱼体冷冻，此时鱼体各种组织的酶和微生物均处于休眠状态，保藏期可达半年以上。

用食盐保存的海鱼，用盐量应不低于15%。

（2）虾、蟹的卫生　鲜虾体形完整，外壳透明光亮，体表呈青白色或青绿色，清洁，无污秽、无黏性物质。须足无损，蟹足卷体，头胸节与腹节紧连，肉体硬实、紧密而有韧性，断面半透明，内脏完整，无异常气味。

当虾体死后或变质分解时，头脑节末端的内脏易腐败分解，使腹节的连接变得松弛、易脱落。虾体在尸僵阶段可保持死亡时伸张或卷曲的固有状态，进入自溶阶段后，组织变软，失去躯体的伸曲力。虾体开始变质时，甲壳下层分泌黏液的颗粒细胞崩溃，大量黏液渗至体表，失去虾体原有的干燥状态。当虾体变质分解时，甲壳下真皮层含有以胡萝卜素为主的色素质，与蛋白质分离产生虾红素，使虾体泛红，表示已接近变质。严重腐败时有异味，不能食用。

螃蟹喜食动物尸体等腐烂食物，胃肠中常带有致病菌和有毒杂菌，蟹一旦死后这些病菌会大量生长繁殖。螃蟹体内含有较多的组胺酸，组胺酸易分解，在脱羧酶的作用下，产生组胺。组胺是有毒物质，食用后会造成组胺中毒。因此死蟹不可食用。

（3）贝类的卫生　动物界中的软体动物因大多数具有贝壳，故通常称之为贝类。贝类品种很多，包括海产的鲍、蛏、牡蛎、乌贼、泥螺、贻贝，淡水的螺、蚌等。它们含有丰富的蛋白质，味道鲜美，很受人们的青睐。

贝类可被水域中的多种生物污染。如一些藻类含有神经毒素，当水域中此种藻类大量繁殖时形成所谓"赤潮"，会污染蛤类，但因毒素在其体内呈结合状态，所以对蛤类本身并无危害，而人食用蛤肉后，毒素迅速释放而引起人体中毒。

副溶血性弧菌是分布极广的海洋细菌，污染贝类及海鱼等海洋生物，此菌的繁殖速度快，8分钟即可繁殖一代。如刚捕捞的新鲜乌贼，在短时间里凭感官尚未发现新鲜度下降时，就已含有大量细菌。食用100克含菌量为10克的乌贼即可发生食物中毒。

如养殖贝类的水域受病原生物的污染，贝类体内会浓缩积聚病原生物，其浓度要比水域中病原菌的浓度高几百倍至几千倍。就是说，贝类不仅受多种生物的污染，而且其体内携带的病原生物的数量也极多。

食用方法不当是引起贝类食物中毒的重要原因。仅用开水烫一下就食用，大量有害生物未被彻底杀灭，与贝肉一起进入人体，则会导致疾病的发生。

4. 蛋类的卫生

鲜蛋的卫生问题主要是沙门菌污染和微生物引起的腐败变质。

蛋壳表面细菌很多。据统计，干净蛋表面约有400万～500万个细菌，而脏蛋壳上的细菌则高达1.4亿～9亿个，这些细菌来自泄殖腔和不清洁的产卵场所。

禽类往往带有沙门菌，以卵巢最为严重。因此，不仅蛋壳表面受沙门菌污染比较严重，而且蛋的内部也可能有沙门菌。水禽（鸭、鹅）的沙门菌感染率更高。为防止沙门菌引起食物中毒，不允许使用水禽蛋作为糕点原料。水禽蛋必须煮沸10分钟以上才能食用。

禽蛋的腐败主要是由于外界微生物通过蛋壳毛细孔进入蛋内造成的。一般先是蛋黄流动，其次蛋黄散碎（即散黄），与此同时，蛋白质分解产生硫化氢、氨类，使蛋内变色和有恶臭气味。霉菌侵入蛋壳，使蛋壳内壁出现黑斑。如蛋破裂就会加速腐败。

以上各种腐败的表现均可在灯光下用照蛋法加以识别。

5. 牛奶的卫生

鲜奶最常见的污染是微生物污染。这些微生物可来自乳牛的乳腺腔，也可来自挤奶人员的手，以及生产环境的空气、尘埃、飞沫中的微生物及污染的容器。还有人畜共患传染病及其他微生物的污染。

(1) 微生物的污染　一般情况下,刚挤出的牛奶中可能有各种微生物,但刚挤出的牛奶中含有一种抑菌物质——溶菌酶。因此刚挤出的奶中微生物的数量不会逐渐增多,而是逐渐减少。牛奶抑菌作用保持时间的长短与牛奶中存在细菌的多少和奶的储存温度有关。奶的携菌数越少、储存温度越低,抑菌作用保持时间越长,反之就短。抑菌作用维持时间越长,奶的新鲜状态保持越久。一般生奶(指刚挤出的、未消毒的奶)的抑菌作用在0℃时可保持48小时,5℃时可保持36小时,10℃时可保持24小时,25℃时可保持6小时,而在30℃时仅能保持3小时。故奶挤出后应及时冷却,否则微生物就会大量繁殖,使奶腐败变质。变质的奶可产生理化性质的改变,如色泽、酸味、凝块等感官性质的变化,腐败菌分解蛋白质时,可产生恶臭味的吲哚粪臭素、硫醇及硫化氢等,使奶失去食用价值。

(2) 致病菌的污染　动物本身的致病菌,通过乳腺进入牛奶中,然后通过牛奶感染人,就是所说的人畜共患传染病病原体,如牛型结核。牛患结核病如有明显症状,其奶中往往有结核菌,人如食用这种未彻底消毒的牛奶就可能染患牛型结核病。若症状不明显,所产的奶经70℃消毒30分钟后可用于制作奶制品。

另外,如奶中检验出布氏杆菌应立即煮沸5分钟,再经巴氏消毒处理才能出售。奶中检验出炭疽杆菌,则不得食用。奶牛患有乳腺炎时,挤出的奶应即刻销毁。健康牛产的奶也应消毒后方能出售。

(3) 奶的消毒　奶经过滤后应立即进行消毒。目的是为了杀灭致病菌和可能使奶腐败变质的微生物。常用的消毒方法有三种。

① 巴氏消毒法。低温长时间加热,即在62~63℃加热30分钟,杀菌率可达99.9%。高温短时间加热,即在80~90℃加热30秒至1分钟,杀菌率也达99.9%。奶经巴氏消毒后应立即冷却到8℃以下存放,但时间不得超过24小时。

② 煮沸消毒法。即将奶加热到煮沸状态。但对奶的营养成分和性质有些影响,只适用于家庭或中小型奶场使用。

③ 蒸汽消毒法。将牛奶装瓶加盖或装袋,放入蒸笼内加热,使奶温上升到85~95℃,保持3分钟。此法消毒十分彻底。经消毒的奶应呈乳白色或微黄色,均匀无沉淀、无凝块、无杂质,具有牛奶应有的香味和滋味,无任何异味。

培训项目二　个人卫生要求

1. 仪容仪表卫生要求

① 容貌端庄大方,服装整洁。

② 头发梳理整洁,男服务员头发前不过眉,后不过衣领;女服务员不宜超过肩,过长应当扎起不能披肩。

③ 注意保持头发、皮肤、牙齿、手指的清洁,不佩戴首饰。

④ 不能留长指甲,不涂指甲油,男服务员不能留胡子,女服务员不浓妆艳抹。

2. 上岗操作卫生要求

① 所有上岗或临时上岗人员必须进行健康体检和培训合格后方可上岗。

② 树立良好的病从口入及无菌观念。
③ 工作前或大小便后必须洗手消毒，穿戴整洁的工作衣帽。
④ 工作时，手不能直接接触已消毒过的餐具（如杯、碗、碟）内侧，不能接触刀、叉、筷子等夹菜部位及直接接触食品，以防人为污染餐具及食品。
⑤ 不得在岗位吸烟和面对食品打喷嚏等有碍食品卫生的行为。
⑥ 餐具必须经消毒后开餐前方可摆上餐台供客人使用。不能提前一天在餐台上摆放餐具，以防病媒及细菌污染，以确保餐具卫生。
⑦ 用筷套装筷子时不能用嘴吹气。
⑧ 回收的餐具、杯具要及时清洗消毒，并做好保洁。
⑨ 不用旧报纸包装食品，以防细菌及油墨、苯并芘致癌物污染食品。
⑩ 培养良好的卫生习惯，加强职业道德和法制教育。

3. 烹调卫生要求
① 不使用过期变质的原料、配料加工食品。
② 不使用未洗净消毒的容器盛装食品。
③ 进入厨房不赤脚、不赤膊，不穿拖鞋、背心、短裤，要穿整洁衣帽及围裙。
④ 操作过程不吸烟。
⑤ 不用菜勺直接调味。
⑥ 加工烹调食物一定要熟透，禽畜肉类应无血水流出。
⑦ 不使用化学合成色素掩盖加工变质食品。

培训项目三　环境卫生要求

经营场所的卫生要求饮食业大多设在生活区或商业区，选址时要考虑与公共厕所、倒粪站、垃圾堆以及其他有毒有害物质及其存放场所保持25米以上的距离，保持内外环境整洁。

饮食行业均应设置食品储存室、主副食品加工场所、烹调加工场所、备餐室、熟食专间、食具洗涤间和餐厅等基本建筑。布局上要合理，从原料到成品流水作业，避免交叉污染。

食品采购、储存、加工、烹调和销售的卫生要求采购的食品及食品原料应新鲜、卫生，符合有关的食品卫生标准。

对鱼、肉、禽、蛋等易腐食品储存多采用低温储存。若使用冰箱短期储存食物，应做到生熟分开。冰箱要定期除霜、冷库有专人管理，肉类与水产品分开存，做到先进先出。对于大米、面粉以及各类干菜等易霉食品的储存，应保持干燥，防止受潮。库存粮食应使用垫仓板，不能着地或靠墙堆放，库房经常通风；酱油、盐、醋、味精等调味品的存放应注意盛器清洁及定期清洁，缸、坛要加盖，防止生虫或霉变。

食品生产经营人员应当经常保持个人卫生，生产销售食品时，必须将手洗净，穿戴整洁的工作衣帽，销售直接入口食品时必须使用售货工具。

培训项目四　器具卫生

1. 冰箱

开门，清理出前日的剩余原料，擦净冰箱内部及货架、冰箱封皮和通风口；放入冰箱内的容器必须擦拭干净，所装的食品应加封保鲜纸，底部不能有汤水和杂物；冰箱外部用洗涤剂擦洗，无油污后用干布擦光亮；做好消毒工作。

标准：外表光亮无油渍，内部干净无油污、霉点，食品码入整齐、不堆放、无异味。

2. 烤箱

把烤箱擦干净，重度不洁处用清洁剂清洗，用干布擦干；烤箱用完冷却后，把内部清理干净。

标准：内无杂物，外表光亮，把手光亮。

3. 台面

用完后把杂物清理干净，用洗涤剂清洗去油污，用水擦洗光洁，随时保持周围及底部的光亮，无污点，把底部的东西码放整齐。

标准：台面、周围和底部干净、光亮。

4. 发箱

每日清洁发箱内部架子，外表擦干净至光亮，发箱内的水每次用完后都要更换。

标准：干净，光亮。

5. 水池

捡去水池内的杂物，用洗涤剂去掉油污。

标准：无杂物、无堵塞，内、外周围及底部干净，无油污、无污迹。

6. 工具抽屉

所有用具须用温水擦拭干净后方可放入抽屉。

标准：整齐干净，无污迹、无杂物。

7. 菜墩

保持墩面干净，用前和用后用洗涤剂刷洗至无油，用清水洗净。用 3/1000 优氯净消毒，用后竖放于通风处。

标准：无油，干净，无霉迹。

8. 调料罐

罐每天清洗一次，吹干后放入调料。随时保持罐的清洁，不用时将盖子盖好，防止落入杂物。

标准：调料分类，不变质，干净。

9. 汽锅

使用前用温水刷净，使用后冲洗干净。

标准：无米粒，无污迹，明亮。

10. 笼屉货架

笼屉内、外须保持干净，用后用清水擦洗干净，把笼屉整齐码放在货架上。

标准：内外干净，码放整齐。

11. 操作案板架

随时保持清洁，案秤、盘、搅刀，使用前后均应擦净。

标准：干净，无面粉，无污粉。

12. 和面机、压面机

使用前用清水擦清设备表面，刷清面桶；使用中应注意避免将面粉及杂物散落到各处；使用后将设备用湿布擦净。

标准：干净，无面粉，无污粉。

13. 煎扒锅

操作前用洗涤剂将锅刷至无油，用后剩油倒入油篮子，油篮子要求每天用洗涤剂洗干净、无杂物，手勺、漏勺应洗干净、整齐放好，煎扒锅使用后应用温水将表面擦洗干净。

标准：干净，整洁，无杂物，码放整齐。

14. 货车（推车）

使用后将车擦净，用去污剂从上到下擦去油污，用清水擦净。

标准：干净，无污油，光亮。

15. 灶台

使用后要清理干净，把勺、手勺、漏勺等用清水刷净，捡去灶台上的杂物，用去油剂把灶台从上到下刷一遍，用水冲净，使用中注意保洁。

标准：无杂物，整洁，光亮。

16. 操作台及下面的货架

使用前将台面先用湿布擦拭干净，使用后用洗涤剂将台面及下面擦洗干净，再将台面用干布擦干，将容器摆放整齐。

标准：干净整齐，无杂物，无油迹。

17. 库房

库房内的地面要每天擦净，墙上无油污。随时将货架及所有桶擦净，货物摆放整齐。

标准：整齐，光亮，无杂物，无私人用品。

18. 排气罩

先用湿布从上至下擦洗干净排气罩内壁，再继续擦洗排气罩外壁至内外干净无污迹。

标准：罩内外光亮，无油迹，无污迹。

培训项目五　食品卫生法规及卫生管理制度

为防止食品污染、食物中毒的发生，保证食品的卫生质量，保护食用者的健康，饮食业必须加强食品卫生的科学管理，建立卫生组织机构，健全规章制度和岗位责任制。

一、食品安全法

1982年11月19日全国人大常委会制定了我国第一部食品卫生专门法律，即《中华人民共和国食品卫生法（试行）》，于1983年7月1日起正式实施。1995年10月30日第八届全国人大常委会第十次会议审议通过了新的《中华人民共和国食品卫生法》，逐步制定了90余个配套规章。随着我国食品安全形势的日益严峻，2007年10月31日国务院常务会议讨论并原则通过《中华人民共和国食品安全法（草案）》，2007年12月26日第十届全国人民代表大会常务委员会第三十一次会议首次审议了《中华人民共和国食品安全法（草案）》，2009年2月28日第十一届全国人民代表大会常务委员会第七次会议通过了《中华人民共和国食品安全法》，并于2009年6月1日起施行。《中华人民共和国食品卫生法》同时废止。

《食品安全法》超越了原来停留在对食品生产、经营阶段发生食品安全问题的规定，扩大了法律调整范围，涵盖了"从农田到餐桌"食品安全监管的全过程，对涉及食品安全的相关问题作出了全面规定，通过全方位构筑食品安全法律屏障，防范食品安全事故的发生，切实保障食品安全。

1.《食品安全法》的立法意义

《食品安全法》的颁布实施，对于提高我国食品质量，加快食品行业健康、快速发展，防止食品污染和有害因素对人体健康的危害，保障人民群众的身体健康，增强全民族身体素质，发展国际食品贸易，具有重大意义，同时也标志着我国食品安全工作由行政管理走上了法制管理的轨道。

2.《食品安全法》的内容体系

《食品安全法》共分10章，包括104条款。

第一章 总则，共10条。本章主要规定了立法的宗旨和法律调整的范围，即凡在中华人民共和国领域内从事食品生产经营的，都必须遵守本法。本法适用于一切食品，食品添加剂，食品容器、包装材料和食品用工具、设备、洗涤剂、消毒剂；也适用于食品的生产经营场所、设施和有关环境。另外还规定了我国食品卫生管理的基本制度即食品卫生监督制度，规定了国务院卫生行政部门主管全国食品卫生监督管理工作，国务院有关部门在各自的职责范围内负责食品卫生管理工作，并鼓励和保护社会团体和个人对食品卫生的社会监督及对违法行为的检举控告。

第二章 食品安全风险监测和评估，共7条。主要规定了：建立食品安全风险制度，对食源性疾病、食品污染以及食品中有害因素进行检测；建立食品安全风险评估制度，对食品、食品添加剂中生物性、化学性和物理性危害进行风险评估；食品安全风险结果是制定、修订食品安全标准和对食品安全实施监督管理的科学依据；国务院卫生行政部门应当会同国务院有关部门，根据食品安全风险评估结果、食品安全监督管理信息，对食品安全状况进行综合分析，对经综合分析表明可能具有较高程度安全风险的食品，国务院卫生行政部门应当及时提出食品安全警示，并予以公布。

第三章 食品安全标准，共9条。主要规定了：食品安全标准的制定应当以保障公众身体健康为宗旨，做到科学合理、安全可靠；食品安全标准是强制执行标准；食品安全标准包括的内容，如食品添加剂的品种、使用范围、用量以及食品生产过程的卫生要求等；食品安全国家标准由国务院卫生行政部门负责制定、公布，国务院标准化行政部门提供国家标准编号；国务院卫生行政部门应当对现行的食用农产品质量安全标准、食品卫生标准、食品质量标准和有关食品的行业标准中强制执行的标准予以整合，统一公布为食品安全国家标准；没有食品安全国家标准的，可以制定食品安全地方标准；企业生产的食品没有食品安全国家标准或者地方标准的，应当制定企业标准，作为组织生产的依据。

第四章，食品生产经营，共30条。主要规定了：食品生产经营过程中的安全要求和禁止生产经营的食品，同时还规定了食品应当无毒、无害、符合应当有的营养要求，具有相应的色、香、味等感官性状。在食品中不能加入药物，但是按照传统既是食品又是药物的作为原料、调料或者营养强化剂加入的除外。

食品生产经营过程必须符合的要求包括：①保持内外环境整洁，采取消除苍蝇、老鼠、蟑螂和其他有害昆虫及其孳生条件的措施，与有毒、有害场所保持规定的距离；②食品生产经营企业应当有与产品品种、数量相适应的食品原料处理、加工、包装、储存等厂房或者场所；③应当有相应的消毒、更衣、盥洗、采光、照明、通风、防腐、防尘、防蝇、防鼠、洗涤、污水排放、存放垃圾和废弃物的设施；④设备布局和工艺流程应当合理，防止待加工食品与直接入口食品、原料与成品交叉污染，食品不得接触有毒物、不洁物；⑤餐具、饮具和盛放直接入口食品的容器，使用前必须洗净、消毒，炊具、用具用后必须洗净，保持清洁；⑥储存、运输和装卸食品的容器包装、工具、设备和条件必须安全、无害，保持清洁，防止食品污染；⑦直接入口的食品应当有小包装或者使用无毒、清洁的包装材料；⑧食品生产经营人员应当经常保持个人卫生，生产、销售食品时，必须将手洗净，穿戴清洁的工作衣、帽；销售直接入口食品时，必须使用售货工具；⑨用水必须符合国家规定的城乡生活饮用水卫生标准；⑩使用的洗涤剂、消毒剂应当对人体安全、无害。

禁止生产经营的食品包括：①腐败变质、油脂酸败、霉变、生虫、污秽不洁、混有异物或者其他感官性状异常，可能对人体健康有害的；②含有毒、有害物质或者被有毒、有害物质污染，可能对人体健康有害的；③含有致病性寄生虫、微生物的，或者微生物毒素含量超过国家限定标准的；④未经兽医卫生检验或者检验不合格的肉类及其制品；⑤病死、毒死或者死因不明的禽、畜、兽、水产动物等及其制品；⑥容器包装污秽不洁、严重破损或者运输工具不洁造成污染的；⑦掺假、掺杂、伪造，影响营养、卫生的；⑧用非食品原料加工的，加入非食品用化学物质的或者将非食品当作食品的；⑨超过保质期限的；⑩为防病等特殊需要，国务院卫生行政部门或者省、自治区、直辖市人民政府专门规定禁止出售的；⑪含有未经国务院卫生行政部门批准使用的添加剂的或者农药残留超过国家规定容许量的；⑫其他不符合食品卫生标准和卫生要求的。

第五章，食品检验，共5条。主要规定了：食品检验机构按照国家有关认证认可的规定取得资质认定后，方可从事食品检验活动；食品检验由食品检验机构指定的检验人独立进行；食品检验实行食品检验机构与检验人负责制，食品检验机构和检验人对出具的食品检验报告负责；食品安全监督管理部门对食品不得实施免检；食品生产经营企业可以自行对所生产的食品进行检验，也可以委托符合本法规定的食品检验机构进行检验，食品行业协会等组织、消费者需要委托食品检验机构对食品进行检验的，应当委托符合本法规定的食品检验机构进行。

第六章，食品进出口，共8条。主要规定了：进口的食品、食品添加剂以及食品相关产品应当符合我国食品安全国家标准，进口的食品应当经出入境检验检疫机构检验合格后，海关凭出入境检验检疫机构签发的通关证明放行；进口尚无食品安全国家标准的食品，或者首次进口食品添加剂新品种、食品相关产品新品种，进口商应当向国务院卫生行政部门提出申请并提交相关的安全性评估材料；境外发生的食品安全事件可能对我国境内造成影响，或者在进口食品中发现严重食品安全问题的，国家出入境检验检疫部门应当及时采取风险预警或者控制措施，并向国务院卫生行政、农业行政、工商行政管理和国家食品药品监督管理部门通报；向我国境内出口食品的出口商或者代理商应当向国家出入境检验检疫部门备案；进口的预包装食品应当有中文标签、中文说明书；进口商应当建立食品进口和销售记录制度，如实记录食品的名称、规格、数量、生产日期、生产或者进口批号、保质期、出口商和购货者名称及联系方式、交货日期等内容；出口的食品由出入境检验检疫机构进行监督、抽检，海关凭出入境检验检疫机构签发的通关证明放行；国家出入境检验检疫部门应当收集、汇总进出口食品安全信息，并及时通报相关部门、机构和企业。

第七章，食品安全事故处理，共6条。主要规定了：国务院组织制定国家食品安全事故应急预案；发生食品安全事故的单位应当立即予以处置，防止事故扩大；县级以上卫生行政部门接到食品安全事故的报告后，应当立即会同有关农业行政、质量监督、工商行政管理、食品药品监督管理部门进行调查处理，并采取下列措施，防止或者减轻社会危害；发生重大食品安全事故，设区的市级以上人民政府卫生行政部门应当立即会同有关部门进行事故责任调查，督促有关部门履行职责，向本级人民政府提出事故责任调查处理报告；发生食品安全事故，县级以上疾病预防控制机构应当协助卫生行政部门和有关部门对事故现场进行卫生处理，并对与食品安全事故有关的因素开展流行病学调查；调查食品安全事故，除了查明事故单位的责任，还应当查明负有监督管理和认证职责的监督管理部门、认证机构的工作人员失职、渎职情况。

第八章，监督管理，共8条。主要规定了：县级以上地方人民政府组织本级卫生行政、农业行政、质量监督、工商行政管理、食品药品监督管理部门制定本行政区域的食品安全年度监督管理计划，并按照年度计划组织开展工作；县级以上质量监督、工商行政管理、食品药品监督管理部门履行各自食品安全监督管理职责，对食品生产经营者进行监督检查，应当记录监督检查的情况和处理结果，应当建立食品生产经营者食品安全信用档案，记录许可颁发、日常监督检查结果、违法行为查处等情况；接到咨询、投诉、举报，对属于本部门职责的，应当受理，并及时进行答复、核实、处理，对不属于本部门职责的，应当书面通知并移交有权处理的部门处理，应当按照法定权限和程序履行食品安全监督管理职责；国家建立食品安全信息统一公布制度。

第九章，法律责任，共15条。规定了生产者、销售者及卫生监督者因食品卫生的违法行为而应承担的行政责任、刑事责任。对于未取得卫生许可证或者伪造卫生许可证从事食品生产经营活动，食品生产经营过程不符合卫生要求，生产经营禁止食用的和不符合卫生标准的食品、食品添加剂，食品标识虚假或不明确，食品生产经营人员未取得健康证明这些违法行为可处以罚款、没收违法所得、吊销卫生许可证等处罚方式。卫生行政部门或食品卫生监督人员违反本法规定，不构成犯罪的，依法给予行政处分。违反本法规定，造成食物中毒事故或者其他食源性疾患的，或者因其他违反本法行为给他人造成损害的，应当依法承担民事赔偿责任。违反本法规定，生产经营不符合卫生标准的食品，造成严重食物中毒事故或者其他严重食源性疾患，对人体健康造成严重危害的，或者在生产经营的食品中掺入有毒、有害的非食品原料的，依法追究刑事责任。以暴力、威胁方法阻碍食品卫生监督管理人员依法执行职务的，依法追究刑事责任；拒绝、阻碍食品卫生监督管理人员依法执行职务未使用暴力、威胁方法的，由公安机关依照治安管理处罚条例的规定处罚。

第十章，附则，共6条。规定了一些用语的含义，出口食品的卫生管理办法和军队专用食品和自供食品的卫生管理办法的制定机构。

二、卫生管理制度

1. 经常性卫生制度

针对食品卫生质量有严重影响的各个生产环节和比较容易出现的卫生问题，如工具、容器、餐具的清洁消毒、个人卫生、原料与成品质量检查等，要建立健全卫生制度和岗位责任制，使饮食卫生工作经常化、制度化、习惯化。

《食品加工、销售、饮食企业卫生"五四"制》是各类食堂、餐馆一项经常性的卫生制度。也是搞好饮食卫生的成功经验，严格执行这项卫生法令，要有效地预防肠道传染病和食物中毒的发生。"五四"制的内容是：

（1）由原料到成品实行"四不"制

① 采购员不买腐烂变质的原料。

② 保管员不收腐烂变质的原料。

③ 加工人员不用腐烂变质的原料。

④ 服务员不卖腐烂变质的食品（零售单位不收腐烂变质的食品，不出售腐烂变质的食品，不用手拿食品，不用废纸和废物品包装食品）。

（2）成品（食物）存放实行"四隔离"制

① 生食与熟食隔离。

② 成品与半成品隔离。

③ 食物与杂物、药物隔离。

④ 食品与天然冰隔离。

（3）用具实施"四过关"制 "四过关"即一洗、二刷、三冲、四消毒。

（4）环境卫生采取"四定"制 "四定"即定人、定物、定时间、定质量。划片分工，包干负责。

（5）个人卫生遵守"四勤"制 "四勤"即勤洗手剪指甲，勤洗澡理发，勤洗衣服、被褥，勤换工作服。

2. 健康检查制度

① 饮食行业从业人员、集体食堂的管理员、炊事员，由生产、经营主管部门负责定期组织健康检查。凡患有危害食品卫生疾病的人员，不得参加入口食品的生产、销售工作，应当迅速调离直接接触食品的工作岗位，治愈后方可恢复原工作。

② 新参加食品经营的人员（含临时工）应进行健康检查，待取得卫生监督机构签发的"健康证"后方可参加工作。

③ 遇工作人员家属患传染病时，工作人员应自动申请进行带菌检查及医学检察，以防传染。

④ 按照卫生防疫部门的规定，实施预防接种。

3. 餐具消毒制度

① 碗、筷、杯、盘等饮食器具使用后，应用温热水洗刷干净，消毒后设专柜保管。

② 食堂、餐馆用的切菜板、墩、刀及容器应生熟分开，用后及时洗刷、刮净、消毒。其他勺、铲等厨房用具用毕后也应洗刷干净。

③ 设施、设备、机械要定期消毒。

4. 卫生知识教育制度

饮食行业的从业人员必须接受卫生知识教育。学习《食品安全法》和有关卫生法规、法令及卫生知识，掌握本行业的卫生要求。

培训指导八　饮食营养及平衡

培训项目一　人体所需营养素

人体需要的六大营养素是：糖、脂肪、蛋白质、水、无机盐和维生素。其中，糖、蛋白质和脂肪是供给人体能量的物质。六大营养素主要来自八大类食物：谷类、蛋类、奶类、根茎类、肉类、鱼虾和贝类、豆和干果类、蔬菜和瓜果类。

一、糖类

糖类是自然界中广泛分布的一类重要的有机化合物。日常食用的蔗糖、粮食中的淀粉、植物体中的纤维素、人体血液中的葡萄糖等均属糖类。糖类在生命活动过程中起着重要的作用，是一切生命体维持生命活动所需能量的主要来源。

主要由碳、氢、氧三种元素构成。糖类化合物包括单糖、单糖的聚合物及衍生物。

单糖分子都是带有多个羟基的醛类或者酮类。多糖则是单糖缩合的多聚物。分子通式为 $Cm(H_2O)n$，然而，符合这一通式的不一定都是糖类，是糖类也不一定都符合这一通式。这只是表示大多数糖的通式。碳水化合物只是糖类的大多数形式。我们把糖类狭义的理解为碳水化合物。

（一）糖的分类

1. 单糖

单糖就是不能再水解的糖类，是构成各种二糖和多糖的分子的基本单位。

单糖一般是含有 3~6 个碳原子的多羟基醛或多羟基酮。最简单的单糖是甘油醛和二羟基丙酮。单糖是构成各种糖分子的基本单位，天然存在的单糖一般都是 D 型。在糖通式中，单糖的 n 是 3~7 的整数。单糖既可以环式结构形式存在，也可以开链形式存在。

自然界已发现的单糖主要是戊糖和己糖。常见的戊糖有 D-(－)-核糖、D-(－)-2-脱氧核糖、D-(＋)-木糖和 L-(＋)-阿拉伯糖。它们都是醛糖，以多糖或苷的形式存在于动植物中。常见的己糖有 D-(＋)-葡萄糖、D-(＋)-甘露糖、D-(＋)-半乳糖和 D-(－)-果糖，后者为酮糖。己糖以游离或结合的形式存在于动植物中。

（1）D-(－)-核糖和 D-(－)-2-脱氧核糖　核糖以糖苷的形式存在于酵母和细胞中，是核酸以及某些酶和维生素的组成成分。核酸中除核糖外，还有 2-脱氧核糖（简称为脱氧核糖）。

核糖和脱氧核糖的环为呋喃环，故称为呋喃糖。

β-D-(－)-呋喃核糖 β-D-(－)-脱氧呋喃核糖核酸中的核糖或脱氧核糖 C-1 上的 β-

苷键结合成核糖核苷或脱氧核糖核苷，统称为核苷。

核苷中的核糖或脱氧核糖，再以 C-5 或 C-3 上的羟基与磷酸以酯键结合即成为核苷酸。含核糖的核苷酸统称为核糖核苷酸，是 RNA 的基本组成单位；含脱氧核糖的核苷酸统称为脱氧核糖核苷酸，是 DNA 的基本组成单位。

(2) D-(＋)-葡萄糖　D-(＋)-葡萄糖在自然界中分布极广，尤以葡萄中含量较多，因此叫葡萄糖。葡萄糖也存在于人的血液中（389-555μmol/L）叫做血糖。糖尿病患者的尿中含有葡萄糖，含糖量随病情的轻重而不同。葡萄糖是许多糖如蔗糖、麦芽糖、乳糖、淀粉、糖原、纤维素等的组成单元。

葡萄糖是无色晶体或白色结晶性粉末，熔点 146℃，易溶于水，难溶于酒精，有甜味。天然的葡萄糖具有右旋性，故又称右旋糖。

在肝脏内，葡萄糖在酶作用下氧化成葡萄糖醛酸，即葡萄糖末端上的羟甲基被氧化生成羧基。

葡萄糖醛酸在肝中可与有毒物质如醇、酚等结合变成无毒化合物由尿排出体外，可达到解毒作用。

(3) D-(＋)-半乳糖　半乳糖与葡萄糖结合成乳糖，存在于哺乳动物的乳汁中。脑髓中有些结构复杂的脑苷脂中也含有半乳糖。

半乳糖是己醛糖，是葡萄糖的非对映体。两者不同之处仅在于 C-4 上的构型正好相反，故两者为 C-4 的差向异构体。半乳糖也有环状结构，C-1 上也有 α 和 β 两种构型。即 α-D-吡喃半乳糖 β-D-吡喃半乳糖。

半乳糖是无色晶体，熔点 165～166℃。半乳糖有还原性，也有变旋现象，平衡时的比旋光度为＋83.3°。

人体内的半乳糖是摄入食物中乳糖的水解产物。在酶的催化下半乳糖能转变为葡萄糖。

半乳糖的一些衍生物广泛分布于植物界。例如，半乳糖醛酸是植物黏液的主要成分；石花菜胶（也叫琼脂）的主要组成是半乳糖衍生物的高聚体。

(4) D-(－)-果糖　D-果糖以游离状态存在于水果和蜂蜜中，是蔗糖的一个组成单元，在动物的前列腺和精液中也含有相当量的果糖。

果糖为无色晶体，易用溶于水，熔点为 105℃。D-果糖为左旋糖，也有变旋现象，平衡时的比旋光度为－92°。这种平衡体系是开链式和环式果糖的混合物。

果糖有两种形式存在即，β-D-(－)-吡喃果糖 β-D-(－)-呋喃果糖。在游离状态下时主要以吡喃环形式存在，在结合状态时则多以呋喃环形式存在。

果糖也可以形成磷酸酯，体内有果糖-6-磷酸酯（用 F-6 表示）和果糖-1,6-二磷酸酯（F-1,6-二）。

果糖磷酸酯是体内糖代谢的重要中间产物，在糖代谢中有其重要的地位。F-1,6-二在酶的催化下，可生成甘油醛-3-磷酸酯和二羟基的丙酮磷酸酯。

体内通过此反应将己糖变为丙糖，这是糖代谢过程中的一个中间步骤。此反应类似于羟醛缩合反应的逆反应。

(5) 氨基糖　自然界的氨基糖是己醛糖分子中 C-2 上的羟基被氨基取代的衍生

物。如 β-D-氨基葡萄糖，β-D-氨基半乳糖。氨基糖常以结合状态存在于黏蛋白和糖蛋白中，但游离的氨基半乳糖对肝脏有毒性。

2. 双糖

又称二糖。在酸、酶作用下水解成2分子单糖的糖类。如蔗糖、麦芽糖、乳糖、纤维二糖等，分子式为 $C_{12}H_{22}O_{11}$，唯结构式不同。一般无色，易溶于水，有甜味。麦芽糖、乳糖、纤维二糖等具还原性，能生成苯腙和脎，但蔗糖则不能。蔗糖可以从糖料甘蔗榨取或糖料甜菜浸取。纤维二糖只有纤维水解时才生成。其他则可以通过化学方法或生物化学方法从淀粉作物原料中制取。这些糖类多可用作食品的甜味料或其他功能性配料。

(1) 麦芽糖（maltose） 由二分子葡萄糖结合而成，大量存在于发芽的谷粒，特别是麦芽中。淀粉和糖原水解后也可产生少量的麦芽糖。一般亦为食物加工中常用的甜味剂。

(2) 乳糖（lactose） 由一分子葡萄糖和一分子半乳糖结合而成，是唯一来自动物类的糖类，故只存在于哺乳动物的乳汁及乳制品中，其浓度为5％。

(3) 蔗糖（sucrose） 广泛存在于甘蔗、甜菜及有甜味的植物果实、叶、花、根茎之中，由一分子葡萄糖和一分子果糖结合而成，是砂糖（红，白）中的主要成分，也是日常生活中常用的甜味剂。

(4) 海藻糖（trehalose） 蕈类及酵母，是昆虫血淋巴中的主要糖类。

3. 多糖

由一种单糖分子缩合而成的多糖，叫做均一性多糖。自然界中最丰富的均一性多糖是淀粉和糖原、纤维素，它们都是由葡萄糖组成。淀粉和糖原分别是植物和动物中葡萄糖的储存形式，纤维素是植物细胞主要的结构组分。常见的均一多糖有如下几种。

(1) 淀粉 淀粉是植物营养物质的一种储存形式，也是植物性食物中重要的营养成分，分为直链淀粉和支链淀粉。

① 直链淀粉：许多 α-葡萄糖以 α-(1,4)-糖苷键依次相连成长而不分开的葡萄糖多聚物。典型情况下由数千个葡萄糖线基组成，分子量从 150000～600000。

结构：长而紧密的螺旋管形。这种紧实的结构是与其储藏功能相适应的。遇碘显蓝色。

② 支链淀粉：在直链的基础上每隔 20～25 个葡萄糖残基就形成一个-(1,6) 支链。不能形成螺旋管，遇碘显紫色。

淀粉酶：内切淀粉酶（α-淀粉酶）水解 α-1,4-糖苷键，外切淀粉酶水解（β-淀粉酶）α-1,4-糖苷键，脱支酶水解 α-1,6-糖苷键。

(2) 糖原 与支链淀粉类似，只是分支程度更高，每隔 4 个葡萄糖残基便有一个分支。结构更紧密，更适应其储藏功能，这是动物将其作为能量储藏形式的一个重要原因，另一个原因是它含有大量的非原性端，可以被迅速动员水解。糖原遇碘显红褐色。

(3) 纤维素 许多 β-D-葡萄糖分子以 β-(1,4)-糖苷键相连而成直链。纤维素是植物细胞壁的主要结构成分，占植物体总重量的 1/3 左右，也是自然界最丰富的有机物，地球上每年约生产 1011 吨纤维素。

经济价值：木材、纸张、纤维、棉花、亚麻。

完整的细胞壁是以纤维素为主，并黏连有半纤维素、果胶和木质素。约 40 条纤维素链相互间以氢键相连成纤维细丝，无数纤维细丝构成细胞壁完整的纤维骨架。

降解纤维素的纤维素酶主要存在于微生物中，一些反刍动物可以利用其消化道内的微生物消化纤维素，产生的葡萄糖供自身和微生物共同利用。虽大多数的动物（包括人）不能消化纤维素，但是含有纤维素的食物对于健康是必需的和有益的。

（4）几丁质（壳多糖） N-乙酰-D-葡萄糖胺以 1,4-糖苷链相连成的直链。

（5）菊糖 多聚果糖，存在于菊科植物根部。

（6）琼脂 多聚半乳糖，是某些海藻所含的多糖，人和微生物不能消化琼脂。

由不同的单糖分子缩合而成的多糖，叫做不均一多糖。常见的有透明质酸、硫酸软骨素等。不均一性多糖种类繁多。有一些不均一性多糖由含糖胺的重复双糖系列组成，称为糖胺聚糖（glyeosaminoglycans，GAGs），又称黏多糖（mucopolysaceharides）、氨基多糖等。

（二）糖的甜度

各种糖类除多糖外均有甜味，但各种糖的甜度各异。几种常见糖的甜度见下表：

糖类名称	甜度	糖类名称	甜度
果糖	173	麦芽糖	23
蔗糖	100	乳糖	16
葡萄糖	74	淀粉	0
山梨醇	54	纤维素	0

（三）糖的功能

① 供给能量。人体从膳食中摄取的总热量的 60%～70% 都是由糖类提供的。糖类比等量脂肪所产生的热量虽然低一些，但糖类来源广泛，价格较脂肪经济，氧化分解的产物二氧化碳和水也易于排出。每克单糖在体内经氧化可产生 16.2 千焦的热量，糖类在体内氧化又较其他产热营养素放出热能快，能及时满足机体对热能的需要，这一特点更为重要。

糖原和葡萄糖是脑组织和心肌的主要能源，又是肌肉运动的有效能源物质。血液中的葡萄糖是神经系统的唯一能量来源。

② 构成机体组织糖类是构成机体的一种重要物质，所有神经组织、细胞和体液中都含有糖类。核糖是构成遗传物质脱氧核糖核酸（DNA）的主要成分。此外，乳糖在促进婴儿生长发育中也起着重要作用。

③ 抗生酮作用和节约蛋白质作用。体内脂肪代谢需要有足够的糖类来促进氧化，糖类量不足时，所需能量将大部分由脂肪提供，而脂肪氧化不完全时不能完全氧化成

二氧化碳和水而产生酮体,从而发生酮中毒,所以糖类具有辅助脂肪氧化的抗生酮作用。糖类在体内代谢的重要性还表现在膳食中若糖量充足,蛋白质在体内不以热能形式被消耗,便可充分发挥其结构物质、调节物质的作用。

④ 保护肝脏和解毒作用。当肝糖原储备充足时,肝脏对四氯化碳、酒精、砷等化学毒物有较强的解毒能力,对各种致病微生物感染所引起的毒症也有较强的解毒作用。当肝糖原不足时,肝脏的解毒作用就明显下降。所以人患肝炎时,可多吃一些糖。

⑤ 增强胃肠道功能,促进消化的多糖类的纤维素和果胶,虽然不能经人体消化吸收,但却能增进消化液的分泌和胃肠蠕动。同时,还能吸收肠腔中水分,增大体积,使大便松软,利于正常排便,从而促进了消化功能和排便功能。此外,蔗糖在烹调中常用来调味、增色、提高食欲。

(四)糖的供给量及食物来源

糖的供给量依工作性质、劳动强度、饮食习惯、生活水平而定。一般认为由糖所提供的热量应占人体摄入热量的60%～70%。成年人每日每千克体重约需4～6克。而纯糖(指单糖、双糖)不得超过总糖供给量的5%。

糖类营养素主要食物来源是粮谷类、薯类食品,其次还少量来自食用糖及蔬菜、水果中少量单糖。常见食物含糖量见下表。

常见食物含糖量/每100克熟重

食品名称	含糖量/克	食品名称	含糖量/克
干饭	36	水饺皮	48.6
稀饭	18	云吞皮	51.5
面条	36	芋头	27.2
米粉	23.4	马铃薯块	17.3
速食面	25.9	番薯(白心)	13.1
速食米粉	36	番薯(红心)	13.1
葱油饼	48.6	玉米	26.6
馒头	54.5	玉米(浆罐头)	18.5
烧饼	72	玉米(粒罐头)	19.1
全麦面包	56.2	莲子(干)	50
土司(白)	64.4	绿豆	31.1
萝卜糕	22.1	冬粉	14.2
猪血糕	40.1	红豆	39.2

(五)糖类某些性质在烹调中的应用

① 淀粉在烹调中的变化 淀粉中的直链淀粉和支链淀粉在冷水中都不溶解。直链淀粉能在热水中分散成胶体溶液,而支链淀粉易分散于冷水中,在热水中仅膨胀但不溶解。当把淀粉混在水中加热时,淀粉颗粒吸水膨胀,然后分散、破裂、互相粘结,形成糊状。开始形成糊状的最低温度称为糊化温度。淀粉在达到糊化温度时黏度增加很快,达到黏度最大值时,黏度又下降,如果停止加热,使其冷却,则发生凝固。

糊化淀粉即淀粉在室温下冷却,或淀粉凝胶经长时间放置,会变成不透明状甚至产生沉淀现象，这称为淀粉老化。淀粉老化的最适温度为 2~4℃。淀粉糊化以后变得易于消化，但老化后又难于消化。利用淀粉加热糊化，冷却又老化的特点可制作出粉皮、粉丝等。

烹调中淀粉能增加菜肴的嫩滑感，提高菜肴的滋味，对菜肴的色、香、味、形都有很大作用。肉料如果不经上浆拌粉，在旺火热油中水分会很快蒸发，香味、营养成分也随水外流，质感变糙。原料若上浆拌粉，受热后浆粉凝成一层薄膜，使原料不直接与高温油接触，油不易浸入原料内部，水也不易蒸发，不仅能保持原料良好质感，而且使其表面色泽光润，形态饱满。

② 蔗糖在烹调过程中的变化。蔗糖加热到 150℃ 即开始熔化，继续加热就形成一种黏稠微黄色的熔化物，挂霜拔丝菜肴的制作就是利用这一特性。

当加热温度超过糖的熔点或在碱性情况下，糖便被分解产生 5-羟甲基糠醛及黑腐质。它们使糖的颜色加深、吸湿性增强，也使糖具诱人的焦香味。当加热到 160℃ 时，糖分迅速脱水缩合，形成一种可溶于水的黑色分解产物和一类裂解产物，同时引起酸度增高和色度加深。因此，在高温下长时间熬糖，会使糖的颜色变暗，使其质量下降。黑腐质主要影响糖的色泽和吸湿性，而 5-羟甲基糠醛会促使糖返砂。

当蔗糖或其他碳水化合物与含有蛋白质等氨基化合物的食品一起加热时，特别是当温度过高时，则发生羰氨反应（即美拉德反应）。如果再继续加热，则可发生炭化，产物具有苦味。

③ 麦芽糖（饴糖）在烹调中的变化。麦芽糖的熔点在 102~108℃。在酸和酶的作用下，麦芽糖发生水解生成葡萄糖。麦芽糖在温度升高时，分子碰撞没有蔗糖那么剧烈，它的颜色由浅黄-红黄-酱红-焦黑而变化。烹调中利用麦芽糖的这一特性给烤鸭上糖色，等到鸭皮显酱红色时，鸭子正好成熟。由于饴糖的胶体水不易损失，如一旦失去水分，麦芽糖的糖皮较厚，增强烤鸭皮质的酥脆程度。同时，由于麦芽糖分子不含果糖，烤制后食物的相对吸湿性较差，耐脆度更好。因此，麦芽糖为烤制肉食品的理想上色糖浆。

④ 膳食纤维在烹调中的变化。纤维素包围在谷类和豆类外层，它能妨碍体内消化酶与食物内营养素的接触，影响了营养的吸收。但是如果经烹调加工后，食物的细胞结构发生变化，部分纤维素变成可溶性状态，原果胶变成可溶性果胶，增加了体内消化酶与植物性食物中营养素接触的机会，从而提高了营养物质的消化率。此外，蔬菜中的果胶质在加热时也可吸收部分水分而变软，有利于蔬菜的消化吸收。

二、脂类

脂类是脂肪和类脂的总称。脂肪又称中性脂肪，是碳、氢、氧三种元素组成的有机化合物，由甘油和脂肪酸构成的甘油三酯。

类脂包括磷脂、固醇类、脂蛋白、糖脂等。类脂是构成机体组织较稳定的脂类，受食物脂肪影响较小，故从营养角度出发，中性脂肪是须在膳食中经常予以重视的脂类营养素。

脂肪，又称为真脂、中性脂肪及甘油三酯，是由一分子的甘油和三分子的脂肪酸结合而成。

脂肪是机体的重要组成成分。富含脂肪的食物有动物油和植物油。类脂主要有磷脂、糖脂、胆固醇及胆固醇酯等。

脂肪分为动物脂肪和植物脂肪。在常温下,植物脂肪为液体,一般习惯称为油;动物脂肪在常温下一般为固体,称为脂。脂肪是由甘油与高级脂肪酸形成的酯类,油脂的性质与其中所含脂肪酸的种类关系甚大。动物脂和植物油统称为油脂。

1. 脂肪酸的分类

脂肪水解后生成甘油和脂肪酸。在营养学上,脂肪主要根据其所含脂肪酸的种类进分类。

(1) 饱和脂肪酸 饱和脂肪酸的主要来源是家畜肉和乳类的脂肪,还有热带植物油(如棕榈油、椰子油等),其主要作用是为人体提供能量,它可以增加人体内的胆固醇和中性脂肪。但如果饱和脂肪摄入不足,会使人的血管变脆,易引发脑出血、贫血、易患肺结核和神经障碍等疾病。

(2) 单不饱和脂肪酸 单不饱和脂肪酸主要是油酸,含单不饱和脂肪酸较多的油品为:橄榄油、芥花籽油、花生油等。它具有降低坏的胆固醇(LDL),提高好的胆固醇(HDL)比例的功效,所以,单不饱和脂肪酸具有预防动脉硬化的作用。

(3) 多不饱和脂肪酸 多不饱和脂肪酸虽然有降低胆固醇的效果,但它不管胆固醇好坏都一起降,且稳定性差,不适合加热,在加热过程中容易氧化形成自由基,加速细胞老化及癌症的产生。

多不饱和脂肪酸主要是亚油酸、亚麻酸、花生四烯酸等,其中亚麻酸、花生四烯酸等为必需脂肪酸。含多不饱和脂肪酸较多的油有:玉米油、鱼油等。

2. 脂类的生物功用

① 脂肪的主要功用是氧化释放能量,供给机体利用。1克脂肪在体内完全氧化所产生的能量为9千卡,比糖和蛋白质产生的能量多1倍以上,脂肪氧化产生的能量比糖氧化产生的多。体内储存脂肪作为能源比储存糖更为经济。

② 提供脂溶性维生素,促进脂溶性维生素和胡萝卜素等的吸收利用。

③ 构成身体组织。是细胞结构的基本原料,保护器官和神经组织,使器官与器官间减少摩擦,保护机体免受损伤。

脂肪不易传热,故能防止散热,可维持体温恒定,还有抵御寒冷的作用。肥胖的人由于在皮肤下及肠系膜等处储存多量脂肪,体温散发较慢。在冬天不觉得冷,但在夏日因体温不易散发而怕热。

④ 脂肪在胃中停留时间较长,因此,富含脂肪的食物具有较高的饱腹感。还可增加膳食的美味,促进食欲。

3. 动物脂肪与植物脂肪的比较

(1) 不饱和脂肪酸的含量 一般来说,植物脂肪(素油)中不饱和脂肪酸的含量较高。

(2) 脂溶性维生素的含量　动物脂肪（荤油）中维生素 A、维生素 D、维生素 K、维生素 E 的含量相对较高。

(3) 消化率　植物脂肪含人体必需的脂肪酸较多，容易消化吸收。

(4) 储存性　植物脂肪中多含不饱和脂肪酸，所以耐储存。

由此可见，植物脂肪的营养价值比动物脂肪相对高。在常用植物脂肪中，豆油、麻油、花生油、玉米油、葵花子油都有丰富的人体必需脂肪酸，对于处在生长发育中的小儿来说，应为脂肪的主要摄取对象。但动物脂肪中脂溶性维生素含量比植物脂肪高，所以也要适当吃些动物脂肪，以补充维生素 A、维生素 D、维生素 E、维生素 K 的摄入。

4. 脂肪的日供量

成人每天膳食脂肪的摄入量比例不大于 30%，一般以 20%～30% 为宜。

高脂肪类、高糖类食物容易堆积脂肪，比如肥肉、奶油等。脂肪酸分三大类：饱和脂肪酸、单不饱和脂肪酸、多不饱和脂肪酸。

我国营养学会建议膳食脂肪供给量不宜超过总能量的 30%，其中饱和脂肪酸、单不饱和脂肪酸、多不饱和脂肪酸的比例应为 1∶1∶1。亚油酸提供的能量能达到总能量的 1%～2% 即可满足人体对必需脂肪酸的需要。

5. 脂肪在烹饪中的应用

在烹饪过程中，油脂是不可缺少的原料，其重要性是由油脂的性质所决定的。它在烹饪中的具体作用主要表现在以下几个方面。

(1) 作为传热介质　油脂在加热过程中，不仅油温上升快，而且上升的幅度也较大，若停止加热或减少火力，其温度下降也较迅速，这样便于烹饪过程中火候的控制和调节，并适于多种烹调技法的运用，以制作出鲜嫩、酥脆、外焦里嫩等不同质感的菜肴。

油脂在加热后能储存较多的热量，进行烹饪时，用油煎、炒、烹、炸时，油脂将较多的热量能迅速而均匀传给食物，这是加工烹制菜肴能迅速成熟的原因。用油脂烹调，有利于菜肴色香味形等达到所要求的最佳品质。

(2) 赋予菜肴特殊香味　油脂在烹饪过程中，当其加热后温度较高，原料多经滑油或煎或炸，使各种成分发生多种化学反应。油脂在加热后会产生游离的脂肪酸和具有挥发性的醛类、酮类等化合物，从而使菜肴具有特殊的香味。

油脂可将加热形成的芳香物质由挥发性的游离态转变为结合态，使菜肴的香气和味道变得更柔和协调，人们在咀嚼和品味时，使它们的香味充分体现出来，回味无穷。

(3) 具有润滑作用　油脂的润滑作用在菜肴烹饪中有着广泛应用。如在面包制作中常加入适当的油脂，降低面团的黏性，便于加工操作，并增加面包制品表面的光洁度、口感和营养。在菜肴的制作中也常利用油脂的润滑作用，防止原料黏结。如将调味、上浆后的主料，在下锅前加些油、以利原料散开，便于成形。另外，在油锅的使用上，油脂的润滑作用显得更重要。烹调前，炒勺先用油润滑后，将油倒出，然后将勺上火烧热，再加底油进行烹调，防止原料粘锅，避免了煳底，保证了菜肴的质量。

三、蛋白质

蛋白质是化学结构复杂的一类有机化合物，是人体的必须营养素。蛋白质的英文是 protein，源于希腊文的 proteios，是"头等重要"意思，表明蛋白质是生命活动中头等重要物质。蛋白质是细胞组分中含量最为丰富、功能最多的高分子物质，在生命活动过程中起着各种生命功能执行者的作用，几乎没有一种生命活动能离开蛋白质，所以没有蛋白质就没有生命。

1. 蛋白质的化学组成及在烹饪中表现的特性

蛋白质是一种化学结构非常复杂的有机化合物，它是由碳、氢、氧、氮四种元素构成的，有的蛋白质含有硫、磷、铁、碘和铜等其他元素。这些元素首先按一定的结构构成氨基酸，许多氨基酸再按一定的方式连接成蛋白质，因此，氨基酸是构成蛋白质的基本单位。

（1）必需氨基酸　能供人类食用的食物蛋白质中有 20 多种氨基酸，其中有一部分在体内不能合成或合成速度不快、不能满足需要而必须由食物蛋白质供给的，称为必需氨基酸。

必需氨基酸共有 8 种：赖氨酸、色氨酸、苯丙氨酸、甲硫氨酸（蛋氨酸）、苏氨酸、异亮氨酸、亮氨酸、缬氨酸。对婴儿来说，组氨酸和精氨酸也是必需氨基酸。如果饮食中经常缺少上述氨基酸，可影响健康。

亮氨酸功能：促进睡眠、减低对疼痛的敏感、缓解偏头痛、缓和焦躁及紧张情绪、减轻因酒精而引起人体中化学反应失调的症状，并有助于控制酒精中毒。

参考食物：牛奶、鱼类、香蕉、花生及所有含蛋白质丰富的食物。

赖氨酸功能：可减低或防止单纯性疱疹感染（热病疱疹和口唇疱疹）的发生、能使注意力高度集中、使制造能量的脂肪酸被正常利用、有助于消除某些不孕症。

参考食物：鱼肉、豆类制品、脱脂牛奶、杏仁、花生、南瓜子和芝麻。

苯丙氨酸功能：降低饥饿感、提高性欲、改善记忆力及提高思维的敏捷度、消除抑郁情绪。

参考食物：面包、豆类制品、脱脂牛奶、杏仁、花生、南瓜子和芝麻。

异亮氨酸、缬氨酸功能：血红蛋白形成必需物质、调节糖和能量的水平帮助提高体能、帮助修复肌肉组织、加快创伤愈合、治疗肝功能衰竭、提高血糖水平、增加生长激素的产生。

参考食物：鸡蛋、大豆、黑麦、全麦、糙米、鱼类与奶制品。

苏氨酸功能：是协助蛋白质被人体吸收利用所不可缺少的氨基酸、防止肝脏中脂肪的累积、促进抗体的产生增强免疫系统。

参考食物：肉类等。

蛋氨酸功能：帮助分解脂肪，能预防脂肪肝、心血管疾病和肾脏疾病的发生，将有害物质如铅等重金属除去，防止肌肉软弱无力，治疗风湿热和怀孕时的毒血症，是一种有利的抗氧化剂。

参考食物：豆类、鱼类、肉类和酸奶。

色氨酸功能：有助于减轻焦躁不安感、促进睡眠、可控制酒精中毒。

参考食物：糙米、肉类、花生米、大豆蛋白。

（2）非必需氨基酸　可在动物体内合成，作为营养源不需要从外部补充的氨基酸。一般植物、微生物必需的氨基酸均由自身合成，这些都不称为非必需氨基酸。对人来说非必需氨基酸为甘氨酸、丙氨酸、丝氨酸、天冬氨酸、谷氨酸（及其胺）、脯氨酸、精氨酸、组氨酸、酪氨酸、胱氨酸。这些氨基酸由碳水化合物的代谢物或由必需氨基酸合成碳链，进一步由氨基转移反应引入氨基生成氨基酸。已知即使摄取非必需氨基酸，也是对生长有利的。

（3）牛磺酸　牛磺酸几乎存在于所有的生物之中，哺乳动物的主要脏器，如：心脏、脑、肝脏中含量较高。含量最丰富的是海鱼、贝类，如墨鱼、章鱼、虾，贝类的牡蛎、海螺、蛤蜊等，鱼类中的青花鱼、竹荚鱼、沙丁鱼等牛磺酸含量很丰富。在鱼类中，鱼背发黑的部位牛磺酸含量较多，是其他白色部分的5～10倍。因此，多摄取此类食物，可以较多地获取牛磺酸。牛磺酸易溶于水，进餐时同时饮用鱼贝类煮的汤是很重要的。在日本，有用鱼贝类酿制成的"鱼酱油"，富含牛磺酸。除牛肉外，一般肉类中牛磺酸含量很少，仅为鱼贝类的1%～10%。

2. 蛋白质的分类及评价

（1）蛋白质的分类　根据食物蛋白质的氨基酸组成情况，从营养方面将蛋白质分为三大类。

完全蛋白质：此类蛋白质所含必需氨基酸种类齐全，数量充足，相互间的比例也适当，不但能够维持小儿健康，并能促进小儿生长发育。如奶类中的酪蛋白、乳清蛋白，蛋类中的卵清蛋白及卵黄磷蛋白，肉类中的清蛋白和肌蛋白，大豆中的大豆蛋白，小麦的麦谷蛋白和玉米中的谷蛋白，都属于完全蛋白质。

半完全蛋白质：此类蛋白质中所含各种必需氨基酸种类尚全，但由于含量多少不匀，互相之间不合适，若在膳食中作为唯一的蛋白质来源时，可以维持生命，但不能促进儿童生长发育。如小麦、大麦中的麦胶蛋白均属此类蛋白质。

不完全蛋白质：此类蛋白质所含必需氨基酸种类不全，用在膳食中作为唯一的蛋白质来源时，既不能促进儿童生长发育，也不能维持生命。如玉米中玉米胶蛋白，动物结缔组织和肉皮中的胶质蛋白，豌豆中的豆球蛋白等均属此类蛋白质。

（2）蛋白质的评价

① 食物中蛋白质含量。我们选择蛋白质食物，首先应考虑蛋白质含量的多少（见下表）。如果食物中蛋白质含量很少，即使营养价值很高，也不能满足人体需要。

常见食物蛋白质含量/（克/50克）

食物名称	蛋白质	食物名称	蛋白质
牛肉	9.95	香肠	12.05
酱牛肉	15.7	腊肠	11
牛肉干	22.8	狗肉	8.4
牛蹄筋（泡发）	3	兔肉	9.85
羊肉	9.5	蚕蛹	10.75
羊肉串（烤）	13	甲鱼（鳖）	8.9
羊肉串（炸）	9.15	田鸡（青蛙）	10.25
羊肉串（电烤）	13.2	蛇	7.55
羊肉干	14.1	枸杞子	6.95
羊肚	6.1	冰激凌	1.2
猪肉	6.6	油脂类	
猪蹄筋	17.65	豆油	0
猪蹄（熟）	11.8	色拉油	0
叉烧肉	11.9	香油	0
午餐肉	4.7	河蚌	5.45
猪肉（清蒸）	9.2	扇贝（鲜）	5.55
火腿肠	7	田螺	5.5
风干肠	6.2	牡蛎（海蛎子）	2.65
茶肠	4.5	鲍鱼（干）	27.05

② 蛋白质的消化率。表观消化率比真实消化率低，对蛋白质营养价值的估计偏低，因此有较大的安全系数。此外，由于表观消化率的测定方法较为简便，故一般多为采用。

用一般烹调方法加工的食物蛋白的消化率为：奶类97％～98％、肉类92％～94％、蛋类98％、大米82％、土豆74％。植物性食物蛋白由于有纤维包围，比动物性食物蛋白的消化率要低，但纤维素经加工软化破坏或除去后，植物蛋白的消化率可以提高。如大豆蛋白消化率为60％，加工成豆腐后，可提高到90％。

③ 蛋白质的生物价。从评定食物蛋白质营养价值的方法上可知，评定食物蛋白质营养价值高低的方法有：食物蛋白质的生物价、食物中蛋白质的含量、蛋白质的消化率等，其中以蛋白质的生物价为表示蛋白质营养价值最常用的方法。它是表示食物蛋白质被机体吸收后，在人体内的利用率。生物学价值高的蛋白质表明其所含必需氨基酸的种类、数量及其相互之间比例与人体的蛋白质模式相近似，容易被人体吸收利用。通俗地讲：某食物蛋白质生物价为90，则表示摄入100克该种膳食蛋白质，其中90克能转化为人体蛋白质。常见食物蛋白质的生物价见下表。

常见食物蛋白质的生物价

食物名称	生物价	食物名称	生物价
鸡蛋黄	96	红薯	72
全鸡蛋	94	扁豆	72
脱脂牛奶	85	小麦	67
鸡蛋白	83	马铃薯	67
鱼	83	熟大豆	64
大米	77	玉米	60
白菜	76	花生	59
牛肉	76	蚕豆	58
猪肉	74	生大豆	57

3. 提高膳食蛋白质营养价值的措施

评价食物蛋白质的营养价值不仅要考虑到蛋白质的量，而且还要考虑到蛋白质的质。食物蛋白质的质主要取决于氨基酸的组成和蛋白质的消化程度。凡是 8 种必需氨基酸的比例合适并且被人体消化利用率高的蛋白质，它的营养价值就比较高，一般来说动物性食物蛋白质的消化率比植物性食物蛋白质高，并且氨基酸比例也合适，所以营养价值就高。植物性食物由于它的蛋白质被纤维薄膜包裹，因此不易消化，同时由于氨基酸比例也不很合适，所以营养价值一般都比动物性食物蛋白质低。例外的是大豆蛋白质，它的必需氨基酸比例可和动物性蛋白质媲美。营养价值低的食物蛋白质可以通过在同一餐膳食中配以多种食物蛋白质的办法，取长补短予以补救，使多种食物蛋白质的各种必需氨基酸混合在一起，从而提高营养价值，这就是所谓的"蛋白质互补作用"。如面粉中赖氨酸较少，而豆类蛋白质的赖氨酸含量相对较高，粮豆混合在一起吃，就能起蛋白质相互补充的作用，以适合人体需要。所以我们在同一餐的食物中应该做到食物品种多样化，不偏食，不厌食，荤素搭配，粗细粮搭配，力求最大限度的发挥蛋白质的互补作用，以提高蛋白质的营养价值。

4. 蛋白质的生理功能

（1）构造人的身体　蛋白质是一切生命的物质基础，是机体细胞的重要组成部分，是人体组织更新和修补的主要原料。人体的每个部分，如毛发、皮肤、肌肉、骨骼、内脏、大脑、血液、神经、内分泌等都是由蛋白质组成，所以说饮食造就人本身。蛋白质对人的生长发育非常重要。比如大脑发育的特点是一次性完成细胞增殖，人大脑细胞的增长有二个高峰期、第一个是胎儿三个月的时候；第二个是出生后到一岁，特别是 0~6 个月的婴儿是大脑细胞猛烈增长的时期。到一岁大脑细胞增殖基本完成，其数量已达成人的 90%。所以 0~1 岁儿童对蛋白质的摄入要求很有特色，对儿童的智力发展尤其重要。

（2）修补人体组织　人的身体由百兆亿个细胞组成，细胞是生命的最小单位，它们处于永不停息的衰老、死亡、新生的新陈代谢过程中。例如年轻人的表皮 28 天更新一次，而胃黏膜两三天就要全部更新。所以一个人如果蛋白质的摄入、吸收、利用都很好，那么皮肤就是光泽而又有弹性的。反之，人则经常处于亚健康状态。组织受损后，包括外伤，不能得到及时和高质量的修补，便会加速机体衰退。

（3）维持机体正常的新陈代谢和各类物质在体内的输送　载体蛋白对维持人体的正常生命活动是至关重要的。可以在体内运载各种物质，比如血红蛋白可输送氧（红细胞更新速率 250 万/秒）、脂蛋白可输送脂肪、细胞膜上的受体还有转运蛋白等。

（4）白蛋白　维持机体内渗透压的平衡及体液平衡。

（5）维持体液的酸碱平衡

（6）免疫细胞和免疫蛋白　有白细胞、淋巴细胞、巨噬细胞、抗体（免疫球蛋白）、补体、干扰素等。七天更新一次。

（7）构成人体必需的催化和调节功能的各种酶　人体有数千种酶，每一种只能参与一种生化反应。人体细胞里每分钟要进行一百多次生化反应。酶有促进食物的消化、吸收、利用的作用。相应的酶充足，反应就会顺利、快捷的进行，人们就会精力充沛、不易生病。否则，反应就变慢或者被阻断。

（8）激素的主要原料　具有调节体内各器官的生理活性。胰岛素是由 51 个氨基酸分子合成。生长素是由 191 个氨基酸分子合成。

（9）构成神经递质乙酰胆碱、五羟色氨等　维持神经系统的正常功能如味觉、视觉和记忆。

（10）胶原蛋白　占身体蛋白质的 1/3，生成结缔组织，构成身体骨架，如骨骼、血管、韧带等，决定了皮肤的弹性，保护大脑（在大脑脑细胞中，很大一部分是胶原细胞，并且形成血脑屏障保护大脑）。

（11）提供热能

四、维生素

维生素又名维他命，是维持人体生命活动必需的一类有机物质，也是保持人体健康的重要活性物质。维生素在体内的含量很少，但不可或缺。各种维生素的化学结构以及性质虽然不同，但它们却有着以下共同点：①维生素均以维生素原（维生素前体）的形式存在于食物中；②维生素不是构成机体组织和细胞的组成成分，它也不会产生能量，它的作用主要是参与机体代谢的调节；③大多数的维生素，机体不能合成或合成量不足，不能满足机体的需要，必须经常通过食物中获得；④人体对维生素的需要量很小，日需要量常以毫克（mg）或微克（μg）计算，但一旦缺乏就会引发相应的维生素缺乏症，对人体健康造成损害。

维生素与碳水化合物、脂肪和蛋白质 3 大物质不同，在天然食物中仅占极少比例，但又为人体所必需。有些维生素如维生素 B_6、维生素 K 等能由动物肠道内的细菌合成，合成量可满足动物的需要。动物细胞可将色氨酸转变成烟酸（一种 B 族维生素），但生成量不敷需要；维生素 C 除灵长类（包括人类）及豚鼠以外，其他动物都可以自身合成。植物和多数微生物都能自己合成维生素，不必由体外供给。许多维生素是辅基或辅酶的组成部分。

（1）维生素 A（视黄醇）　维生素 A 属于脂溶性维生素，仅存在于动物肉类中。植物中不含有维生素 A，但有多种胡萝卜素，其中以 β-胡萝卜素最为重要。

维生素 A 主要提供眼睛和皮肤的生理代谢以及成长的一般需要，即构成视觉细胞内感光物质，参与糖蛋白的合成等。其来源的食物有动物肝脏、含油脂的鱼、鱼肝油、蛋类、黄油、全脂牛奶和高脂奶酪。

（2）硫胺（维生素 B_1）　维生素 B_1，主要涉及能量的产生和碳水化合物、脂肪及酒精的代谢。维生素 B_1 缺乏时可引起"脚气病"，主要发生在高糖饮食及食用高度精细加工的米、面时。此外因慢性酒精中毒而不能摄入其他食物时也可发生维生素 B_1 缺乏，初期表现为末梢神经炎、食欲减退等，进而可发生浮肿、神经肌肉变性等。

能良好补充维生素 B_1 的食物包括：全麦粒、水果、蔬菜、猪肉、牛肉、坚果、酵母、糙米、豆类和扁豆类。由于维生素 B_1 在食物的加工制作过程中极易丢失，所以精炼食物（如白面、精米）中维生素 B_1 的含量都很低。同时，由于其属于水溶性维生素，所以在蒸煮过程中也极易丢失。

(3) 核黄素（维生素 B_2） 维生素 B_2，在细胞呼吸作用的酶形成过程中扮演非常重要的角色。同时，它还与脂肪、蛋白质和碳水化合物的代谢密切相关。维生素 B_2 缺乏表现为口角炎、唇炎、阴囊炎、眼睑炎、羞明畏光或生长的迟缓等症。富含维生素 B_2 的食物包括：谷类、肉类、奶及奶制品、酵母及酵母提取物（酵母调味品，natex 等）、部分绿叶蔬菜、大豆制品和鲭。

(4) 烟酸（维生素 B_3） 维生素 B_3，是糖代谢过程中酶的重要辅助因子。维生素 B_3 缺乏的情况很少见，但是在那些低蛋白高酒精饮食的人群中也能够见到。可能的表现见于糙皮病患者。维生素 B_3 是能够不被烹调所破坏的维生素之一。它广泛的存在于食物中，尤其是红肉、全麦粒、鱼、奶、豆类、坚果、小扁豆、酵母、鸡肉和火鸡等。

(5) 泛酸（维生素 B_5） 泛酸，在肠内被吸收进入人体，经磷酸化并获得巯基乙胺而生成磷酸泛酰巯基乙胺。4-磷酸泛酰巯基乙胺是辅酶 A（CoA）及酰基载体蛋白（ACP）的组成部分，所以 CoA 及 ACP 为泛酸在体内的活性型。在体内 CoA 及 ACP 构成酰基转移酶的辅酶，广泛参与糖、脂类、蛋白质代谢及肝的生物转化作用，约有 70 多种酶需 CoA 及 ACP。因为其广泛地存在于植物和动物食品中，故极少出现缺乏的情况。富含泛酸的食物包括：全麦粒、肉、麦芽、坚果、豆类和蛋类。

(6) 吡哆醇（维生素 B_6） 维生素 B_6，在蛋白质和氨基酸的代谢中扮演重要角色。同时，还参与糖、必需矿物质和化学物质（如组胺等）的代谢过程。一般不会出现广泛的缺乏现象。少数人可能由于服用含雌激素的避孕药物或异烟肼等导致维生素 B_6 的缺乏。表现为易怒、虚弱、失眠和口眼周围的皮肤问题等。良好的食物来源包括：肉类、鱼、全麦粒、蛋黄、香蕉、坚果、绿叶蔬菜和种子。

(7) 维生素 B_{12}（钴胺素） 维生素 B_{12} 是唯一含金属元素的维生素。虽然人体所需维生素 B_{12} 很少，但它主要还是来源于动物类食物，因此严格的素食者可能会出现维生素 B_{12} 缺乏，其结果会导致恶性贫血。其他的症状包括神经系统的改变，如肢体笨拙、麻木及麻刺感等。主要的食物来源有内脏、蛋类、奶酪、发酵的大豆制品、可食用海藻、金枪鱼、鸡肉、火鸡和啤酒酵母。

(8) 叶酸 叶酸与维生素 B_{12} 关系密切，其活性型是四氢叶酸。四氢叶酸是体内一碳单位转移酶的辅酶，分子内部 N5、N10 两个氮原子能携带一碳单位。一碳单位在体内参加多种物质的合成，如嘌呤、胸腺嘧啶核苷酸等。当叶酸缺乏时，DNA 合成必然受到抑制，骨髓幼红细胞 DNA 合成减少，细胞分裂速度降低，细胞体积变大。轻度叶酸缺乏可能导致忧郁，而严重的会导致巨幼红细胞贫血。孕妇及哺乳期快速分裂细胞增加或因生乳而致代谢较旺盛，应适量补充叶酸。口服避孕或抗惊厥药物能干扰叶酸的吸收及代谢，如长期服用此类药物时应考虑补充叶酸。含叶酸的主要食物有肝脏、肾脏、全麦粒、蛋类、奶、坚果、酵母和绿叶蔬菜。

(9) 其他

① 维生素 D：活化的维生素 D，可促进钙质的吸收而使骨质钙化，维持正常的骨骼。维生素 D 含量丰富的食物有：鱼肝、禽蛋、奶制品等，日光照射皮肤也可制造维生素 D。

② 维生素 K：与血液凝固有密切关系，绿色蔬菜中含量丰富。

五、无机盐（矿物质、灰分）

无机盐即无机化合物中的盐类，旧称矿物质，在生物细胞内一般只占鲜重的 1‰～1.5‰，目前人体已经发现 20 余种，其中大量元素有钙、磷、钾、硫、钠、氯、镁，微量元素有铁、锌、硒、钼、铬、钴、碘等。虽然无机盐在细胞、人体中的含量很低，但是作用非常大，如果注意饮食多样化，少吃动物脂肪，多吃糙米、玉米等粗粮，不要过多食用精制面粉，就能使体内的无机盐维持正常应有的水平。

以下是各种无机盐的主要来源及缺乏时的主要表现。

(1) 钠　钠是食盐的主要成分。我国营养学会推荐 18 岁以上成年人的钠每天适宜摄入量为 2.2 克，老年人应取淡食。钠普遍存在于各种食物中，人体钠的主要来源为食盐、酱油、腌制食品、烟熏食品、咸味食品等。

(2) 钙　钙是骨骼的重要组成部分。缺钙可导致骨软化病、骨质疏松症等。我国营养学会推荐 18～50 岁成年人的钙每天适宜摄入量为 800 毫克，50 岁以后的中老年人为 1000 毫克。常见含钙丰富的食物有牛奶、酸奶、燕麦片、海参、虾皮、小麦、大豆粉、豆制品、金针菜等。

(3) 镁　镁是维持骨细胞结构和功能所必需的元素。缺镁可导致神经紧张、情绪不稳、肌肉震颤等。我国营养学会推荐 18 岁以上成年人的镁每天适宜摄入量为 350 毫克。常见含镁丰富的食物是新鲜绿叶蔬菜、坚果、粗粮。

(4) 磷　磷是构成骨骼及牙齿的重要组成元素。严重缺磷可导致厌食、贫血等。我国营养学会推荐 18 岁以上成年人的磷每天适宜摄入量为 700 毫克。常见含磷的食物是瘦肉、蛋、奶、动物内脏、海带、花生、坚果、粗粮。

(5) 铁　铁是人体内含量最多的微量元素，铁与人体的生命及其健康有密切的关系。缺铁会导致缺铁性贫血、免疫力下降。我国营养学会推荐 50 岁以上成人铁的每天适宜摄入量为 715 毫克。常见含铁丰富的食物是动物的肝脏、肾脏、鱼子酱、瘦肉、马铃薯、麦麸。

(6) 碘　碘是甲状腺激素的组成部分。缺碘会导致呆小症、儿童及成人甲状腺肿、甲状腺功能亢进等。我国营养学会推荐 18 岁以上成年人的碘每天适宜摄入量为 150 毫克。常见含碘丰富的食物是海产品，如海带、紫菜、干贝、海参等。沿海地区居民常吃海产品及内陆地区居民食用碘盐是保证碘代谢平衡最经济方便及有效的方法。

(7) 锌　锌具有促进生长发育的作用。儿童缺锌可导致生长发育不良，孕妇缺锌可导致婴儿脑发育不良、智力低下，即使出生后补锌也无济于事。我国营养学会推荐成年男性每天锌的适宜摄入量为 15.5 毫克，成年女性每天锌的适宜摄入量为 11.5 毫克。常见含锌丰富的食物是肝、肉类、蛋类、牡蛎。

六、水

1. 水的生理功能

具体来讲，水的生理功能体主要体现在以下几个方面。

（1）营养功能　水是人体的重要构成部分（约为体重的60％，大脑75％，血液82％，肺90％），也是维持机体功能正常活动的必需物质，参与新陈代谢、维持渗透压和酸碱平衡。水必须由外源来满足代谢需要，参与营养物质的消化、吸收、运输和代谢的酶促反应的催化剂。

（2）运输功能　运送食物、向细胞运输氧气和营养素、排泄废物和毒素。

（3）溶剂功能　溶解营养素、电解质。水摄取不足导致电解质不平衡、血浆浓缩，会危及细胞功能。

（4）润滑功能　润滑关节、生殖道、消化道等。

（5）调节功能　调节温度、肌肉张力、调节渗透压和酸碱平衡。

（6）维持功能　维持干净健康的皮肤，体重稳定。

（7）保护功能　保护组织、器官、脊椎免受冲撞和损伤。

2. 水的供给量及来源

科学研究指出，人体每天从尿液、流汗或皮肤蒸发等流失的水分，大约是1800～2000毫升，所以才说，健康成年人每天需要补充2500毫升左右的水分。2500毫升水分不一定都由喝水获得，应该把食物里的水分一并算进去。

我们每天吃的各种食物内含很多水分。例如，大部分蔬菜、水果90％以上是水，而像鸡蛋、鱼类中也有大约75％的水。粗略估计，我们吃一餐饭，至少可以由食物或汤里摄取到300～400毫升的水。

因此，扣除三餐中由食物摄取的1000～1200毫升水分，我们每天只要再喝1000～1200毫升开水，平均上午2杯、下午2杯，就算做好基本功。

不过，水的需求量必须视每个人所处环境（温度、湿度）、运动量、身体健康情况及食物摄取量等而定，没有标准值。

每人一天不能少于500毫升，但也不要超过3000毫升。

培训项目二　人体对热量的需要

1. 人体热能的产生

人体的热能来源于每天所吃的食物，但食物中不是所有营养素都能产生热能的，只有碳水化合物、脂肪、蛋白质这三大营养素会产生热能。每克碳水化合物在体内氧化时产生的热能为16.74千焦耳（4千卡），每克脂肪为37.66千焦耳（9千卡），每克蛋白质为16.74千焦耳（4千卡）热能的单位，常指能使1升水升高1摄氏度所需的热量，就相当于4.184千焦耳的热能。单位换算：1千卡＝4.184千焦耳，1千焦耳＝0.239千卡。

2. 人体对热量的消耗

（1）维持基础代谢需要消耗热量　人体维持生命的所有器官所需要的最低能量需要。测定方法是在人体在清醒而又极端安静的状态下，不受肌肉活动、环境温度、食物及精神紧张等影响时的能量代谢率。成年人基础代谢所需热能每小时每千克体重约为4.184千焦。

(2) 劳动及其活动需消耗热量

① 非体力劳动的内勤工作者，如办公室职员：25千卡×体重（千克）

② 需要稍耗费体力的外勤工作者，如理发师：30千卡×体重（千克）

③ 纯体力工作者，如建筑工人：35千卡×体重（千克）人体基础代谢需要基本热量的简单算法（千卡）

女子：基本热量（千卡）=体重（斤）×9

男子：基本热量（千卡）=体重（斤）×10

3. 食物特殊动力作用

食物特殊动力作用也称食物的热能效应，是指人体摄食过程中引起的额外能量消耗。主要是摄食后一系列消化、吸收、合成活动以及营养素及营养素代谢产物之间相互转化过程中的能量消耗。

摄入不同的食物增加的能量消耗不同，蛋白质相当于其能量的30%，碳水化合物为5%～6%，脂肪为4%～5%。

一般成人摄入混合膳食，每日由于食物特殊动力作用而增加的能量消耗，约为基础代谢的10%。

4. 生长发育需要消耗热量

生长发育的能量消耗这部分消耗主要针对正在生长发育的儿童和青少年，主要包括机体生长发育中形成新的组织所需要的能量，及新生成的组织进行新陈代谢所需要的能量。婴儿每增加1克体重约需5千卡的能量。新生儿按千克体重计算，相对比成人的消耗多2～3倍的能量，3～6个月的婴儿，每天约有15%～23%所摄入的能量被机体用于生长发育的需要，作为建造新组织所用。

培训项目三　人体热量供耗的平衡

人体对热量的需要来自食物中的热源质：1克糖在人体生理氧化可提供热量16.72千焦，1克脂肪在人体生理氧化可提供热量37.62，1克蛋白质在人体生理氧化可提供热量16.72。热量的供给应根据人体对热量的需要而定。

1. 每天所需总热量计算

第一步：计算基本代谢率。

	年龄/岁	基本代谢率/千卡		年龄/岁	基本代谢率/千卡
男	0～3	60.9×体重－54	女	0～3	61×体重－51
	4～10	22.7×体重－495		4～10	22.5×体重＋499
	11～18	17.5×体重＋651		11～18	12.2×体重＋746
	19～30	15.3×体重＋679		19～30	14.7×体重＋496
	31～60	11.6×体重＋879		31～60	8.7×体重＋829
	61以上	13.5×体重＋487		60以上	10.5×体重＋596

注：表中体重以千克计。

第二步：找出自己的活动量份数。

	轻量	中量	大量
男	1.55	1.78	2.10
女	1.56	1.64	1.82

活动量的定义。
轻量活动，步行4～5公里、购物、洗衣、高尔夫球等。
中量活动，园艺、单车、网球等。
大量活动，跑步、爬山、游泳、足球等。
第三步：计算每天所需热量。

$$每天所需热量＝基本代谢率\times 活动量份数$$

2. 热源质营养素每日所需量的计算
可参照下表。

三大热源营养素比例

蛋白质	脂肪	糖类
12％～14％	25％～30％	55％～60％

培训项目四　食物的消化

一、食物的消化

1. 口腔内的消化

食物入口，首先要经牙齿咀嚼、切断、撕裂、磨碎，使食物和消化液接触。口腔中的舌的味觉可避免吃下有害的物质，在咀嚼食物时，又可借助舌的运动，将食物与唾液拌和成食团，以便吞咽。唾液的分泌受神经的控制，如恐惧时，分泌减少而咀嚼时，分泌大增。而且，有时想到、闻到、看到美食时，也可垂涎三尺。唾液中的唾液淀粉酶可将淀粉消化为麦芽糖。但由于食物在口腔中存在时间短，所以只有部分淀粉变成麦芽糖。如果咀嚼时间长，会发现入口的馒头和米饭变甜，有甜味的是麦芽糖。食物从口吞下，食道受到食团的刺激，管壁的肌肉自上而下地扩张和收缩，交替活动，称为蠕动。将食团逐步向下推挤，推至食道下端，胃的括约肌舒张，食物进入胃。

2. 胃内的消化

食物进入胃内，唾液淀粉酶是否还消化淀粉？不行，因为胃液是酸性的，影响唾液淀粉酶的活性。所以，唾液淀粉酶失活。胃液的分泌也受神经和激素的控制。进食时，由于看到、闻到、吃到美味，包括食物对味蕾的刺激，气体分子对鼻腔内嗅细胞的刺激，由神经传导促使胃液分泌，待食物进入胃后，可引起更多胃液的分泌。生物学家曾用动物做实验，先切断狗体内控制胃液分泌的神经，而后再将食物灌入胃内，则发现仍会引起胃液的分泌，只是分泌量减少。说明有其他物质参与胃液的分泌，后实验证实，胃幽门部黏膜上的一些特殊分泌细胞，具有内分泌腺的作用，在受到来自胃内的生物刺激时，便分泌一种称为胃泌素的激素，经血液送至身体各部，而当激素再返回胃壁时，就会刺激胃腺分泌胃液。食团进入胃后，胃的肌肉收缩、蠕动，一方面揉碎食物，另一方面使食物与胃蛋白酶结合，在酸性条件下，胃蛋白酶活动，将食物中的蛋白质分解为多肽。食物在胃内停留数小时后，被消化为粥状的食糜（身体不适时，呕吐出来的物质即为食糜），随胃的蠕动，进入小肠。但是生物是由蛋白质组成的，为什么胃液中的盐酸和蛋白酶不会破坏胃壁本身的细胞？答案是由于胃黏膜可分泌黏液，使胃表面被黏液覆盖，从而起到保护作用。但如果分泌失常，致使黏液分泌不足，胃壁受胃液的侵蚀，导致胃溃疡。

3. 小肠的消化

食物进入小肠后，进行最完全的消化和吸收。食物在小肠内，小肠蠕动，推动食糜前进，同时将消化液与食糜充分混合。包括胆汁、胰液和肠液，这些碱性的消化液也与食糜的酸性中和，发挥作用。进入小肠的食糜含有未消化完全的蛋白质和多肽，经由胰蛋白酶的作用，将之分解为分子较小的多肽，然后在肽酶的作用下，彻底分解，产生氨基酸。胰淀粉酶接替唾液淀粉酶的未完成的工作，把尚未消化的淀粉分解为麦芽糖，进一步在酶的作用下分解成为葡萄糖。脂肪的消化，主要是靠胆汁的乳化作用。因为脂肪不溶于水，不易被水溶性的脂肪酶所分解，但胆汁可以乳化脂肪，使脂肪分散为许多小滴而散布于水中，加大酶的接触面积，使脂肪被分解为甘油和脂肪酸。

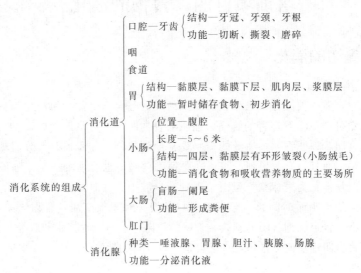

二、营养物质的消化

1. 糖类的吸收

单糖是碳水化合物在小肠中吸收的主要形式。

单糖的吸收不是简单的扩散而是耗能的主动过程，通过小肠上皮细胞膜刷状缘的肠腔面进入细胞内再扩散入血。

因载体蛋白对各种单糖的结合不同,各种单糖的吸收速率也就不同。

单糖的主动吸收需要 Na^+ 存在,载体蛋白与 Na^+ 和糖同时结合后才能进入小肠黏膜细胞内。

单糖吸收的主要部位是在十二指肠和上段空肠,被吸收后进入血液,经门静脉入肝脏,在肝内储存或参加全身循环。

2. 蛋白质的吸收

吸收部位主要在小肠上段。未经分解的蛋白质一般不被吸收。吸收机理与单糖相似,是主动吸收,需 Na^+ 的参与。

3. 脂肪的吸收

脂肪经胆盐乳化在十二指肠中在胰液、肠液和脂肪酶消化作用下水解为甘油、自由脂肪酸、甘油一酯及少量甘油二酯和未消化的甘油三酯。

胆盐对脂肪的消化吸收具有重要作用,它可与脂肪的水解产物形成水溶性复合物,进一步聚合为脂肪微粒,通过胆盐微粒"引渡"到小肠黏膜细胞的刷状缘,以扩散方式被吸收。

4. 无机盐和维生素的吸收

小肠和大肠的各个部位都可吸收无机盐,吸收速度取决于多种因素如载体、pH、饮食成分等。

5. 水分的吸收

小肠吸收水分的主要方式是渗透作用,在吸收其他物质过程中所形成的渗透压是促使水分吸收的重要因素。此外小肠收缩时使肠腔内流体压力差增高,也可使部分水以滤过方式而吸收。

培训项目五 营养平衡

1. 膳食营养平衡的意义

人体需要的营养素主要有六大类,即糖、蛋白质、脂肪、碳水化合物、无机盐和维生素。要做到使这些营养合理地摄入人体内,就需要平衡膳食。

只有由多种食物相互搭配构成的膳食,营养素种类才会齐全,数量才充足,且比例适宜,利于营养素的吸收和利用。人体对食物营养素的需求与膳食供给之间建立良好平衡关系,这种膳食称营养平衡膳食。

平衡膳食是指同时在四个方面使膳食营养供给与机体生理需要之间建立起平衡关系,即:氨基酸平衡、热量营养素构成平衡、酸碱平衡及各种营养素摄入量之间平衡,只有这样才有利于营养素的吸收和利用。如果关系失调,也就是膳食不适应人体生理需要,就会对人体健康造成不良影响,甚至导致某些营养性疾病或慢性病。

2. 膳食平衡的内容及要求

膳食提供的各种营养素需达到供给量标准。具体标准见如下两表。

能量和蛋白质的 RNIs 及脂肪供能比

年龄/岁	能量 Energy# RNI/MJ 男	能量 Energy# RNI/MJ 女	能量 Energy# RNI/kcal 男	能量 Energy# RNI/kcal 女	蛋白质 Protein RNI/g 男	蛋白质 Protein RNI/g 女	脂肪 Fat 占能量百分比/%
0~	0.4MJ/kg	0.4MJ/kg	95kcal/kg*	95kcal/kg*	1.5~3g/(kg·d)	1.5~3g/(kg·d)	45~50
0.5~	0.4MJ/kg	0.4MJ/kg	95kcal/kg	95kcal/kg	1.5~3g/(kg·d)	1.5~3g/(kg·d)	35~40
1~	4.60	4.40	1100	1050	35	35	35~40
2~	5.02	4.81	1200	1150	40	40	30~35
3~	5.64	5.43	1350	1300	45	45	30~35
4~	6.06	5.83	1450	1400	50	50	30~35
5~	6.70	6.27	1600	1500	55	55	30~35
6~	7.10	6.67	1700	1600	55	55	30~35
7~	7.53	7.10	1800	1700	60	60	25~30
8~	7.94	7.53	1900	1800	65	65	25~30
9~	8.36	7.94	2000	1900	65	65	25~30
10~	8.80	8.36	2100	2000	70	65	25~30
11~	10.04	9.20	2400	2200	75	75	25~30
14~	12.00	9.62	2900	2400	80	80	25~30
18~ 体力活动 PAL▲							
轻	10.03	8.80	2400	2100	75	65	20~30
中	11.29	9.62	2700	2300	80	70	20~30
重	13.38	11.30	3200	2700	90	80	20~30
孕妇		+0.84		+200		+5,+15,+20	20~30
乳母		+2.09		+500		+20	20~30
50~ 体力活动 PAL▲							
轻	9.62	8.00	2300	1900	75	65	20~30
中	10.87	8.36	2600	2000	80	70	20~30
重	13.00	9.20	3100	2200	90	80	20~30
60~ 体力活动 PAL▲							
轻	7.94	7.53	1900	1800	75	65	20~30
中	9.20	8.36	2200	2000	75	65	20~30
70~ 体力活动 PAL▲							
轻	7.94	7.10	1900	1700	75	65	20~30
中	8.80	8.00	2100	1900	75	65	20~30
80	7.74	7.10	1900	1700	75	65	20~30

\# 各年龄组的能量的 RNI 与其 EAR 相同。

* 为 AI，非母乳喂养应增加 20%。

PAL▲，体力活动水平，Physical Activity Level。

（凡表中缺数字之处表示未制定该参考值）

注：中国居民膳食营养素参考摄入量表（DRIs）由中国营养学会发布。

常量和微量元素的 RNIs 或 AIs

年龄/岁	钙 Ca AI/mg	磷 P AI/mg	钾 K AI/mg	钠 Na AI/mg	镁 Mg AI/mg	铁 Fe AI/mg	碘 I RNI/μg	锌 Zn RNI/mg	硒 Se RNI/μg	铜 Cu AI/mg	氟 F AI/mg	铬 Cr AI/μg	锰 Mn AI/mg	钼 Mo AI/μg
0~	300	150	500	200	30	0.3	50	1.5	15(AI)	0.4	0.1	10		
0.5~	400	300	700	500	70	10	50	8.0	20(AI)	0.6	0.4	15		
1~	600	450	1000	650	100	12	50	9.0	20	0.8	0.6	20		15
4~	800	500	1500	900	150	12	90	12.0	25	1.0	0.8	30		20
7~	800	700	1500	1000	250	12	90	13.5	35	1.2	1.0	30		30
						男 女		男 女						
11~	1000	1000	1500	1200	350	16 18	120	18.0 15.0	45	1.8	1.2	40		50
14~	1000	1000	2000	1800	350	20 25	150	19.0 15.5	50	2.0	1.4	40		50
18~	800	700	2000	2200	350	15 20	150	15.0 11.5	50	2.0	1.5	50	3.5	60
50~	1000	700	2000	2200	350	15	150	11.5	50	2.0	1.5	50	3.5	60
孕妇														
早期	800	700	2500	2200	400	20	200	11.5	50					
中期	1000	700	2500	2200	400	25	200	16.5	50					
晚期	1200	700	2500	2200	400	35	200	16.5	50					
乳母	1200	700	2500	2200	400	25	200	21.5	65					

(凡表中缺数字之处表示未制定该参考值)

培训指导九 烹饪原料的营养特点

培训项目一 植物性烹饪原料的营养特点

一、谷类

谷类包括小麦、稻谷、玉米、小米、高粱等,是人体最主要、最经济的热能来源。我国人民是以谷类食物为主的,人体所需热能约有 80%,蛋白质约有 50% 都是由谷类提供的。谷类含有多种营养素,以碳水化合物的含量最高,而且消化利用率也很高。

谷类食物含蛋白质 8%~15.6% 如稻米和玉米为 8%,白青稞为 13.4%,燕麦为 15.6%。谷类中含脂肪约为 2% 左右,主要集中在谷皮和谷胚部分。小麦、玉米胚芽含大量油脂,不饱和脂肪酸占 80% 以上。谷类还含有维生素 E 和 B 族维生素。谷类所含无机盐约为 1.5%~3%,其中一半为磷。为提高谷类的营养价值,最好采取多种粮食混合食用的办法,即粗细粮、米面杂粮混食,这样通过食物的互补作用,使食物蛋白质氨基酸的种类和数量更接近人体的生理需要。

1. 谷粒的结构和营养素分布

谷类都有相似的结构,其最外层是谷壳,主要起到保护谷粒的作用。谷粒去壳后即为谷皮、糊粉层、胚乳和胚芽四部分。

① 谷粒的外面包围着数层被膜叫做谷皮。谷皮在化学组成上不同于谷粒其他部分,主要由纤维素和半纤维素组成,并含有较高的灰分和脂肪,约占谷粒质量的 13%~15%。

② 谷皮的里面是一层由多角形细胞构成的糊粉层,约占谷粒的 6%~7%,含有较多的蛋白质、脂肪和丰富的 B 族维生素及无机盐。它在植物学上属于胚乳的外层,在碾磨加工时容易与谷皮同时被分离下来而混入糠麸中,这对谷粒的营养价值会产生较大的影响。

③ 胚乳是谷类的主要部分。胚乳系由淀粉细胞构成,约占全粒质量的 83%,含有大量的淀粉和一定量的蛋白质,而脂肪、维生素和纤维素等含量都很低。

④ 胚芽位于谷粒的一端,约占全谷粒量的 2%~3%。胚芽中含有丰富的脂肪、蛋白质和维生素。胚芽的特点是脂肪及纤维素含量很高、质地比较松软而韧性较强,所以不易被粉碎,在磨粉加工过程中容易与胚乳分离而混入糠麸中。

2. 谷类食物的营养特点

(1) 碳水化合物含量丰富　谷类中碳水化合物约占总量的 70%~80%,其主要成分是淀粉,集中在胚乳的淀粉细胞内。淀粉是机体最理想、最经济的能量来源。淀粉可分直链淀粉和支链淀粉（二者分别占20%～30%和70%～80%）。直链淀粉经烹调后容易消化吸收，但支链淀粉在加工糊化后较黏，不易消化，如糯米中几乎全是支链淀粉，所以煮出的粥比较黏稠。谷类中含有少量果糖和葡萄糖，约占碳水化合物的10%，虽然它们所占的比例小，但在食品加工上却有重要意义，当制作面包在第一次发酵时，这少量的单糖则是供给酵母发酵最直接的碳源。

（2）蛋白质的生物价较低　谷类的蛋白质含量一般为7%～16%，多数在8%左右。在每日膳食中谷类食品所提供的蛋白质数量不少，但美中不足的是谷类蛋白质的质量较差，必需氨基酸的数量和种类皆存在一定的缺陷，其中最常见的是普遍存在赖氨酸的缺乏的现象，这就导致机体对谷类蛋白质的生物利用率降低，尤其不利于儿童的生长发育。此外，谷类蛋白质必需氨基酸组成比值与人体蛋白质有较大的差距，造成蛋白质的氨基酸不平衡，合成人体蛋白质的效率较低，所以营养价值不高。

在谷类蛋白质中，最为缺乏的是赖氨酸为第一限制氨基酸，其次为苏氨酸和苯丙氨酸（玉米为色氨酸）。谷类蛋白质的生物学价值比较低，除大米、莜麦及大麦可达70左右外，一般约为50～60。虽然谷类食品蛋白质的营养价值较低，但在膳食中在人体蛋白质营养中发挥的作用仍很重要，目前已经有很多方法来改善谷类蛋白质营养价值，主要有两种，一是用其所缺少的氨基酸进行强化，如赖氨酸强化面包等。二是根据食物蛋白质互补作用的原理来克服谷类的这一缺陷。所谓"蛋白质互补作用"，即利用不同食物之间互相补充必需氨基酸的不足。例如，小麦中缺乏赖氨酸，但大豆中的赖氨酸的含量特别高，只要把小麦和大豆制品合一起吃，就可解决小麦中赖氨酸不足的问题，使小麦中的蛋白质充分发挥其生物学作用，既经济又有效。

（3）脂肪的含量与作用　谷类中脂肪含量普遍不高，约为1%～2%，主要集中于谷胚与谷皮部分。谷类所提取的脂肪含必需脂肪酸非常丰富，营养价值甚高，具有降低血胆固醇、防止动脉粥样硬化的作用。如小麦胚芽油中不饱和脂肪酸占80%以上，其中60%为亚油酸；玉米油中必需脂肪酸的含量为80%以上，其中50%为亚油酸；米糠油中必需脂肪酸含量为70%，其中44%为亚油酸。除此之外，谷类油脂中还含有有益健康的成分，包括丰富的卵磷脂和植物固醇，并含有大量的维生素E。卵磷脂在体内可形成传递神经信号的物质即脑磷脂乙酰胆碱，对大脑活动有帮助，对心血管具有保护作用。植物固醇能够抑制胆固醇的吸收，对降低体内胆固醇的含量有益。维生素E具有抗氧化抗衰老作用，在种子里常和油脂成分在一起。看来，谷类所含的脂肪具有营养和保健的双重作用。

谷类中脂肪有调节食物色香味的作用，使其各类制品在蒸制后产生一种特有的香气。但谷类粮食在长期储存中，由于空气中氧的作用，脂肪会发生氧化酸败现象，使谷类食物的香气消失或减少，并产生令人不快的陈味。因此脂肪的氧化是粮食陈化的重要原因之一。

（4）维生素的含量与特点　谷类食物是膳食中B族维生素，特别是硫胺素（也称为维生素B_1）和尼克酸的重要来源，一般不含维生素C、维生素D和维生素A，只有黄玉米和小麦含有少量的类胡萝卜素。小麦胚芽中含有丰富的维生素E。维生素主要存在于糊粉层、吸收层和胚芽中。小麦、大米由于进行了精细加工，B族维生素损失较多，而小米、糜子、高粱、荞麦和燕麦等杂粮不需过多研磨，其维生素保存比较多，维生素 B_1、维生素 B_2 的含量都高于我们日常所吃的大米、白面，是膳食中维生素 B_1、维生素 B_2 很好的补充。所以说经常吃些粗杂粮对身体大有益处。

大米在烹调之前的淘洗，要损失 29%～60% 的硫胺素、23%～25% 的核黄素，米越精白、搓洗次数越多、水温越高、浸泡时间越长，维生素的损失就越严重。因此在我国南方以大米为主食的地区，如果长期食用加工精度过高的大米，再由于蒸制方法不合理，就容易导致脚气病及其他 B 族维生素缺乏症的发生。

玉米中的烟酸主要以结合型存在，只有经过适当的烹调加工。如用碱处理，使之变为游离型的烟酸，才能被人体吸收利用，若不经处理，以玉米为主食的地区就容易发生烟酸缺乏症而患癞皮病。

(5) 矿物质的含量与特点　谷类食物均含有一定数量的矿物质，为 1.5%～3%，主要存在于谷皮和糊粉层中。大米在烹调之前经过淘洗，会损失掉 70% 的无机盐。大米蛋白质的含量又比较低，钙与磷的比值小，并且不含维生素 D 等能帮助人体吸收钙的营养素，所以钙在人体中的吸收利用率较低。小麦中铁和钙的含量略高于大米，而且小麦粉在加工成食物的过程中，不经过淘洗，所以无机盐的保存率较高。

一般谷类中都含有植酸，它能和铁、钙、锌等人体必需的无机盐元素结合，生成人体无法吸收的植酸盐，所以人体对谷类中无机盐的消化吸收较差。但由于小麦粉常是经发酵后蒸制成馒头或烤制成面包供人食用的，在发酵过程中，植酸大部分被水解而消除。又由于小麦粉蛋白质含量丰富，消化时水解为氨基酸、能与钙等无机盐元素形成人体易于吸收的可溶性盐类，而有利于人体的吸收利用。据测定，小麦粉中铁的吸收率是玉米的 2 倍，大米的 5 倍。

3. 谷类食品的合理利用

谷类的营养价值随着加工、烹调、储藏等条件的影响会发生一些变化。

(1) 合理加工　谷类加工有利于食用和消化吸收。但由于蛋白质、脂肪、矿物质和维生素主要存在于谷粒表层和胚芽中，加工精度越高，营养素损失越大，尤以 B 族维生素损失显著。随着人民生活水平的提高，对精白米、面的需求量日益增加，从米、面营养素角度考虑，为保留米、面中各种营养成分，其加工精度不宜过高。但是谷类加工粗糙时虽然出粉出米率高，营养素损失小，但是感官性状差而且消化吸收率也相应降低，而且由于植酸和纤维素含量较多还会影响其他营养素的吸收。所以，应当根据我国居民膳食结构及饮食特点，制定相应的强化措施，以保证人们的健康。如我国于 20 世纪 50 年代初加工生产的标准米和标准粉比精米、精面保留了更多的 B 族维生素和纤维素、无机盐。这在节约粮食预防某些营养缺乏病方面收到了很好的效益。

(2) 合理烹调　粮谷类食物经烹调后，改善了感官性状，促进消化吸收。烹调使纤维素变软，同时增加了其主要成分淀粉的适口性。但烹调加工过程可使某些营养素损失，如淘米时，可以使水溶性矿物质和无机盐发生损失。而且各种营养素的损失，将随着搓洗次数增多、浸泡时间延长、水温增高而加重。

米和面采用不同烹调方法会不同程度地损失一些营养素，主要是 B 族维生素的损失。如制作米饭采用蒸的方式，B族维生素的损失要比捞饭的方式少得多，米饭在电饭煲里保温时，随时间的延长维生素 B_1 将损失。制作面食采用蒸、烙、烤的方式 B族维生素损失较少，但是高温油炸的方式损失较大。

面食在焙烤过程中，还原糖和氨基化合物发生褐变反应产生褐色物质，称为美拉德反应。这种褐色物质在消化道中不易被水解，无营养价值，而且使赖氨酸失去效能。为此，应注意控制焙烤温度和糖的使用量。

（3）合理储存　在适宜的条件下谷类可以较长时间的储藏，其蛋白质、维生素、矿物质含量变化不是很大。但是当储藏条件改变，如相对湿度增大或温度升高时，谷类中的酶活性变大，呼吸作用增强，会促进霉菌的生长，引起蛋白质、脂肪、碳水化合物分解产物堆积，发生霉变，使谷类的营养价值降低，甚至引起食物中毒。因此，粮谷类应在避光、通风、干燥和阴凉的环境中储存。

4. 常见谷类食物的营养价值

（1）玉米　玉米，北方称棒子，南方为包谷，现代科技发展已培育出香玉米、甜玉米、糯玉米、嫩玉米，甚至黑色玉米，品种繁多。

玉米含有多种营养成分，其中胡萝卜素的含量、维生素 B_2、脂肪含量居谷类之首，脂肪含量是米、面的2倍，其脂肪酸的组成中必需脂肪酸（亚油酸）占50%以上，并含较多的卵磷脂和固醇及丰富的维生素E（玉米胚芽中），因此玉米具有降低胆固醇，防止动脉粥样硬化和高血压的作用，并能刺激脑细胞，增强脑力和记忆力。玉米中还含有大量的膳食纤维，能促进肠道蠕动，缩短食物在消化道的时间，减少毒物对肠道的刺激，因此可预防肠道疾病。

食用鲜玉米以六、七分熟为好，太嫩水分太多，太老淀粉增加蛋白质减少，口味也欠佳。

（2）小米　也称粟米、谷子，是我国北方某些地区的主食之一。每100克小米含蛋白质9.0克，这高于稻米、玉米，稍低于小麦粉。另外每100克小米含钙41毫克、镁107毫克、铁5.1毫克、锌1.87毫克，这均高于稻米、玉米、小麦粉。小米还含较多的维生素A和维生素E，这恰是其他谷类所缺少的。维生素 B_1 的含量位居所有粮食之首。所以，在谷类中小米含的营养成分比较全面。还值得一提的是，小米含"必需氨基酸"中色氨酸，能起到催眠、安眠作用。由于小米营养丰富，它不仅可以强身健体，而且还可防病去恙。据《神农本草经》记载，小米具有养肾气、除胃热、止消渴（糖尿病）、利小便等功效。

（3）荞麦　荞麦又名三角麦，是蓼科一年生草本植物，起源于中国和亚洲北部。荞麦具有生长期短、耐冷冻、瘠薄的特性，我国荞麦的产地主要分布在西北、华北和西南的一些高寒地区。荞麦是一种耐饥抗寒的粮食，由于其独特的营养价值和药用价值，被认为是世界性新兴作物。

荞麦面的蛋白质含量高于大米、小麦粉和玉米面，且其蛋白质中的氨基酸组成比较平衡，赖氨酸、苏氨酸的含量较丰富。荞麦蛋白质和其他谷物蛋白质不同，面筋含量低，近似于豆类蛋白。

荞麦种子中的淀粉含量在70%左右。与一般谷物淀粉比较，荞麦淀粉食用后易被人体消化吸收。荞麦种子的总膳食纤维含量为 3.4%~5.2%,其中 20%~30%是可溶性膳食纤维。

荞麦面含有脂肪 2%~3%,其中对人体有益的油酸、亚油酸含量也很高。

荞麦中 B 族维生素含量丰富,维生素 B_1、维生素 B_2 是小麦粉的 3~20 倍,为一般谷物所罕见。荞麦含有其他谷物所不具有的芦丁及维生素 C,芦丁是类黄酮物质之一,是一种多酚衍生物,具有提高毛细血管的通透性,维持血管微循环功能,对高血压和心脏病有重要的防治作用。荞麦含镁量高,含铁、锰、钠、钙的量亦高。

二、豆类及其制品

1. 豆的营养价值

(1) 大豆的营养成分 大豆含有 35%~40%的蛋白质,是天然食物中含蛋白质最高的食品。其氨基酸组成接近人体需要,且富含谷类蛋白较为缺乏的赖氨酸,是谷类蛋白互补的天然理想食品。大豆蛋白是优质蛋白。

大豆含脂肪 15%~20%,其中不饱和脂肪酸占 85%,以亚油酸为最多,达 50%以上。大豆油含 1.6%的磷脂,并含有维生素 E。

大豆含碳水化合物 25%~30%,其中一半为可供利用的淀粉、阿拉伯糖、半乳聚糖和蔗糖,另一半为人体不能消化吸收的棉籽糖和水苏糖,可引起腹胀,但有保健作用。

大豆含有丰富的钙、硫胺素和核黄素。

(2) 大豆中的抗营养因素

① 蛋白酶抑制剂(PI)生豆粉中含有此种因子,对人胰蛋白酶活性有部分抑制作用,对动物生长可产生一定影响。我国食品卫生标准中明确规定,含有豆粉的婴幼儿代乳品,尿酶实验必须是阴性。

② 豆腥味主要是脂肪酶的作用。95℃以上加热 10~15 分钟等方法可脱去部分豆腥味。

③ 胀气因子主要是大豆低聚糖的作用。是生产浓缩和分离大豆蛋白时的副产品。大豆低聚糖可不经消化直接进入大肠,可为双歧杆菌所利用并有促进双歧杆菌繁殖的作用,可对人体产生有利影响。

④ 植酸影响矿物质吸收。

⑤ 皂苷和异黄酮此两类物质有抗氧化、降低血脂和血胆固醇的作用,近年来的研究发现了其更多的保健功能。

⑥ 植物红细胞凝集素为一种蛋白质,可影响动物生长,加热即被破坏。

综上所述,大豆的营养价值很高,但也存在诸多抗营养因素。大豆蛋白的消化率为 65%,但经加工制成豆制品后,其消化率明显提高。近年来的多项研究表明大豆中的多种抗营养因子有良好的保健功能,这使得大豆研究成为营养领域的研究热点之一。

2. 豆制品的营养价值

豆制品,除去了大豆内的有害成分,使大豆蛋白质消化率增加,从而提高了大豆的营养价值。

大豆制成豆芽后，可产生一定量抗坏血酸。

目前的大豆蛋白制品主要有 4 种：分离蛋白质、浓缩蛋白质、组织化蛋白质、油料粕粉。

三、蔬果

蔬菜和水果在我国居民膳食中的重要组成部分。蔬菜、水果除含有丰富的碳水化合物、维生素和矿物质外还富含有各种有机酸、芳香物质和色素等成分，使它们具有良好的感官性状，对增进食欲、促进消化、丰富食品多样性具有重要意义。

1. 蔬菜类

蔬菜是植物的根、茎、叶、花等部位，它们的主要营养意义是为人体提供多种维生素和矿物质，以及膳食纤维。

蔬菜的含水量大多在 90% 以上，其蛋白质含量低于 3%、脂肪的含量低于 1%。除薯类和藕等少数蔬菜之外，绝大多数蔬菜中的淀粉含量都很低，属于低能量食品。蔬菜中含有除维生素 D 和维生素 B_{12} 之外的几乎所有维生素，特别富含维生素 C 和胡萝卜素，但 B 族维生素的含量不是很高。此外，绿叶蔬菜中的维生素 K 含量很高，其含量与绿色的深浅呈正相关。

我国居民的传统膳食中富含维生素 A 和维生素 B_2 的动物性食品较少，身体所需的维生素 A 大部分由蔬菜中的胡萝卜素转化而来，绿叶蔬菜也是膳食中维生素 B_2 的重要来源之一。由于我国居民的水果消费量不高，其中富含维生素 C 的水果也不多，因此膳食中的维生素 C 也主要来源于蔬菜。因此，在膳食中摄入充足的蔬菜对保证维生素的供应十分重要。

蔬菜中富含各种矿物质，包括钾、镁、钙、铁等，是矿物质的重要膳食来源，也是调节体液酸碱平衡的重要食品类别。我国人民膳食中的铁主要为非血红素铁，其吸收利用率较低，而蔬菜中含有丰富的维生素 C，可以帮助铁的吸收，对保证铁的生物利用率也是很重要的。

许多绿叶蔬菜富含钙质，如小油菜、芥兰、木耳菜、雪里蕻、苋菜、乌菜等，每 100 克中的含钙量可达 100 毫克以上，对于保证膳食钙供应具有一定意义。但是菠菜、空心菜、雪里蕻、茭白等叶子带有涩味的蔬菜含有较多草酸，而草酸会与钙和铁等矿物质结合，降低这些矿物质的生物利用率，这一点在烹调加工时应加以注意。最好先在沸水中焯 1 分钟，使大部分草酸溶入水中，然后捞出炒食或凉拌。然而，焯菜时间过久会造成维生素 C 大量损失，应当严格控制时间。

在蔬菜中，以深绿色嫩茎叶类蔬菜（包括花和花苔）中所含营养素最为丰富。光合作用越强、叶绿素越多的叶片，其胡萝卜素的含量也越高，每 100 克鲜菜中可达 2~4 毫克。深绿色蔬菜是胡萝卜素、维生素 C、维生素 B_2、钙、铁、镁等各种营养素的好来源，每 100 克鲜菜中维生素 C 含量在 20 毫克以上，维生素 B_2 含量达 0.10 毫克左右，蛋白质含量也可达 1% 以上。此外，橙黄色蔬菜中的胡萝卜素含量也较高，如胡萝卜、南瓜、红心甘薯等。浅色蔬菜中胡萝卜素和各种矿物质的含量较低，但其中某些品种富含维生素C，如苦瓜、白菜花、甜椒等。

（1）白菜　白菜是我国北方居民生活中最重要的蔬菜品种，按颜色可分为青口白菜和白口白菜两类，均属于浅色蔬菜。其中青口白菜的营养素含量高于白口白菜。100克青口大白菜中含水分95％，维生素C 28毫克，胡萝卜素80微克，钙35毫克，蛋白质1.4克。

白菜的幼苗称为小白菜，也称为小青菜。它富含胡萝卜素，其营养价值高于长成的大白菜。100克小白菜中含水分95克，维生素C 28毫克，胡萝卜素1680微克，维生素B_2 0.09毫克，钙90毫克，蛋白质1.5克。

大白菜耐储存，但储存后外层绿色叶片渐渐变干，仅剩黄白色的菜心供食用。有些人不喜欢老叶，故意弃去绿叶，只食用嫩心。然而白菜中绿色叶片的营养素含量较白色叶片高得多。如外层绿色叶片中的胡萝卜素含量比中心部分黄色叶片高数十倍，维生素C含量高十几倍。因此，应当尽量保留外层绿叶。

（2）圆白菜　学名称为结球甘蓝，也称为卷心菜、洋白菜或包菜等。它属于浅色蔬菜。总的来说，圆白菜的营养价值与大白菜相差不大，只是其中维生素C的含量较白菜更高。100克鲜圆白菜中含蛋白质1.5克，碳水化合物3.6克，维生素B_1 0.03毫克，维生素B_2 0.03毫克，维生素C 40毫克，钙49毫克。此外，圆白菜富含叶酸。怀孕的妇女需要补充叶酸，可多吃些圆白菜。圆白菜炒、煮、凉拌均宜，又易于储藏，深受东西方家庭的喜爱。

新鲜的圆白菜中含有植物杀菌素，有抑菌消炎作用。圆白菜中含有某种"溃疡愈合因子"，对溃疡有着很好的治疗作用，能加速创面愈合，是胃溃疡病人的疗效食品。

从保存其维生素C和生理活性物质的角度考虑，圆白菜最适合生食，或是急火快炒。这样可以最大限度地发挥其营养和保健作用。

（3）菠菜　菠菜是藜科植物，也称为赤根菜，是深绿色叶菜中的著名品种。菠菜中的蛋白质含量达2.6％，在蔬菜当中是蛋白质含量最高的品种之一；其胡萝卜素含量也十分突出，有些品种甚至可以与胡萝卜媲美。100克菠菜中含维生素C 32毫克，胡萝卜素2.92毫克，维生素B_2 0.11克，与苋菜相近。

菠菜中钙和铁的含量在蔬菜中属于较高者，每100克菠菜中钙和铁的含量分别为66毫克和2.9毫克。许多人认为菠菜是补铁的好食品，但菠菜中含有大量草酸，使人食用菠菜后感到涩嘴，同时草酸与铁和钙结合形成人体难以吸收的沉淀，因而菠菜中的铁和钙的生物利用率很低。所谓菠菜不能和豆腐同煮，实际上是因为豆腐中含钙量多，与草酸结合后人体无法吸收而造成浪费。草酸极易溶于水，因此如果在烹调之前先将菠菜放在沸水中焯过，弃去焯菜水，便可除去大部分草酸，大大提高其中钙和铁的利用率，同时也能享受菠菜与豆腐同炖的鲜美滋味。

（4）胡萝卜　胡萝卜也称为金笋、金参、丁香萝卜，是伞形科蔬菜胡萝卜的肉质根，多呈橙黄色。它以富含胡萝卜素而著称，并有"土人参"之美称。

胡萝卜中含有丰富的胡萝卜素，含量依品种和栽培条件的不同而异。目前在日本培育出的优质胡萝卜品种中，胡萝卜素的含量可达每100克胡萝卜中12毫克胡萝卜素，而我国一般的品种中仅有3～4毫克。胡萝卜是胡萝卜素的最佳来源。每天吃

150 克胡萝卜，即可满足成年人一天中对维生素 A 的需要。因此，常吃胡萝卜可以预防维生素 A 缺乏症，增强夜间视力，提高身体的抵抗力。近来的研究发现，胡萝卜可增加心脏的血液供应、降低血脂，具有降血压、强心的功能。

胡萝卜在蔬菜中属于含水分较低的种类，仅为 87%～90%，含有较多糖分，碳水化合物含量达 7%～10%。除胡萝卜素之外，胡萝卜还含有一定量的维生素 C，100 克胡萝卜中含维生素 C 约 13 毫克。其 B 族维生素和矿物质的含量并不突出。胡萝卜有红色种和黄色种之分，红色胡萝卜中的营养素含量较低，而黄色和橙色胡萝卜中的蛋白质、胡萝卜素、维生素 C 都更为丰富。

胡萝卜可以加工制成胡萝卜汁、胡萝卜泥、胡萝卜果脯等，其中的胡萝卜素在加工中损失不大，在烹调中也十分稳定。胡萝卜与肉类同炖，既可以掩盖其特殊气味，又可因肉类脂肪的存在而促进胡萝卜素的吸收。生食胡萝卜时，其胡萝卜素的吸收率比较低，因此胡萝卜适合炒食或炖食。

（5）萝卜　萝卜是十字花科植物，食用部分是肥嫩的地下根，属于浅色蔬菜。萝卜的品种繁多，按颜色分有胡萝卜、白萝卜、青萝卜、心里美萝卜等，按照大小分还有水萝卜、樱桃萝卜等。萝卜的水分含量在 88%～93% 之间，某些品种含有一定量的糖分和淀粉，其碳水化合物含量在 3%～9% 之间。

萝卜中的胡萝卜素含量较低，但维生素 C 含量丰富。每 100 克萝卜含维生素 C 达 20～40 毫克。其中的 B 族维生素和矿物质也比较全面，但与绿叶蔬菜相比稍逊。

除去其营养价值之外，萝卜还具有多方面的保健作用，因而自古受到重视。萝卜中含有淀粉酶和芥子油，生食时有健胃消食的作用。民间常用萝卜治疗感冒、咳喘、咳痰、气管炎、痢疾、头痛、便秘等常见病症。由于萝卜中的生理活性物质在高温加热后失去活性，所以萝卜生吃时的助消化作用最佳。

萝卜缨的营养价值很高，可以作为蔬菜食用。其维生素 C 和胡萝卜素的含量较萝卜本身高，钙含量尤其丰富。100 克小红萝卜缨中含钙达 238 毫克。然而，萝卜缨中的草酸含量较高，妨碍矿物质的吸收，食用前宜用沸水焯过。

（6）番茄　番茄也称西红柿，属于茄果类蔬菜。它的美丽颜色来自番茄红素，是一种强力的抗氧化物质。番茄中含有较丰富的维生素 C 和胡萝卜素，每 100 克番茄中含胡萝卜素 0.55 毫克，维生素 C 19 毫克，其 B 族维生素和矿物质的含量并不突出。

若单纯地论营养素的含量，番茄远不及绿叶蔬菜。但番茄既可作为蔬菜烹调，又可做为水果生食，还可以作为调味品使用，因此在膳食中的意义较大。由于番茄酸性较强，对维生素 C 具有保护作用，即使经过烹调，其中的维生素 C 损失也很小。加番茄酱、番茄汁、番茄沙司调味也可以减少维生素 C 的损失。

番茄由于中含有丰富的维生素 C 和有机酸，它对蔬菜中的铁具有还原作用，能够促进人体对铁的吸收。从这个角度来说，贫血的人吃番茄有好处。由于番茄还有一定健胃、消食、清热的作用，它在夏季是极好的蔬菜和水果。但要注意的是，冬季大棚栽培的番茄维生素 C 含量低，有机酸含量也不足，露天栽培的番茄营养价值较高。

（7）黄瓜　黄瓜属于瓜类蔬菜，是葫芦科作物。总的来说，瓜类蔬菜的胡萝卜素含量较低，矿物质含量也不突出。它们的特点是味道清淡爽口或清香宜人，含有一定数量的维生素C，钠、能量和脂肪含量特别低。100克黄瓜中含脂肪仅为0.5克，蛋白质0.8克，维生素C9毫克，钠5毫克，能量15千卡。

黄瓜可以生食，是夏季的佳蔬。其中所含的营养素虽然不高，却因为可以生食而不会受到加工烹调的破坏。要满足一日中的维生素C供应量，需要吃900克黄瓜。由于黄瓜的能量含量比水果还要低，因而是著名的减肥食品，控制体重的人可以放心食用。近年来发现，黄瓜中含有"葫芦素"，具有一定抗癌作用。

（8）南瓜　南瓜也称饭瓜、窝瓜和番瓜，和其他瓜类蔬菜一样，也是葫芦科的作物。老熟南瓜中含有少量的淀粉，因此与其他瓜类蔬菜相比能量含量稍高。100克南瓜中含碳水化合物4.5克，能量22千卡。南瓜味道香甜，肉质绵软，既可当菜，也可当饭，还可用来制作馅料、果脯、点心。

南瓜肉色金黄，其中的胡萝卜素含量十分丰富。100克南瓜中含胡萝卜素0.89毫克，食用200克南瓜可满足成年男子一日维生素A需要量的将近40%。

近年来，南瓜的保健作用引起了人们的重视。南瓜易消化，无刺激性，适合胃溃疡病人食用；其含钠量极低，适合高血压病人和肾病病人食用；南瓜中含甘露糖醇，能够促使大便畅通，适合便秘病人食用；南瓜对糖尿病还有一定的辅助疗效。研究证明，南瓜对胰岛素的分泌有促进作用。大量食用南瓜可使糖尿病患者的血糖明显降低，病情好转。

2. 水果类

水果是植物富含水分和糖分的果实。水果中所含的营养素与蔬菜类似，但数量和比例有一定差别。

水果含水达85%以上，碳水化合物含量在10%以上，高于除薯类外的各种蔬菜。成熟水果中的碳水化合物主要是蔗糖、果糖、葡萄糖。唯有香蕉中含有一定量的淀粉，碳水化合物含量高达20%，是某些地区膳食能量的重要来源。水果中蛋白质含量多在1%以下，香蕉中含量可达1%以上，但是较谷类食品仍然低得多。

水果中含有维生素C和各种矿物质，但多数水果的维生素和矿物质含量远不及绿叶蔬菜。维生素C含量较高的水果主要有鲜枣、猕猴桃、黑枣、草莓、山楂和柑橘类等，其中鲜枣和猕猴桃的维生素C含量可达每百克鲜果200毫克以上。然而，苹果、桃、梨、杏和海棠等常见水果的维生素C含量多在每百克鲜果10毫克以下，有些品种甚至低于1毫克。胡萝卜素含量较高的水果仅有芒果、枇杷、黄杏等少数几种。水果中的钙、铁等矿物质的含量也低于蔬菜。然而，一些野果的维生素C含量极高，如每百克酸枣中的维生素C含量可达800毫克以上。

因此总的来说，水果在膳食营养素供应方面的意义远不及蔬菜。然而，水果作为一种享受性食品，在膳食中也占有一定地位。它们食用方便，口味诱人，富含果胶、有机酸、芳香物质，有增加食欲的作用。此外，水果在食用前无需烹调，所含营养素不会受损失。

（1）柑橘类水果　柑橘类是水果中的第一大家族，属于芸香科的柑橘亚科，其中包括了柑、橘、甜橙、柚、柠檬、葡萄柚、金橘等品种。除去柠檬和葡萄柚，其他柑橘类水果均原产中国。柑橘类水果产量高、风味浓，在水果中属于营养最为全面的一类。

柑橘类水果以富含维生素 C 而著称，其中的酸味来自柠檬酸，对维生素 C 具有保护作用，因此在加工成果汁之后，最易被破坏的维生素 C 能够大部分保存下来。柑橘类水果的维生素 C 含量因品种而异，从每 100 克中含 10~80 毫克的品种都有。其中鲜柠檬的维生素 C 含量为每 100 克中 50~80 毫克；葡萄柚是柚和橙的天然杂交种，含量为 30~40 毫克；甜橙为 30~60 毫克；橘子为 10~40 毫克。著名的广西沙田柚富含维生素 C，鲜果含量可达每 100 克果肉 80 毫克以上。柑橘皮中所含的维生素 C 比柑橘肉更加丰富，100 克柑橘皮中所含维生素 C 可达 100 毫克以上。

柑橘类中的黄色来自胡萝卜素。柑橘中的胡萝卜素含量不及深绿色蔬菜，与浅绿色蔬菜相当，在水果中可算很优秀的一类。同样，柑橘皮中的胡萝卜素含量比肉中高 1~2 倍。此外，柑橘类水果还富含叶酸。

在矿物质中，柑橘富含钾，钠含量很低，钙含量在水果中也属上品。每 100 克柑橘类水果含钙 20~80 毫克，比苹果等水果高出 10 倍。

柑橘中富含有机酸，可帮助消化、促进食欲，对矿物质的吸收也有益。此外，柑橘类中含有丰富的类黄酮，果皮中含大量苷类，对保护血管、降低血压、预防冠心病很有帮助。柑橘类水果中所含的胡萝卜素、类黄酮等成分均可抑制各种致癌化学物质的作用，对降低胰腺癌的发生作用特别明显。

(2) 苹果　苹果是蔷薇科梨属的水果，其品种虽然繁多，但营养价值大致相似。100 克苹果中含水分约 85 克，糖 8~13 克，蛋白质 0.2~0.5 克，能量 50~60 千卡。

从维生素和矿物质含量的角度考虑，苹果不是一种高营养的水果。100 克苹果中含维生素 C 不足 5 毫克，有些品种甚至低于 1 毫克，而成年人一日的维生素 C 供应量应为 100 毫克。苹果中的钙、铁、锌、铜等矿物质含量均很低，钾的含量在水果中也处于中等偏下水平。所以，靠食用苹果来供应维生素和矿物质是不明智的。

然而，苹果的保健作用受到人们的重视。经常食用苹果有帮助消化、预防便秘的作用，其中的有机酸可抑制口腔内细菌的繁殖，预防龋齿。近来的研究还证实，苹果可促进人体产生干扰素类物质，提高免疫力。

(3) 梨　梨和苹果一样，属于蔷薇科梨属。梨的含水量在 83%~89% 之间，蛋白质含量在 0.1%~0.6% 之间。每 100 克梨中含能量 30~50 千卡，较苹果稍低。每 100 克梨中的维生素 C 含量为 3~10 毫克，常见的鸭梨为 4 毫克左右。其 B 族维生素和矿物质的含量不高，但较苹果略高。摄入 2.5 千克鸭梨方能满足人体一日的维生素 C 需要。

梨与苹果相似，其营养素含量不突出，但是具有一定保健价值。民间用它作为各种呼吸道疾病的辅助治疗食品，并制成秋梨汁、秋梨膏等保健食品。

(4) 桃和油桃　桃是蔷薇科樱桃属植物，有白肉品种和黄肉品种之分。油桃与桃的亲缘关系很近，只是皮上无绒毛，香气较桃更浓。

桃中的水分含量为 85%~92%，糖为 9%~13%，蛋白质含量为 0.4%~0.9%，每 100 克桃肉含能量 40~55 千卡。在各种桃中，以黄桃的营养价值最高。白桃中几乎不含胡萝卜素，而黄桃含有一定数量的胡萝卜素，其蛋白质和矿物质含量也较高。桃的维生素 C 含量较苹果略高，每 100 克桃中含维生素 C 约 10 毫克左右，钾 100～160 毫克，但铁和锌等矿物质含量不高。

油桃肉为杏黄色，其中干物质含量高于普通桃，而且富含胡萝卜素和钾。100 克油桃中含水分 82％，能量 64 千卡，钾 294 毫克，维生素 C 13 毫克，胡萝卜素 0.5 毫克左右。

（5）枣　枣属于鼠李科枣属植物，也称为大枣、红枣、中国枣。枣是我国栽培最早的水果，也是我国的传统滋补品。目前我国仍是大量栽培枣的唯一国家。

枣中富含维生素 C，在各种栽培的蔬菜和水果中，唯有鲜枣的维生素 C 含量最高，可达每 100 克中 200 毫克以上，有的品种可达 500 毫克以上，有"维生素 C 之王"之美誉。维生素 C 对于提高体力、增强免疫力、预防癌症发生、预防心血管疾病都具有重要的意义，因而枣是体弱者、慢性疾病者的良好保健食品。人们一年四季都有机会少量食用枣。由于干枣中仍然含有较多的维生素 C，在水果缺乏的季节中可以帮助人们预防维生素 C 缺乏症。

鲜枣中维生素 B_2、尼克酸的含量都比较丰富，干枣更是维生素 B_2 的良好来源，为一般水果所不及。枣中含铁丰富，因维生素 C 含量丰富，枣中的铁吸收率比一般植物食品高，是极好的补血食品。枣中的钙、镁、锰、锌等多种微量元素含量在水果中也堪称上品。

枣中的黄酮类物质含量极高，还含有药理成分芦丁。芦丁有很好的降血压效果，黄酮可保护血管，故而枣是心血管病人的良好保健食物。

（6）葡萄　葡萄属于浆果，含水量约 88％左右，其含糖量依品种不同而异，9％～20％不等。每 100 克葡萄中含能量 40～50 千卡。葡萄中含有少量维生素 C 和胡萝卜素，在矿物质中特别富含钾。

葡萄干是重要的干果类食品。它是鲜葡萄经干燥而成，含碳水化合物达 80％以上，其能量与干谷粒相当。葡萄中所含的少量胡萝卜素和维生素 C 在干燥中有一定破坏，但因浓缩作用其含量与鲜葡萄相近。葡萄干是矿物质的良好来源。100 克葡萄干中含钾 995 毫克，钙 52 毫克，铁 9.1 毫克，镁 45 毫克，钙 52 毫克。因此，葡萄干是富含营养素的零食，也是很好的主食配料。

（7）草莓　草莓是蔷薇科草莓属的浆果，其颜色美丽，风味清香，是水果中最为诱人的品种之一。同时，它也是维生素 C 的良好来源。100 克新鲜草莓中含维生素 C 达 47 毫克，不仅高于苹果、梨、桃等水果，而且高于多数柑橘。

草莓属于低能量水果，它的水分含量达 90％以上，碳水化合物含量为 6％，每 100 克草莓中仅含能量 30 千卡。吃 1 千克的草莓，所获能量才相当于 1 个半馒头。草莓中有机酸含量高，有开胃助消化的作用，对肠胃病人也有治疗效果。

草莓中的矿物质含量颇为丰富，每 100 克草莓中含钾 131 毫克，铁 1.8 毫克，钙 18 毫克和锰 0.49 毫克。草莓中的铁质吸收率较高，对贫血病人有补血作用。总的来说，草莓堪称为一种营养素密度很高的水果。此外，草莓的小种子随着果肉进入人体，是很好的膳食纤维。

(8) 山楂　山楂属于蔷薇科水果,其中富含有机酸,pH 值可低达 3 以下,以浓郁的酸味而著称。山楂含水分约 73%,蛋白质 1.7%,碳水化合物含量为 22%。

山楂是一种营养价值很高的水果,它所含各种矿物质十分丰富,每 100 克山楂可提供 299 毫克钾、52 毫克钙、19 毫克镁和 0.9 毫克铁。山楂还是维生素 C 的良好来源,每 100 克山楂含维生素 C 达 53 毫克,某些品种甚至可高达 80 毫克以上。摄入 200 克山楂,便可基本满足成年人一日的维生素 C 需要。山楂中的胡萝卜素含量不高。

山楂是现代人膳食中极有益处的保健水果。山楂与大枣一样富含黄酮类物质,对心血管病人维护血管健康有帮助。山楂中所含的槲皮苷等苷类物质又能够扩张血管、增加冠状动脉血流量、促进气管纤毛的运动,有排痰平喘的效果。山楂中的果胶含量很高,加糖后凝冻便是由于果胶的作用。果胶具有一定降血糖作用和预防胆结石形成的功效,并可促进有害物质从人体内排除。因此,山楂是心脏功能障碍、血管性神经功能症、心血管病人和气管疾病患者的良好保健食品。此外,山楂促进食欲、帮助消化的作用久为人知,餐后嚼数枚山楂,对消化不良颇有效果。

由于山楂的酸性很强,对其中的维生素 C 具有保护作用,而有机酸和维生素 C 又可促进植物性食品中铁的吸收。因此,各种山楂加工品如山楂糕、山楂片、果丹皮、山楂果酱、山楂果汁是铁和维生素 C 的良好来源。

(9) 香蕉　香蕉是芭蕉科水果,香蕉中含水分约 75%,碳水化合物 20%,蛋白质 1.4%。100 克香蕉中含维生素 C 在 7~15 毫克,维生素 B_1、维生素 B_2、钙和铁含量不高。香蕉以富含钾和维生素 B_6 而著称,常用于高血压、冠心病、便秘等症的食疗中,但肾炎患者、腹泻患者不可多食香蕉。

香蕉是水果中含淀粉和能量最高的品种。100 克香蕉肉中含能量 91 千卡,相当于同样质量米饭所含能量的 90%。某些地区以香蕉为主食,容易发生蛋白质缺乏问题。如果大量食用香蕉,则应当考虑减少主食的数量。

香蕉干是香蕉干燥而成的片状食品,其中含碳水化合物 80% 以上,可以作为早餐主食的一部分,既提供淀粉,又提供矿物质。

培训项目二　动物性烹饪原料的营养价值

一、肉类

肉类分为畜肉和禽肉两种。畜肉包括猪肉、牛肉和羊肉等,禽肉包括鸡肉、鸭肉和鹅肉等。它们能提供人体所需要的蛋白质、脂肪、无机盐和维生素等。

1. 肉类营养成分

因动物种类、年龄、部位以及肥瘦程度有很大差异。蛋白质含量一般为 10%~20%;碳水化合物在肉类中含量很低,平均为 1%~5%;维生素的含量以动物的内脏,尤其是肝脏为最多,其中不仅含有丰富的 B 族维生素,还含有大量的维生素 A;无机盐总量为 0.6%~1.1%,一般瘦肉中的含量较肥肉多,而内脏器官又较瘦肉中的多。

由于肉类食品能提供人体所需要的蛋白质、脂肪、无机盐和维生素等。所以对于儿童的生长发育十分重要。

2. 肉类的营养特点

肉、禽类蛋白质的氨基酸组成基本相同，含有人体需要的各种必需氨基酸，并且含量高，其比例也适合于合成人体蛋白质，生物学价值在80％以上。故称为完全蛋白质或优质蛋白。但是在氨基酸组成比例上，苯丙氨酸和蛋氨酸偏低，赖氨酸较高，因此宜与含赖氨酸少的谷类食物搭配使用。肉类脂肪的组成以饱和脂肪酸居多，不易为人体消化吸收。猪肉的脂肪含量因牲畜的肥瘦程度及部位不同有较大差异。如猪肥肉脂肪含量达90％，猪里脊7.9％，前肘31.5％，五花肉35.3％。如果吃大鱼大肉过多，很容易使脂肪摄入量过多，从而对青少年的健康产生不利的影响。

由于肉类食品在氨基酸组成比例上，苯丙氨酸和蛋氨酸偏低，赖氨酸较高，因此宜与含赖氨酸少的谷类食物搭配使用。

食用肉类食品应注意以下两点：第一，肉类食品宜和谷类食物搭配使用，也就是说不能光吃肉，不吃主食，第二，各种烹调方法对肉类蛋白、脂肪和无机盐的损失影响较小，但对维生素的损失影响较大。从保护维生素的角度，肉类食品宜炒不宜烧炖和蒸炸。

一天吃二两肥猪肉就可使青少年的脂肪摄入量超标。一天吃猪前肘2两，炸薯条2两就可使中学生的脂肪摄入量超标。

二、蛋类

常见的蛋类有鸡蛋、鸭蛋、鹅蛋和鹌鹑蛋等。其中产量最大，食用最普遍，食品加工工业中使用最广泛的是鸡蛋。

1. 蛋的结构

各种禽蛋的结构都很相似。主要由蛋壳、蛋白、蛋黄三部分组成。以鸡蛋为例，每只蛋平均重约50克，蛋壳重量占全部的11％，其主要成分是96％碳酸钙，其余为碳酸镁和蛋白质。蛋壳表面布满直径约15～65微米的角质膜，在蛋的钝端角质膜分离成一个气室。蛋壳的颜色由白到棕色，深度因禽的品种而异。颜色是由卟啉的存在，与蛋的营养价值无关。蛋白包括两部分，外层为中等黏度的稀蛋清，内层包围在蛋黄周围的为角质冻样的稠蛋清。蛋黄表面包有蛋黄膜，有两条韧带将蛋黄固定在蛋的中央。

2. 蛋的组成成分及营养价值

蛋白和蛋黄分别约占总可食部的2/3和1/3。蛋白中营养素主要是蛋白质，不但含有人体所需要的必需氨基酸，且氨基酸组成与人体组成模式接近，生物学价值达95以上。全蛋蛋白质几乎能被人体完全吸收利用，是食物中最理想的优质蛋白质。在进行各种食物蛋白质的营养质量评价时，常以全蛋蛋白质作为参考蛋白。蛋白也是核黄素的良好来源。

蛋黄比蛋白含有较多的营养成分。钙、磷和铁等无机盐多集中于蛋黄中。蛋黄还含有较多的维生素 A、维生素 D、维生素 B_1 和维生素 B_2。维生素 D 的含量随季节、饲料组成和禽受光照的时间不同而有一定变化。

蛋黄中含磷脂较多,还含有较多的胆固醇,每 100 克约含 1500 毫克。蛋类的铁含量较多,但因有卵黄高磷蛋白的干扰,其吸收率只有 3%。

生蛋白中含有抗生物素和抗胰蛋白酶,前者妨碍生物素的吸收,后者抑制胰蛋白酶的活力,但当蛋煮熟时,即被破坏。

一般烹调方法,温度不超过 100℃,对蛋的营养价值影响很小,仅 B 族维生素有一些损失,如维生素 B_2 不同烹调方法的损失率为(%):荷包 13、油炸 16、炒 10。煮蛋时蛋白质变得软且松散,容易消化吸收,利用率较高。烹调过程中的加热不仅具有杀菌作用,而且具有提高其消化吸收率的作用,因为生蛋白中存在的抗生物素和抗胰蛋白酶经加热后被破坏。

皮蛋制作过程中加入烧碱产生一系列化学变化,使蛋白呈暗褐色透明体,蛋黄呈褐绿色。由于烧碱的作用,使 B 族维生素破坏,但维生素 A、维生素 D 保存尚好。

三、奶类

奶类主要包括牛奶、羊奶、马奶等。奶类营养丰富,含有人体所必需的营养成分,组成比例适宜,而且是容易消化吸收的天然食品。它是婴幼儿主要食物,也是病人、老人、孕妇、乳母以及体弱者的良好营养品。对初生婴儿来说,牛乳是较为完善的食物,但是其营养成分的组成及其某些营养素之间的比例,仍不如母乳。

主要营养成分奶类除不含纤维素外,几乎含有人体所需要的各种营养素。奶类的水分含量为 86%~90%,是一般食物中水分含量最高的一种。因此,它的营养素含量与其他食物比较时,相对比较低一些。

奶中蛋白质含量约为 3.0%,牛奶和羊奶较高,达 3.5%~4.0%。牛奶的蛋白质组成,以酪蛋白为最多例如牛奶中酪蛋白占总蛋白量的 86%;其次是乳清蛋白,约为 9%,乳球蛋白较少,约为 3%;其他还有血清免疫球蛋白和多种酶类等。但是,人乳中酪蛋白和乳白蛋白所占的比例相反,酪蛋白少,而乳清蛋白含量高,易于被儿童消化吸收。

奶中脂肪含量为 3%~4%,奶中的脂肪颗粒很小,呈高度分散状态,易于消化吸收。

奶中碳水化合物的含量为 4%~6%,主要是乳糖。乳糖有调节胃酸,促进胃肠蠕动和消化腺分泌的作用;还能促进肠道乳酸菌的繁殖,抑制腐败菌的生长,可改善幼儿肠道细菌丛的分布状况。人乳中乳糖比例较高,约为 7.0%~7.9%,牛奶中则较少,约为 4.6%~4.7%,对婴儿来说,母乳比牛奶要好得多。

奶中维生素的含量受很多因素的影响。可因奶牛的饲养条件、季节和加工方式不同有一定的变化。如维生素 A 与胡萝卜素,在牛棚户饲养,每升中分别含 377 国际单位和 0.089 毫克;而在牧场放牧时,分别增至 1266 国际单位和 0.237 毫克;在有青饲料时,奶中维生素 A 和胡萝卜素与维生素 C 含量较冬春季喂干饲料时有明显增加。奶中维生素 D 含量不高,但夏季日照多时,其含量有一定增加。

奶中无机盐含量也较丰富，约0.6%～0.7%。其中钙含量尤为丰富，且容易消化吸收。每升牛奶可提供1200毫克钙，是婴幼儿、孕妇和乳母膳食钙的良好来源。但是，奶中铁含量较少，1升中仅含3毫克铁，如以牛奶喂养婴儿，应同时补充含铁高的食物，如新鲜果汁和菜泥，以增加铁的供给。此外，奶中的成碱元素（如钙、钾、钠等）多于成酸元素（氯、硫、磷），因此，奶与蔬菜和水果一样，属于碱性食品，有助于维持体内酸碱平衡。

奶类蛋白质的生理价值仅次于蛋类，也是一种优质蛋白，其中赖氨酸和蛋氨酸含量较高，能补充谷类蛋白质氨基酸组成的不足，提高其营养价值。奶类中胆固醇含量不多，还有降低血清胆固醇的作用。血脂过高或患冠心病的人喝牛奶时，不必过分担心。饮用牛奶或羊奶，不但不会增加血胆固醇的水平，反而还有降低作用。非洲的马赛民族，渴了不喝水，而是喝新鲜牛奶，一个每天要喝几升，其血脂水平并不高。

奶类还有一个特点，即其含有的营养素均溶解和分散在水溶液中，呈均匀的乳胶状液体，因此容易被人体消化吸收，营养价值高，这对婴幼儿和消化道疾病的患者，尤为适合。

合理利用奶类可获得丰富营养，但是加热消毒时煮的时间太久，可使某些营养素大量破坏。如牛奶当温度达到60℃时，呈胶体状的蛋白微粒由溶胶变成凝胶状态，其中的磷酸钙也会由酸性变为中性而发生沉淀；加热到100℃时，奶中的乳糖开始焦化，并逐渐分解为乳酸和产生少量甲酸，降低了色、香、味，故牛奶不宜久煮。一般加热至沸即可。

既然加热对奶类的营养价值有影响，那么是否可以直接喝生奶呢？为了防止感染疾病和有利于消化吸收，奶类还需经过加热消毒后再食用。因为奶在挤取、装桶和运输过程中易被细菌污染，其中可能有大肠杆菌、腐败菌、结核杆菌和链球菌等。

关于奶的食用时间有些人以为早晨空腹喝牛奶是最补身体，其实不然。因为空腹时饮用牛奶，奶中对人体极为有用的蛋白质等就会被当作碳水化合物变成热能消耗，很不经济。合理的食用方法是在喝奶前吃一点馒头、饼干和稀饭之类的食物，这样可充分发挥奶类的作用。现在已发现牛奶中含有多种免疫球蛋白，如含有抗沙门菌抗体、抗脊髓灰质炎病毒抗体等，这些抗体能增强人体抗病能力。

为了增进奶的风味，可把牛奶加工成酸牛奶。酸牛奶是以鲜奶为原料，经过杀菌消毒，加入适量白糖，再接种乳酸杆菌，经过若干小时发酵制成。酸牛奶能刺激胃酸分泌，增加胃肠消化功能和促进人体新陈代谢，对患有肝脏和胃病的患者以及婴幼儿和身体衰弱者最为适宜。酸牛奶在加工过程中，其营养成分如蛋白质、钙、脂肪等并无损失，而乳糖却减少了五分之一，所以对那些乳糖活性低的成年人，更为适宜。

除此以外，在保存奶类时也应注意。有人发现新鲜牛奶经日光照射1分钟后，奶中的B族维生素会很快消失，维生素C也所剩无几；即使在微弱的阳光下，经6小时照射后，其中B族维生素也仅剩一半；而在避光器皿中保存的牛奶，不仅维生素没有消失，还能保持牛奶特有的鲜味。所以，拿到牛奶后若不能立即饮用，最好放在避光地方。

四、水产品

水产类包括各种海鱼、河鱼和其他各种水产动植物，如虾、蟹、蛤蜊、海参、海蜇和海带等。它们是蛋白质、无机盐和维生素的良好来源。尤其蛋白质含量丰富，比如1斤（500克）大黄鱼中蛋白质含量约等于1.2斤鸡蛋或7斤猪肉中的含量。鱼类蛋白质的利用率高达85%～90%。鱼类的脂肪含量不高，一般在5%以下。鱼类中维生素B_1的含量普遍较低，因为鱼肉中含有硫胺酶，能分解破坏维生素B_1。维生素B_2、尼克酸、维生素A含量较多，水产植物中还含有较多的胡萝卜素。鱼类中几乎不含维生素C。海产类的无机盐含量比肉类多主要为钙、磷、钾和碘等，特别是富含碘。

水产品是蛋白质、无机盐和维生素的良好来源。尤其蛋白质含量丰富。

鱼类蛋白质的氨基酸组成与人体组织蛋白质的组成相似，因此生理价值较高，属优质蛋白。鱼肉的肌纤维比较纤细，组织蛋白质的结构松软，水分含量较多，所以肉质细嫩，易为人体消化吸收，比较适合病人、老年人和儿童食用。另外，鱼类脂肪含量与组成和畜肉明显不同，不但含量低，且多为不饱和脂肪酸，因此熔点低，极易为人体消化吸收，消化吸收率可达95%以上。鱼类还具有一定的防治动脉粥样硬化和冠心病的作用。

总之，鱼类蛋白质属优质蛋白，易为人体消化吸收，比较适合病人、老年人和儿童食用。且脂肪含量低，有一定的防治动脉粥样硬化和冠心病的作用。

尽管水产动物营养丰富，但若食之不当，会送命，例如河豚。鱼肉和畜肉不同，其所含的水分和蛋白质较多，结缔组织较少，因此较畜肉更容易腐败变质，且速度也快，有些鱼类即使刚刚死亡，体内已产生食物中毒的毒素。因此，吃鱼一定要新鲜。有些水产动物易感染肺吸虫和肝吸虫，特别是小河和小溪中的河蟹，常是肺吸虫的中间宿主，如吃时未煮熟，就可能致病。所以在烹调加工时，应注意烧熟煮透。还有一些鱼，主要是青皮红肉鱼、如鲐鱼、金枪鱼等，体内含有较多的组织胺，体质过敏者吃后会引起过敏反应，如皮肤潮红、头晕、头痛、有时出现哮喘或荨麻疹等，因此要特别注意。

五、昆虫

昆虫作为一种重要的生物资源，尚未被充分地开发利用。在人类进化过程中，食用昆虫有十分悠久的历史。本文在分析研究昆虫的营养价值的基础上，对食用昆虫的营养价值作了较全面的评述。分析研究表明，昆虫含有丰富的蛋白质（20%～70%）、氨基酸（30%～60%）、脂肪（10%～50%）及脂肪酸，一定量的糖类（2%～10%）、矿物元素、维生素，以及其他对人体有很好保健作用的活性物质。作为蛋白质资源，昆虫的营养价值可以与其他动植物资源相媲美，可作为食品资源开发利用。昆虫具有物种丰富、种群数量大等特征，作为营养资源具有广阔的应用前景和巨大的开发潜力。

培训项目三 调味品和饮料的营养特点

一、调味品

调味品是指能增加菜肴的色、香、味，促进食欲，有益于人体健康的辅助食品。

它的主要功能是增进菜品质量,满足消费者的感官需要,从而刺激食欲,增进人体健康。从广义上讲,调味品包括咸味剂、酸味剂、甜味剂、鲜味剂和辛香剂等,像食盐、酱油、醋、味精、糖(另述)、八角、茴香、花椒、芥末等都属此类。

中国研制和食用调味品有悠久的历史和丰富的知识,调味品品种众多。其中有属于东方传统的调味品,也有引进的调味品和新兴的调味品品种。对于调味品的分类目前尚无定论,从不同角度可以对调味品进行不同的分类。

1. 依调味品的商品性质和经营习惯的不同

可以将目前中国消费者所常接触和使用的调味品分为六类。

(1) 酿造类调味品　酿造类调味品是以含有较丰富的蛋白质和淀粉等成分的粮食为主要原料,经过处理后进行发酵,即借有关微生物酶的作用产生一系列生物化学变化,将其转变为各种复杂的有机物,此类调味品主要包括:酱油、食醋、酱、豆豉、豆腐乳等。

(2) 腌菜类调味品　腌菜类调味品是将蔬菜加盐腌制,通过有关微生物及鲜菜细胞内的酶的作用,将蔬菜体内的蛋白质及部分碳水化合物等转变成氨基酸、糖分、香气及色素,具有特殊风味。其中有的加淡盐水浸泡发酵而成湿态腌菜,有的经脱水、盐渍发酵而成半湿态腌菜。此类调泡发酵而成湿态腌菜,有的经脱水、盐渍发酵而成半湿态腌菜。此类调味品主要包括:榨菜、芽菜、冬菜、梅干菜、腌雪里蕻、泡姜、泡辣椒等。

(3) 鲜菜类调味品　鲜菜类调味品主要是新鲜植物。此类调味品主要包括:葱、蒜、姜、辣椒、芫荽、辣根、香椿等。

(4) 干货类调味品　干货类调味品大都是根、茎、果干制而成,含有特殊的辛香或辛辣等味道。此类调味品主要包括:胡椒、花椒、干辣椒、八角、小茴香、芥末、桂皮、姜片、姜粉、草果等。

(5) 水产类调味品　水产中的部分动植物经干制或加工而成,含蛋白质量较高,具有特殊鲜味,习惯用于调味的食品。此类调味品主要包括:鱼露、虾米、虾皮、虾籽、虾酱、虾油、蚝油、蟹制品、淡菜、紫菜等。

(6) 其他类调味品　不属于前面各类的调味品,主要包括:食盐、味精、糖、黄酒、咖喱粉、五香粉、芝麻油、芝麻酱、花生酱、沙茶酱、银虾酱、番茄沙司、番茄酱、果酱、番茄汁、桂林酱、椒油辣酱、芝麻辣酱、花生辣酱、油酥酱、辣酱油、辣椒油、香糟、红糟、菌油等。

2. 按调味品成品形状

可分为酱品类(沙茶酱、豉椒酱、酸梅酱、XO 酱等)、酱油类(生抽王、鲜虾油、豉油皇、草菇抽等)、汁水类(烧烤汁、卤水汁、急汁、OK 汁等)、味粉类(胡椒粉、沙姜粉、大蒜粉、鸡粉等)、固体类(砂糖、食盐、味精、豆豉等)。

3. 按调味品呈味感觉

可分为咸味调味品(食盐、酱油、豆豉等)、甜味调味品(蔗糖、蜂蜜、饴糖等)、苦味调味品(陈皮、茶叶汁、苦杏仁等)、辣味调味品(辣椒、胡椒、芥末等)、酸味调味品(食醋、茄汁、山楂酱等)、鲜味调味品(味精、虾油、鱼露、蚝油等)、香味调味品（花椒、八角、料酒、葱、蒜等）。除了以上单一味为主的调味品外，大量的是复合味的调味品，如油咖喱、甜面酱、乳腐汁、花椒盐等。

4. 其他分类方法

如按地方风味分，有广式调料、川式调料、港式调料、西式调料等；按烹制用途分，有冷菜专用调料、烧烤调料、油炸调料、清蒸调料，还有一些特色品种调料，如涮羊肉调料、火锅调料、糟货调料等；按调味品品牌分，有川湘、淘大、川崎、家乐等国内品牌，也有迈考美、李锦记、卡夫等合资或海外品牌，此外还有一些专一品牌，如李派急汁、日本万字酱油、瑞士家乐鸡粉、印度咖喱油、日本辣芥等。

另外，调味品的种类多，其中的一些产品有其专有的分类标准，如在中国，酱油可以分为酿造酱油、配制酱油。

5. 按照我国调味品的历史沿革，可以分为以下三代

第一代：单味调味品，如酱油、食醋、酱、腐乳及辣椒、八角等天然香辛料，其盛行时间最长，跨度数千年。

第二代：高浓度及高效调味品，如超鲜味精、甜蜜素、阿斯巴甜、甜叶菊和木糖等，还有酵母抽提物、食用香精、香料。此类高效调味品从 20 世纪 70 年代流行至今。

第三代：复合调味品。现代化复合调味品起步较晚，进入 20 世纪 90 年代才开始迅速发展。

目前，上述三代调味品共存，但后两者逐年扩大市场占有率和销售份额。

二、饮料

1. 酒类

（1）白酒　白酒是中国传统的蒸馏酒，为世界七大蒸馏酒之一。白酒的主要成分是乙醇和水（占总量的 $98\%\sim99\%$），而溶于其中的酸、酯、醇、醛等种类众多的微量有机化合物（占总量的 $1\%\sim2\%$）作为白酒的呈香呈味物质，却决定着白酒的风格（又称典型性，指酒的香气与口味协调平衡，具有独特的香味）和质量。

现试验证明白酒 1/3 热量补偿肝脏消化能量，2/3 的热量在肝外参加蛋白质、碳水化合物等营养素能量代谢。乙醇化学能的 70% 可被人体利用，1 克乙醇供热能 5 千卡。饮适量白酒，使循环系统发生兴奋效能。有失眠症者睡前饮少量白酒，有利于睡眠，并能刺激胃液分泌与唾液分泌，起到健胃作用。白酒有通风、散寒、舒筋、活血作用，例如红花酒治疗血淤性痛经症，龟肉酒治疗多年咳嗽，蛇血酒补养气血，橘子酒、桃仁酒治疗肾虚腰痛等。

在白酒生产中，必然会产生一些有害杂质，有些是原料带入的，有些是在发酵过程中产生的，对于这些有害物质，必须采取措施，降低它们在白酒中的含量。

① 杂醇油。杂醇油是酒的芳香成分之一，但含量过高，对人们有毒害作用，它的中毒和麻醉作用比乙醇强，能使神经系统充血，使人头痛，其毒性随分子量增大而加剧。杂醇油在体内的氧化速度比乙醇慢，在机体内停留时间较长。

杂醇油的主要成分是异戊醇、戊醇、异丁醇、丙醇等，其中以异丁醇、异戊醇的

毒性较大。原料中蛋白质含量多时，酒中杂醇油的含量也高。杂醇油的沸点一般高于乙醇（乙醇沸点为78℃，丙醇为97℃，异戊醇为131℃），在白酒蒸馏时，应掌握温度，进行掐头去尾，减少成品酒的杂醇油含量。

② 醛类。酒中醛类是分子大小相应的醇的氧化物，也是白酒发酵过程中产生的。低沸点的醛类有甲醛、乙醛等，高沸点的醛类有糠醛、丁醛、戊醛、己醛等。醛类的毒性大于醇类，其中毒性较大的是甲醛，毒性比甲醇大30倍左右，是一种原生质毒物，能使蛋白质凝固，10克甲醛可使人致死。在发生急性中毒时，出现咳嗽、胸痛、灼烧感、头晕、意识丧失及呕吐等现象。

糠醛对机体也有毒害，使用谷皮、玉米芯及麸糠作辅料时，蒸馏出的白酒中糠醛及其他醛类含量皆较高。

白酒生产中为了降低醛类含量，应少用谷糠、稻壳，或对辅料预先进行清蒸处理。在蒸酒时，严格控制流酒温度，进行掐头去尾，以降低酒中总醛的含量。

③ 甲醇。果胶质多的原料来酿制白酒，酒中会含有多量的甲醇，甲醇对人体的毒性作用较大，4~10克即可引起严重中毒。尤其是甲醇的氧化物甲酸和甲醛，毒性更大于甲醇，甲酸的毒性比甲醇大6倍，而甲醛的毒性比甲醇大30倍。白酒饮用过多，甲醇在体内有积蓄作用，不易排出体外，它在体内的代谢产物是甲酸和甲醛，所以极少量的甲醇也能引起慢性中毒。发生急性中毒时，会出现头痛、恶心、胃部疼痛、视力模糊等症状，继续发展可出现呼吸困难、呼吸中枢麻痹、昏迷甚至死亡。慢性中毒主要表现为黏膜刺激症状、眩晕、昏睡、头痛、消化障碍、视力模糊和耳鸣等，以致双目失明。

甲醇产生的数量与制酒原料有密切关系，为了降低白酒的甲醇含量，可采取以下措施：

a. 选择原料过熟的或腐败的水果、薯类以及野生植物（如橡子），果胶质含量较高，用这些原料来酿酒，甲醇含量会高。应选择含果胶质少的原料来酿酒，以便降低甲醇的含量。

b. 使用黑曲作糖化剂时，由于黑曲霉所含果胶酶较多，因此成品酒的甲醇含量也高。若使用黄曲作糖化剂，由于它所含果胶酶少，因而成品酒的甲醇含量也低。

c. 利用甲醇在酒精浓度高时易于分离的特点，可通过增加塔板数或提高回流比的方法，提高酒精浓度，把甲醇从酒精中提取出来。精馏时，若控制回流比在1:10~1:20，可把甲醇分离出来。例如含有0.18%~0.2%甲醇的白酒，只要分馏出3%的酒精，即可把甲醇含量降低到0.12%以下。也可另设甲醇分馏塔除掉甲醇。

④ 铅。铅是一种毒性很强的重金属，摄入0.04克即可引起急性中毒，20克可以致死。铅通过酒引起急性中毒是比较少的，主要是慢性积蓄中毒。如每人每日摄入10毫克铅，短时间就能出现中毒，目前规定每24小时内，进入人体的最高铅量为0.2~0.25毫克。随着进入人体铅量的增加，可出现头痛、头昏、记忆力减退、睡眠不好、手的握力减弱、贫血、腹胀便秘等。

白酒含的铅主要是由蒸馏器、冷凝导管、储酒容器中的铅经溶蚀而来。以上器具的含铅量越高，酒的酸度越高，则器具的铅溶蚀越大。

为了降低白酒的含铅量,要尽量使用不含铅的金属来盛酒或制作器具设备。同时要加强生产管理,避免产酸菌的污染,因为酒的酸度越高,铅的溶蚀作用越大。对于含铅量过高的白酒,可利用生石膏或麸皮进行脱铅处理,使酒中的铅盐[$Pb(CH_3COO)_2$]凝集而共同析出。在白酒中加入0.2%的生石膏或麸皮,搅拌均匀,静置1小时后再用多层绒布过滤,能除去酒中的铅,但这样处理会使酒的风味受到影响,需再进行调味。

⑤ 氰化物。白酒中的氰化物主要来自原料,如木薯、野生植物等,在制酒过程中经水解产生氢氰酸。中毒时轻者流涎、呕吐、腹泻、气促,较重时呼吸困难、全身抽搐、昏迷,在数分钟至两小时内死亡。

去除方法:应对原料预先处理,可用水充分浸泡,蒸煮时尽量多排汽挥发。也可将原料晒干,使氰化物大部分消失。也可在原料中加入2%左右的黑曲,保持40%左右的水分,在50℃左右搅拌均匀,堆积保温12小时,然后清蒸45分钟,排出氢氰酸。原料粉碎得细,排除效果较好。

⑥ 黄曲霉毒素。麦类、大米、玉米、花生等由于霉烂变质,会污染上黄曲霉,有些黄曲霉菌会代谢产生出有毒物质,人们食用这些原料制成的食品后,会产生致癌物质,对于发酵食品尤其要引起注意。发酵食品中黄曲霉毒素(以黄曲霉毒素B_1计)不得超过5微克/千克。

对原料要采取妥善的管理措施,防止发霉变质,超过黄曲霉毒素允许量的原料不可直接使用。发酵用的菌种应经有关部门鉴定,确认无毒产生,才能使用。

(2) 啤酒　啤酒以大麦芽、酒花、水为主要原料,经酵母发酵作用酿制而成的饱含二氧化碳的低酒精度酒。现在国际上的啤酒大部分均添加辅助原料。有的国家规定辅助原料的用量总计不超过麦芽用量的50%。但在德国,除制造出口啤酒外,国内销售啤酒一概不使用辅助原料。国际上常用的辅助原料为:玉米、大米、大麦、小麦、淀粉、糖浆和糖类物质等。

每升啤酒中一般含有50克糖类物质,它们是原料中的淀粉在麦芽中含有的各种酶催化形成的产物。水解完全的产物,如葡萄糖、麦芽糖、麦芽三糖,在发酵中可被酵母转变成酒精;水解不太彻底的产物,我们称之为低聚糊精,其中大部分是支链寡糖,它不会引起人们血糖增加和龋齿病。这些支链寡糖可被肠道中有益于健康的肠道微生物(如双歧菌)利用,协助清理肠道。

每升啤酒约有3.5克蛋白质的水解产物——肽和氨基酸,它们几乎可以100%被人体消化吸收和利用。啤酒中碳水化合物和蛋白质的比例约在15:1,最符合人类的营养平衡。每升啤酒还含有大约35克乙醇,是各类饮料酒中乙醇含量最低的一种含醇饮料,适量饮用啤酒时,啤酒中的乙醇可以帮助饮者抗御心血管疾病,特别可以冲刷血管中刚形成的血栓。啤酒中没有脂肪,饮用啤酒不必担心脂肪摄入过多引发的肥胖病。每升啤酒还有50克左右的CO_2,可以协助人们胃肠运动,也有益人体解渴。

啤酒从原料和酵母代谢中得到丰富的水溶性维生素,每升啤酒中含有维生素B_1 0.1~0.15毫克,维生素B_2 0.5~1.3毫克,维生素B_6 0.5~1.5毫克,烟酰胺5~20毫克,泛酸0.5~1.2毫克,维生素H 0.02毫克,胆碱100~200毫克,叶酸0.1~

0.2毫克。啤酒中的叶酸含量虽然只有0.1~0.2毫克，但它有助于降低人们血液中的半胱氨酸含量，而血液中半胱氨酸含量高会诱发心脏病。

现代医学研究发现，人体中代谢产物——超氧离子和氧自由基的积累，会引发人类的心血管病、癌症和加速衰老。人们应从食物中多摄取一些抗氧化物质，减少这些氧自由基对人类的毒害。啤酒中存在多种抗氧化物质，如从原料麦芽和酒花中得到的多酚或类黄酮，在酿造过程中形成的还原酮和类黑精以及酵母分泌的谷胱甘肽等，都是减少氧自由基积累的最好的还原性特质。特别是多酚中的酚酸、香草酸和阿魏酸，可以避免对人体有益的低密度脂（LD）遭到氧化，防止心血管病的发生。啤酒中的阿魏酸虽然比番茄中的含量低10倍，但人们对它的吸收率却比后者高12倍。

谷胱甘肽由于具有活性巯基，可消除人类的氧自由基，是人们公认的延缓衰老的有效物质。一般的酵母能分泌谷胱甘肽10~15毫克/升，某些新开发出的抗老化啤酒酵母谷胱甘肽分泌量可达到35~56毫克/升，这对人体健康是非常有利的。有些啤酒中由于酿造需要，还添加10~20毫克/升的维生素C，维生素C也是去除氧自由基的有效物质。

当然，大多数啤酒中的还原物质存在于新鲜的啤酒中，它们也是协助啤酒保鲜的有效物质。随着啤酒保存时间的延长，这些还原剂也会慢慢氧化消失。近年来，啤酒中的多酚、类黄酮化合物因兼有对人体有益和对啤酒保鲜的作用，而受到啤酒界的广泛重视。现在所生产的新型具有保健作用的啤酒如荞麦啤酒、银杏啤酒，主要是看中荞麦和银杏中黄酮类化合物含量较高的特点而开发出来的。

（3）葡萄酒　葡萄酒具有营养性能，其化学成分较齐全，是无机矿物营养素和有机维生素的良好来源，可供给人体一定热量。酒内所含的硫胺素，可缓解疲劳、兴奋神经；核黄素能促进细胞氧化还原，防止口角溃疡及白内障；尼克酸（烟酸）能维持皮肤和神经健康，起美容作用；维生素B_6对蛋白质代谢很重要，使鱼肉类易消化；叶酸及维生素B_{12}，有利于红细胞再生及血小板的生成；葡萄酒中还含有铜，铜与铁的吸收和转运有关。葡萄酒可促进人体对铁的吸收，有利于贫血的治疗。

酒内还含有对氨基苯甲酸，它是叶酸的组成部分，可促进红细胞的合成，提高泛酸的利用率。泛酸在酒内含量很高，1mg/L，成人每日需要5~10mg/L。泛酸缺乏易引起疲劳和消化功能紊乱。葡萄酒内含量较高的肌醇，能促进肝脏和其他组织中脂肪的新陈代谢，有效防止脂肪肝，减少血中胆固醇，加强肠的吸收能力，促进食欲。

葡萄酒内含有多种无机盐，其中，钾能保护心肌，维持心脏跳动；钙能镇定神经；镁是心血管病的保护因子，缺镁易引起冠状动脉硬化。这三种元素是构成人体骨骼、肌肉的重要组成部分；锰有凝血和合成胆固醇、胰岛素的作用。在红葡萄酒内含锰0.04~0.08毫克/升，适量饮用，可调节碳水化合物、脂肪、蛋白质的代谢；硒为强氧化剂，与维生素E一起可防治心绞痛、心肌梗死，防止血压升高、血栓形成，红葡萄酒中硒含量为0.08~0.20毫克/升。

葡萄酒是很容易消化的低度发酵酒，它的酸度接近于人体胃酸（pH2~2.5）的浓度，还含维生素B_6，因此，可帮助鱼、肉、禽类等消化吸收。

葡萄酒的消化性能良好，营养价值较高，每日饮用100毫升，对人体健康有利。

2. 茶

茶文化与中医药，两者间有着十分密切的关系，而且都与神农这一传说有关。

由于祁龙泡茶叶有很好的医疗效用，所以唐代即有"茶药"（见唐代宗大历十四年王国题写的"茶药"）一词；宋代林洪撰的《山家清供》中，也有"茶，即药也"的论断。可见，茶就是药，并为药书（古称本草）所收载。但近代的习惯，"茶药"一词则仅限于方中含有茶叶的制剂。由于茶叶有很多的功效，可以防、治内外妇儿各科的很多病症，所以，茶不但是药，而且是如同唐代陈藏器所强调的："茶为万病之药"。

茶不但有对多科疾病的治疗效能，而且有良好的延年益寿、抗老强身的作用。茶的营养成分见下表。

茶的营养成分列表

成分名称	含量	成分名称	含量	成分名称	含量
可食部	100	水分/克	99.8	能量/千卡	0
能量/千焦	0	蛋白质/克	0.1	脂肪/克	0
碳水化合物/克	0	膳食纤维/克	0	胆固醇/毫克	0
灰分/克	0.1	维生素A/毫克	0	胡萝卜素/毫克	0
视黄醇/毫克	0	硫胺素/微克	0	核黄素/毫克	0
尼克酸/毫克	0	维生素C/毫克	0	维生素E(T)/毫克	0
α-维生素E	0	(β-γ)-维生素E	0	δ-维生素E	0
钙/毫克	2	磷/毫克	1	钾/毫克	1
钠/毫克	3.9	镁/毫克	3	铁/毫克	0.1
锌/毫克	0.03	硒/微克	0.08	铜/毫克	0.01
锰/毫克	0.12	碘/毫克	0		

注：表中数据为每百克中的含量。

培训指导十　饮食成本核算知识

培训项目一　基本概念

1. 成本

成本是一个价值范畴,是用价值表现生产中的耗费。广义的成本是指企业为生产各种产品而支出的各项耗费之和,它包括企业在生产过程中的原材料、燃料、动力的消耗,劳动报酬的支出,固定资产的折旧,设备用具的损耗等。

由于各个行业的生产特点不同,成本在实际内容方面存在着很大的差异,如点心行业的成本指的就是生产产品的原材料耗费之和,它包括食品原料的主料、配料和调料。而生产产品过程中的其他耗费如水、电、燃料的消耗,劳动报酬、固定资产折旧等都作为"费用"处理,它们由会计方面另设科目分别核算,在厨房范围内一般不进行具体的计算。

成本可以综合反映企业的管理质量。如企业劳动生产率的高低、原材料的使用是否合理、产品质量的好坏、企业生产经营管理水平等,很多因素都能通过成本直接或间接地反映出来。成本是制定菜点价格的重要依据,价格是价值的货币表现。产品价格的确定应以价值作为基础,而成本则是用价值表现的生产耗费,所以,菜点中原材料耗费是确定产品价值的基础,是制定菜点价格的重要依据。

成本是企业竞争的主要手段,在市场经济条件下,企业的竞争主要是价格与质量的竞争,而价格的竞争归根到底是成本的竞争,在毛利率稳定的条件下,只有低成本才能创造更多的利润。成本可以为企业经营决策提供重要数据。在现代企业中,成本越来越成为企业管理者投资决策、经营决策的重要依据。

2. 成本核算

对产品生产中的各项生产费用的支出和产品成本的形成进行核算,就是产品的成本核算。在厨房范围内主要是对耗用原材料成本的核算,它包括记账、算账、分析、比较的核算过程,以计算各类产品的总成本和单位成本。

总成本:是指某种、某类、某批或全部菜点成品在某核算期间的成本之和。

单位成本:是指每个菜点单位所具有的成本,如元/份、元/千克、元/盘等。

成本核算的过程既是对产品实际生产耗费的反映,也是对主要费用实际支出的控制过程,它是整个成本管理工作的重要环节。

(1) 成本核算的任务

① 精确地计算各个单位产品的成本,为合理地确定产品的销售价格打下基础。

② 促使各生产、经营部门不断提高操作技术和经营服务水平,加强生产管理,严格按照所核实的成本使用原料,保证产品质量。

③ 揭示单位成本提高或降低的原因，指出降低成本的途径，改善经营管理，提高企业经济效益。

（2）成本核算的意义　正确执行物价政策，维护消费者的利益，促进企业改善经营管理。

（3）保证成本核算工作顺利进行的基本条件　建立和健全菜点的用料定额标准，保证加工制作的基本尺度；建立和健全菜点生产的原始记录，保证全面反映生产状态；建立和健全计量体系，保证实测值的准确。

培训项目二　成本核算

一、饮食成本核算的方法

饮食成本核算的方法，一般是按厨房实际领用的原材料计算已售出产品耗用的原材料成本。核算期一般每月计算一次，具体计算方法为：如果厨房领用的原材料当月用完而无剩余，领用的原材料金额就是当月产品的成本。如果有余料，在计算成本时应进行盘点并从领用的原材料中减去，求出当月实际耗用原材料的成本，即采用"以存计耗"倒求成本的方法。其计算公式是：

本月耗用原材料成本＝厨房原料月初结存额＋本月领用额－月末盘存额

例：某点心房进行本月原料消耗的月末盘存，其结果剩余580元原料成本。已知此点心房本月共领用原料成本2600元，上月末结存罐头等原料成本460元，问此点心房本月实际消耗原料成本为多少元？

解：实际耗料成本＝上月结存额＋本月领用额－月末结余额
　　　　　　　　＝460＋2600－580
　　　　　　　　＝2480（元）

二、主辅料的成本核算

1. 净料率

① 影响净料率高低的主要因素有两个：一是食品原料的进货规格质量，二是初加工技术。

② 净料率的计算方法。

净料率的计算公式如下：

净料数量＝毛料数量－次料数量－下脚数量
净料单价＝净料价值/净料数量

2. 净料成本核算

净料根据其加工方法和程度，可分为主料、半成本和熟制品三类。

3. 毛利率和利润率

毛利是"净利"的对称，又称"商品进销差价"，是商品销售收入减去商品进价后的余额。

毛利率是指毛利占商品销售收入或营业收入的百分比。毛利率一般分为综合毛利率、分类毛利率和单项商品毛利率，毛利是商品实现的不含税收入剔除其不含税成本的差额。因为增值税是价税分开的，所以特别强调的是不含税。

本期耗用原料成本＝期初原材料＋本期购进原料－期末结存原料
成本价＝进货价/〔出成品率×投料标准（数量）〕
毛利率＝(销售价格－原料成本)/销售价格×100％
销售价格＝原料成本/(1－毛利率)
　或 销售价格＝原料成本＋毛利额
　或 销售价格＝原料成本×(1＋加成率)
　或 销售价格＝原料成本＋加成额
加成率＝毛利率/(1－毛利率)
毛利率＝加成率/(1＋加成率)
原料价值＝毛料价值－(次料数量×单价＋下脚数量×单价)

三、成本差异分析

1. 变动成本差异分析

变动成本包括直接人工、直接材料、变动制造费用。由于它们的实际成本高低取决于实际用量与实际价格，标准成本的高低取决于标准成本用量和标准价格，所以其成本差异可以归结为价格脱离标准造成的价格差异与用量脱离标准造成的数量差异两类。

成本差异＝实际成本－标准成本
　　　　＝实际数量×实际价格－实际数量×标准价格＋实际数量×标准价格－
　　　　　标准数量×标准价格
　　　　＝实际数量×(实际价格－标准价格)＋(实际数量－标准数量)×标准价格
　　　　＝价格差异＋数量差异

以上是变动成本差异的总公式，下面我们分别介绍。

（1）直接材料的成本差异分析

材料价格差异＝实际数量×(实际价格－标准价格)
材料数量差异＝(实际价格－标准价格)×标准价格

这里的实际价格、标准价格，可用加权平均法进行计算。材料价格差异是在采购过程中形成的，因此应由采购部门对其作出说明。实际价格偏离标准价格的原因有许多，餐饮企业应分情况进行分析。

① 供应厂家或其他供应商供应价格发生变动。
② 采购部门未按合理批量进货。如果一次进货过少很难得到供应商在价格方面的优惠。
③ 未能及时订货造成的紧急订货。
④ 采购时舍近求远使运费和途耗增加。
⑤ 其他情况。

材料数量差异是在材料耗费过程中形成的，应由加工餐食品的部门负责，其差异的具体原因亦有许多。

① 操作疏忽造成废品和废料增加。
② 配菜员用料不精。
③ 操作技术改造而节省材料。
④ 新工人上岗造成用料过多。
⑤ 机器和工具不适合造成用料增加。
⑥ 客人要求退餐形成的废品增加。
⑦ 其他，如工艺变更等情况。

（2）直接人工成本差异　直接人工成本差异是指直接人工实际成本与标准成本之间的差额。

$$工资率差异(价差)=实际工资×(实际工资率-标准工资率)$$

$$人工效率差异(量差)=(实际工时-标准工时)×标准工资率$$

工资率差异形成的原因，包括直接生产工人升级或降级使用、奖励制度未产生实效、工资率调整、使用临时工、工人出勤率变化等情况。

直接人工效率形成的原因，包括工作环境不良、员工经验不足、劳动情绪不佳、新员工上岗太多、机器设备或工具选用不当、设备故障较多、客流量少导致无法发挥最优规模等因素。

（3）变动制造费用差异分析　变动制造费用差异是指实际变动制造费用与标准变动制造费用之间的差额。

$$变动制造费用耗费差异=实际工时×(变动费用实际分配率-变动费用标准分配率)$$

$$变动制造费用效率差异=(实际工时-标准工时)×变动费用标准分配率$$

变动制造费用耗费差异是指，制造费用的实际小时分配率脱离标准按实际工时计算的金额，反映耗费水平的高低；变动制造费用效率差异是指，实际工时脱离标准工时按标准的小时费用率计算确定的金额，反映工作效率变化引起的费用节约或超支。

2. 固定制造费用的差异分析

在对固定制造费用产生的差异进行分析时，餐饮企业可以采用二因素法或三因素法。

（1）二因素法　在二因素法下，餐饮企业可以将固定制造费用差异分为耗费差异和能量差异。

① 耗费差异是指固定制造费用的实际金额与固定制造费用预算金额之间的差额。固定制造费用在考核时不考虑业务量的变动。

$$固定制造费用耗费差异=固定制造费用实际数-固定制造费用预算数$$

② 能量差异是指固定制造费用预算与固定制造费用标准成本的差额，或者说是实际业务量的标准工时与生产能量的差额用标准分配率计算的金额。

$$固定制造费用能量差异=(生产能量-实际产量标准工时)×固定制造费用标准分配率$$

（2）三因素分析法　三因素分析法比二因素分析法要复杂一些，它引入了闲置能量差异，因此将固定制造费用分为耗费差异、效率差异和闲置能量差异，其中闲置能量差异与效率差异是由二因素法中的"能量差异"分解而成。

① 固定制造费用耗费差异的公式与二因素法相比没有太大变化。

② 固定制造费用闲置能量差异是指实际工时未达到标准能量而形成的闲置能量差异。

固定制造费用闲置能量差异＝实际工时×固定制造费用标准分配率
　　　　　　　　　　　＝(生产能量－实际工时)×固定制造费用标准分配率

③ 固定制造费用效率差异＝实际工时×固定制造费用标准分配率－实际产量标准工时×固定制造费用标准分配率

四、标准成本率

1. 标准成本率的确定

综合标准成本率＝1－经营利润率－经营费用率－营业税率

综合标准成本率＝1－毛利率指标

2. 成本差异的计算

成本差异＝实际成本－实际销售额×标准成本率

五、根据仓库月报表做成本核算

首先，材料的收发应该有库存账，就是只记载数量的账，是由材料库保管登记的。

其次，应该有材料会计，专门记载材料的出入库成本，账本用数量金额式的帐，根据入库单和出库单纪录，出库成本按企业使用的出库成本计价方法计算，用先进先出或加权平均等，到月底时统计各材料的出库成本，就是产成品的材料成本了。

六、成本核算表格

常用的成本核算表格有。

① 料件领用明细表。

② 费用性领料明细表。

③ 直接人工分配表。

④ 制造费用分摊表。

⑤ 完工入库明细表。

⑥ 产品销售成本明细表。

⑦ 在制工单成本明细表。

⑧ 完工产品成本分析表。

⑨ 产品销售损益明细表。

⑩ 进耗存报表/产销存报表。

培训指导十一　安全生产知识

培训项目一　安全用电知识

一般带电的物体如果没有仪表测试，从外表上往往看不出它是否带电，如不慎触及它，则有电流通过人体，很可能引起伤亡事故。因此作为一名市政工程施工管理人员或技术人员，掌握安全用电常识是十分重要的。

1. 触电的原因及危害

发生触电事故，一般是因为人们没有遵守操作规程或粗心大意直接接触或过分靠近电气设备的带电部分所致。当人触电时，通过人体的电流会使各种生理机能失常或破坏，如烧伤、股肉抽搐、呼吸困难、心脏麻痹及神经系统严重损坏，甚至危及生命。触电的危险性与通过人体电流的大小、时间的长短及电流频率有关。通过人体的电流超过10毫安就有生命危险。40～60赫兹的交流电比其他频率的电流更危险。

2. 触电的种类

触电主要有两类：电击和电伤。

（1）电击　电流通过人体造成内部器官损坏，产生呼吸困难，严重时造成心脏停止跳动而死亡，而体表没有痕迹，这种情况叫做电击。

（2）电伤　由于电流的热效应、机械效应以及在电流作用下，使熔化和蒸发的金属微粒侵袭人体皮肤而遭受灼伤、烙伤和皮肤金属化的伤害叫做电伤，严重时也能致命。

3. 触电的形式

（1）单相触电　人体接触一根电源相线，为单相触电，如果在低压接地电网中，人体将承受220伏的电压，有生命危险。如果在低压不接地电网中，一般没有危险，但电网对地漏电时，会有更大的危险。

（2）双线触电　人体同时接触两根电源线称双线触电。如果接触两根相线，人体承受的电压是380伏；如果接触一根相线和一根零线，人体承受的电压是220伏，都是致命的。

（3）跨步电压触电　当有电流流入防雷接地点或高压电网相线断落时接地的接地点时，电流在接地点周围土壤中产生电压降，接地点的电位往往很高，距接地点越远，则电位逐渐下降。通过把地面上距离为0.8米两处的电位差叫跨步电压。当人走近接地点附近时，两脚踩在不同的电位上就会使人承受跨步电压（即两脚之间的电位差）。步距越大，跨步电压越大。

4. 人体电阻和安全电压

人体电阻由两部分组成，表皮电阻和体内电阻。人体皮肤的表层有很薄的角质层，大约有 0.05～0.2 毫米，干燥时电阻为 40～400 千欧，体内电阻为 400～800 欧，出汗或受伤时表皮角质层易被破坏，人体的可靠电阻只有 600～1200 欧。由此可以计算出触电电压在 12 伏以下时危险较小。

安全电压是为了防止触电事故的发生而采用的由特定电源供电的电压系列。这个电压系列有五个等级：它们是 42 伏、36 伏、24 伏、12 伏、6 伏。

所谓"由特定电源供电"是指除采用独立电源外，安全电压的供电电源的输入电路与输出电路必须实行电路上的隔离。工作在安全电压下的电路，必须与其他电气系统和任何无关的可导电部分实行电气上的隔离。

根据触电危险程度的不同，可以选用不同等级的电压作安全电压。比如在建筑工地上，移动式照明器应采用 36 伏作安全电压；而手持式电动工具应采用 24 伏作安全电压；在井下作业或金属容器内作业则要采用 12 伏安全电压。

5. 触电事故发生的规律性

（1）高温多雨季节触电多　这时电气设备受潮的机会比较多，使绝缘不好的设备发生漏电现象。而人体出汗多造成人体电阻下降，触电时产生严重的伤害，所以在高温多雨季节要加强安全用电检查。

（2）低压电网触电多　表面上看，高压电网危险性更大，但由于对高压电网的畏惧心理，以及防范措施得力，故高压电网触电事故发生率远低于低压电网。还应该指出建筑业的高压电网触电事故发生率相对其他行业来讲是很高的。因为临时搭建的脚手架与高压线路可能相距太近。

（3）非专职电工触电多　专职电工有较高的专业技术水平和严格的操作规程，不易发生触电事故；而非专职电工既无保护措施，又无操作规程制约，一旦与电打交道，危险性相当大，成为触电事故的高发人群。

（4）与工作环境有关　地下作业、隧道作业、金属容器作业，由于潮湿、导电体多，触电后又不易脱离电源，是最危险的触电环境。建筑工地次之，因临时性设施多，工人文化素质偏低，也是触电事故的高发环境。

6. 安全用电常识

① 在任何情况下均不要用手去鉴定接线端或机壳是否带电，必要时可使用试电笔。

② 更换熔丝或检查电气设备时，应切断电源，切勿带电操作，更不能用铁丝、铜丝和铝丝来代替熔丝使用。

③ 对高、低压电气设备进行操作时，必须严格遵守安全操作规程。不了解电气设备的性能，不能随意使用，更不能拆检。

④ 正在使用的电气设备要随时进行观察，注意声音、温升、气味，若发现异常，要立即停电检查。

⑤ 采用合理的接零接地保护措施。

⑥ 当发生和发现触电事故时，必须迅速进行抢救。触电抢救的关键是"快"字，即尽快使触电者脱离电源，尽快开始医疗救治。

培训项目二　防火防爆知识

一、燃料、燃烧与爆炸的基本知识

1. 燃料

燃烧时能产生热能或动力和光能的可燃物质称为燃料，主要是含碳物质或碳氢化合物。按形态可以分成固体燃料（如煤、炭、木材），液体燃料（如汽油、煤油、石油），气体燃料（如天然气、煤气、沼气）。

气体燃料具有下列优点：①可用管道进行远距离输送；②不含灰分；③着火温度较低，燃烧容易控制；④燃烧炉内气体可根据需要进行调节为氧化气氛或还原气氛等；⑤可经过预热以提高燃烧温度；⑥可利用低级固体燃料制得。

(1) 天然气　存在于地下自然生成的一种可燃气体称为天然气。

根据开采和形成的方式不同，天然气可分为 5 种。

纯天然气：从地下开采出来的气田气为纯天然气；

石油伴生气：伴随石油开采一块出来的气体称为石油伴生气；

矿井瓦斯：开采煤炭时采集的矿井气；

煤层气：从井下煤层抽出的矿井气；

凝析气田气：含石油轻质馏分的气体。

为方便运输，天然气经过加工还可形成。

压缩天然气：将天然气压缩增压至 200 千克/平方厘米时，天然气体积缩小 200 倍，并储入容器中，便于汽车运输，经济运输半径以 150～200 千米为妥。压缩天然气可用于民用及作为汽车清洁燃料；

液化天然气：天然气经过深冷液化，在 -160℃ 的情况下就变成液体成为液化天然气，用液化甲烷船及专用汽车运输。

(2) 人工煤气　是各种人工制造煤气的总称，煤和重油是它的原料，有以下几种。

干馏煤气：把煤放在工业炉（焦炉和武德炉等）里隔绝空气加热，使煤发生物理化学变化的过程叫干馏。加热后提出可燃气经净化处理还可得到焦油、氨、粗苯等化工产品，炉内存有的是焦炭；

气化煤气：将其原料煤或焦炭放入工业炉（发生炉、水煤气炉等）里燃烧，并通入空气、水蒸气，使其生成以一氧化碳和氢为主的可燃气体；

重油制气：也可称油制气，将原料重油放入工业炉内经压力、温度及催化剂的作用，重油即裂解，生成可燃气体，副产品有粗苯和碱渣等。

(3) 液化石油气　液化石油气的生产，主要从炼油厂在提炼石油的裂解过程中产生。在石油炼厂石油化工厂的常减压蒸馏、热裂化、催化裂化、铂重整及延迟焦化等加工过程中都可以得到液化石油气，一般来讲，提炼 1 吨原油可产生 3%～5% 的液化石油气，也可从天然气中回收液化石油气。从油田出来的原油和湿气混合物经气液分离器分离，上部出来的天然气送到一个储气罐中，经过加压（16千克/平方厘米）再分馏，用柴油喷淋吸收；天然气（干气）从塔顶送出，吸收了液化气的富油经过分馏塔，在16千克/平方厘米压力下冷凝为液态，形成液化石油气。

2. 燃烧与爆炸

(1) 燃烧　燃烧，俗称着火，系指可燃物与氧化剂作用发生的放热反应，通常伴有火焰、发光和发烟现象。燃烧具有三个特征，即化学反应、放热和发光。

物质燃烧过程的发生和发展，必须具备以下三个必要条件，即：可燃物、氧化剂和温度（引火源）。只有这三个条件同时具备，才可能发生燃烧现象，无论缺少哪一个条件，燃烧都不能发生。但是，并不是上述三个条件同时存在，就一定会发生燃烧现象，还必须这三个因素相互作用才能发生燃烧。

(2) 爆炸　爆炸就是指物质的物理或化学变化，在变化的过程中，伴随有能量的快速转化，内能转化为机械压缩能，且使原来的物质或其变化产物、周围介质产生运动。爆炸可分为三类：由物理原因引起的爆炸称为物理爆炸（如压力容器爆炸）；由化学反应释放能量引起的爆炸称为化学爆炸（如炸药爆炸）；由于物质的核能的释放引起的爆炸称为核爆炸（如原子弹爆炸）。

空气混合物在密闭的容器内局部着火时，由于燃烧反应的传热和高温燃烧产物的热膨胀，容器内的压力急剧增加，从而压缩未燃的混合气体，使未燃气体处于绝热压缩状态，当未燃气体达到着火温度时，容器内的全部混合物就在一瞬间完全燃尽，容器内的压力猛然增大，产生强大的冲击波，这种现象称为爆炸。

二、厨房消防安全

炉灶的形式很多，按使用燃料的不同，可分为煤炉灶、柴炉灶，液化气炉灶，煤气炉灶，天然气炉灶，沼气炉灶，煤油炉等。煤炉灶、柴炉灶还设有烟囱。炊事是指人们利用炉灶等加热设备进行做饭、炒菜、烘烤、蒸煮等作业，与日常生活是息息相关的。

1. 液化气炉灶安全

(1) 火灾危险性

① 在使用炉灶时，违反正确的操作程序或私自拆卸钢瓶部件以及倒（卧）放置钢瓶等都可引发事故。

② 因钢瓶、管道腐蚀或连接导管老化破裂，以及炉灶、钢瓶的附属配件不合格或损坏失灵，造成液化气泄漏而引发火灾。

③ 钢瓶与热源太近或充气过量，可导致瓶体破裂引发爆炸。

④ 不按规定要求，私自灌气或随意倾倒液化气残液，挥发的气体遇明火造成事故。搬运移动气瓶过猛，撞击产生火花导致爆炸。

(2) 防火措施

① 装有液化气的钢瓶，不得存放在居室、公共场所，并严防高温及日光照射，其环境温度不得大于35℃。钢瓶与灶具之间要保持1米以上的安全距离，室内不得同时布置其他炉灶（火源），通风条件应保持良好。

② 钢瓶与炉具都不得有漏气现象，可用涂肥皂水的方法试漏，但严禁使用明火试漏。

③ 液化气炉灶点火时，有自动点火装置的可先开气阀，然后采用炉具上的点火开关；对无自动点火装置的，应先开气阀，然后划火柴从侧面接近炉盘火孔，再开启炉具开关。如一次未点着，可先关闭炉具开关，过一会再按顺序重新点火。使用完毕，应先关气阀，再关炉具开关。

④ 使用炉灶时应有人照看，锅、壶等不宜盛水过满，以免溢出熄灭火焰。

⑤ 钢瓶要防止碰撞、敲打、倾倒或倒置，不得接近火源、热源。钢瓶不得与化学危险物品混放，严禁私自灌气。

⑥ 液化气用完后，瓶内残液应由充装单位统一回收，用户不得擅自处理，更不得用残液生火或擦洗机械配件等。炉灶各部位要经常检查，发现异常问题，应及时处理。

2. 煤气炉灶安全

（1）火灾危险性

① 点火时，违反正确的操作程序而引发事故。

② 煤气管道、炉灶安置不当，受腐蚀发生泄漏，遇火源（或用明火试漏）可引发火灾或爆炸。

③ 可燃物与炉灶相距过近而被烤着。

④ 由于停气、回火或风吹，以及使用锅、壶烧水时，因水太满沸腾溢出等导致火焰熄灭而没有及时关闭阀门，使逸出的气体在第二次点火时引起爆燃。

（2）防火措施

① 室内煤气管道要使用镀锌钢管，必要时应加保护套，一般应采用明设，如果必须设在地下室、楼梯间或有腐蚀介质的室内，要保证便于检修和采取防腐措施。但煤气炉灶用具不得设在地下室或卧室内。煤气计量表具宜安装在通风良好的地方，严禁安装在卧室、浴室和有化学危险物品与可燃物的地方。

② 灶具与管道的连接胶管最长不得超过2米，两端必须扎牢，用后要将阀门关紧。

③ 煤气管线、阀门、计量表具等，严禁私自拆卸，需更换维修或迁移时，应由供气单位进行，之后还要通过试压、试漏等检查。

④ 各种灶具的制造，必须符合安全要求，并经煤气主管部门认可。在使用时，应严格按照厂家说明书操作程序进行。如一次未点着时，需立即关闭用具开关，稍停片刻再按要求重新点火。大型煤气炉灶，应设固定点火装置。

⑤ 发现漏气，应立即关闭开关，采取通风措施，熄灭火源，禁止开、关电气设备，并通知供气部门检修。任何情况下，都不准使用明火试漏。

3. 天然气炉灶安全

（1）火灾危险性

① 地下管道受腐蚀、震动等破损漏气，通过上层或下水管道窜入室内，接触明火而引发火灾。

② 管道阀门质量不合格或关闭不严，阀杆、丝扣等损坏失灵，操作时误开阀门等都会发生火灾危险。

③ 由于可燃建筑构件、可燃物与金属炉灶或炉筒距离过近而被烤燃。

④ 炉火被风吹灭或被水淋熄，未及时关闭阀门使室内空间布满气体而引发火灾。

（2）防火措施

① 管道最好采用架空或在地面上铺设。管道的专用针型阀门必须完整良好，各部位不得泄漏。

② 用耐油、耐压的夹线胶管与管道相连接时，接口处必须牢固紧密。

③ 应设置相应的油水分离器，并定期排放被分离出来的轻质油和水。

④ 要经常检查管道，发现漏气时，严禁动用明火或开、关电气开关，并打开门窗通风，另外还应立即通知供气部门。

⑤ 使用时突然熄灭，应关闭阀门，稍等片刻再重新按要求点火。金属烟筒口距可燃物构件应不小于 1 米，并应装拐脖，防止倒风吹熄炉火。

⑥ 供气管道需进行维修时，必须先全面停气，停气、送气时应事先通告用户。新安装的管道应经试压、试漏检验合格后，方可投入使用。

4. 厨房炊事安全

（1）火灾危险性

① 在炉灶上煨、炖、煮各种食品时，浮在上面的油质溢出锅外，遇火燃烧。

② 使用火锅时，溢出的油质易引燃附近可燃物或可燃桌板。

③ 油炸食品时，油过多及油锅搁置不稳食油溢出遇火燃烧，或油锅加热时间过长，油温超过油的自燃点起火。

（2）防火措施

① 煨、炖、煮各种食品、汤类时，应有人看管，汤不宜过满，在沸腾时应降低炉温或打开锅盖，以防外溢。

② 火锅在使用时应远离可燃物，并使用不燃材料制作的桌板。若使用可燃材料做桌板时，应在锅底铺设不燃材料制作的垫板。

③ 油炸食品时，油不能放得过满，油锅搁置要平稳，应控制油的温度。起油锅时，人不能离开，油温达到适当温度，应立即放入菜肴、食品。遇油锅起火时，特别注意不可向锅内浇水灭火。

④ 炉灶排风罩上的油垢要定时清除。

参考文献

[1] 西式面点师. 北京：中国劳动社会保障出版社，2000.
[2] 烹饪基础知识. 北京：中国劳动社会保障出版社，2000.